はじめに

　我が国においては、科学技術創造立国の理念の下、産業競争力の強化を図るべく「知的創造サイクル」の活性化を基本としたプロパテント政策が推進されております。

　「知的創造サイクル」を活性化させるためには、技術開発や技術移転において特許情報を有効に活用することが必要であることから、平成９年度より特許庁の特許流通促進事業において「技術分野別特許マップ」が作成されてまいりました。

　平成１３年度からは、独立行政法人工業所有権総合情報館が特許流通促進事業を実施することとなり、特許情報をより一層戦略的かつ効果的にご活用いただくという観点から、「企業が新規事業創出時の技術導入・技術移転を図る上で指標となりえる国内特許の動向を分析」した「特許流通支援チャート」を作成することとなりました。

　具体的には、技術テーマ毎に、特許公報やインターネット等による公開情報をもとに以下のような分析を加えたものとなっております。
　・体系化された技術説明
　・主要出願人の出願動向
　・出願人数と出願件数の関係からみた出願活動状況
　・関連製品情報
　・課題と解決手段の対応関係
　・発明者情報に基づく研究開発拠点や研究者数情報　　など

　この「特許流通支援チャート」は、特に、異業種分野へ進出・事業展開を考えておられる中小・ベンチャー企業の皆様にとって、当該分野の技術シーズやその保有企業を探す際の有効な指標となるだけでなく、その後の研究開発の方向性を決めたり特許化を図る上でも参考となるものと考えております。

　最後に、「特許流通支援チャート」の作成にあたり、たくさんの企業をはじめ大学や公的研究機関の方々にご協力をいただき大変有り難うございました。

　今後とも、内容のより一層の充実に努めてまいりたいと考えておりますので、何とぞご指導、ご鞭撻のほど、宜しくお願いいたします。

独立行政法人工業所有権総合情報館

理事長　藤原　讓

微細レーザ加工　　　　　エグゼクティブサマリー

加工の限界に挑む微細レーザ加工

■ 高精度化が進む微細レーザ加工

　レーザが発明されてから40年が経過し、製造現場でのレーザ加工装置は欠かせないものになっている。かつては治具の取り替えなどの段取り替えが不要でランニングコストが安くなる等の理由からレーザ加工が採用されていた。

　最近では、レーザに関する研究が進み、レーザを発振する時間やエネルギー量の制御あるいはレーザ光自体の制御も進歩したことで高精度な微細加工への需要が増加している。さらに、熱による変性等でレーザ加工が困難とされていたガラスおよびセラミック、ポリイミドなどの高分子にもレーザ光から受ける熱の影響を考慮した照射時間、エネルギーの精密な制御が可能になったことで加工対象が広がっている。

■ 微細化が進むプリント基板製造工程で普及

　最近の高集積・高密度化の進展は、基板に乗せるICやチップ部品だけでなくプリント基盤上の配線パターンなどにも及んでいる。従来、パターンのある金属面ではレーザ光が反射するので不要な場所にまでレーザ光が当たり、精密な穴あけが困難であった。しかし近年では、多層基板の異なる層にある配線をつなぐための穴あけも、必要な微少領域に必要な深さの穴があけられるようになり、プリント基板上の配線パターンの集積化の可能性が更に広がった。これらに関する特許は、松下電器産業、三菱電機などのデバイスメーカ、住友重機械工業などの半導体製造装置メーカなどが多く保有している。

■ 写真のような印刷が個人で利用可能に

　かつてプリンタは、インクリボンをたたいて印字する方式が一般的であったが、ドットが粗く多階調の表現は不可能であった。その後、インク噴出式のプリンタが登場し、写真に匹敵する画質の多階調印刷が可能なパーソナルユースとして普及した。この背景には、インク噴出式プリンタのノズルが微細レーザ加工で高精度にでき、インクの噴射量が精密に制御できるようになったことによる。キヤノン、セイコーエプソン、ブラザー工業といったプリンタメーカがこれらに関する特許を多く保有している。

微細レーザ加工　　　　　　　　エグゼクティブサマリー

加工の限界に挑む微細レーザ加工

■ 半導体機器製造の鍵は微細レーザ加工技術に

電子実装部品（抵抗やコンデンサなど）の容量の調整にはトリミング技術が、シリコンウェハや化合物ウェハに必要な集積回路を形成したのち個々に分割するにはスクライビング技術が、工程の管理にはマーキング技術が使われている。半導体デバイスの製造に微細レーザ加工技術は欠かせないものとなっている。

トリミング技術は松下電器産業、日本電気などのパソコン・デバイスメーカ、スクライビング技術は松下電器産業、日本電気、キヤノンなどのデバイス・半導体製造装置メーカの他、鐘淵化学工業などの太陽電池メーカや三菱重工業、住友重機械工業などの半導体製造装置メーカ、マーキング技術は日本電気、日立製作所などのパソコン・デバイスメーカや小松製作所などの半導体製造装置メーカが多くの特許を保有している。

■ 技術開発の拠点は京浜地区に集中

主要20社の開発拠点を発明者の住所・居所でみると、川崎市、横浜市などの神奈川県に10拠点、東京都に8拠点、大阪府が4拠点であり、愛知県、兵庫県が各3拠点、北海道、茨城県千葉県、石川県、三重県、京都府、広島県、山口県、長崎県及び米国に1拠点ある。特に京浜地区への集中がみられる。

■ 技術開発の課題

より微細に、より高精度へと技術開発は進んできており、この傾向は今後も続くと考えられる。従来は問題にならなかった気温の変化、レーザ発振のゆらぎ、ビーム伝送系の材質、あるいは微少な加工ヘッドやワーク位置のずれなどがレーザ加工の品質に大きな影響を与えるようになってきた。

そのため、レーザ発振自体の自然なゆらぎやビーム伝送系の影響を受けないシステム、要求される加工精度以上の装置側の精密制御、あるいは加工されるワークの材質（結晶構造や不純物の濃度）の改善が微細レーザ加工の技術開発の課題となる。

微細レーザ加工に関する特許分布

　微細レーザ加工は、基本技術として穴あけ技術、マーキング技術、トリミング技術、スクライビング技術、表面処理技術があり、それらの応用技術として特定部品の加工技術から成る。

　これらの技術に関連する出願は、穴あけ技術が８０４件、マーキング技術が６９４件、トリミング技術が２６０件、スクライビング技術が１２８件、表面処理技術が３１８件、特定部品の加工技術が３８１件、1991年から2001年10月までに公開されている。

　このうち基本技術の除去に関する穴あけ技術、マーキング技術、トリミング技術、スクライビング技術が７３％を占め、表面処理技術を合わせると基本技術全体で８５％を占めている。

　また、権利化されたものおよび係属中のものは全部で１，６７９件あった。これらの技術要素毎の割合は公開された出願のものとほぼ同じ割合である。

1991年から2001年10月公開の出願の技術要素毎の割合

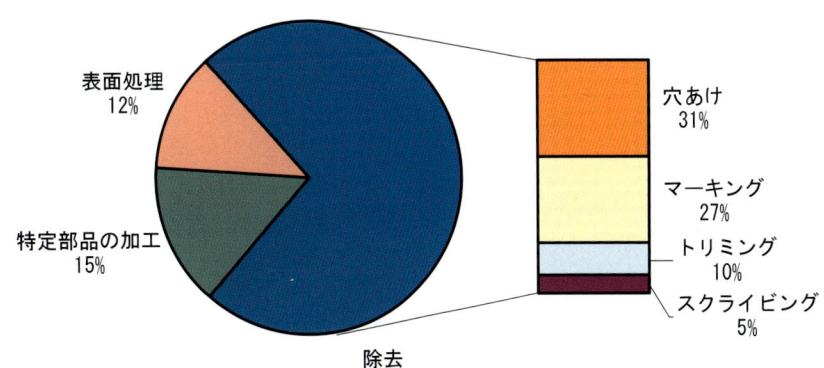

1991年から2001年10月公開で権利化されたものおよび継続中の出願の割合

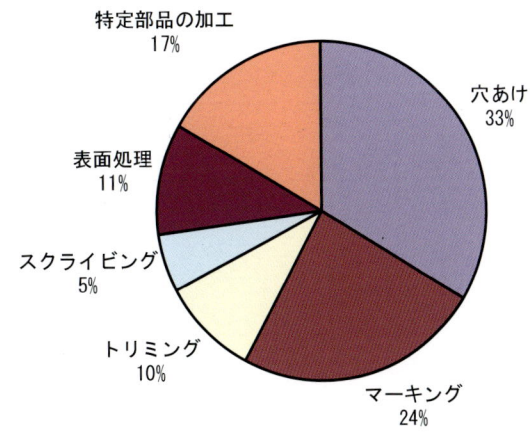

微細レーザ加工	技術の動向

増え続ける参入企業と特許出願

微細レーザ加工の開発は、1993年頃までは一定の水準で開発が進み、93年から95年まで一旦落ち込んだ後、現在に至るまで活発な開発が進められている。特に96年からの穴あけ技術の伸びが著しく、トリミング、スクライビング技術も伸びている。これらは半導体製造装置やコンピュータ、プリンタ、液晶モニタなどのコンピュータ周辺機器への適用が考えられる。

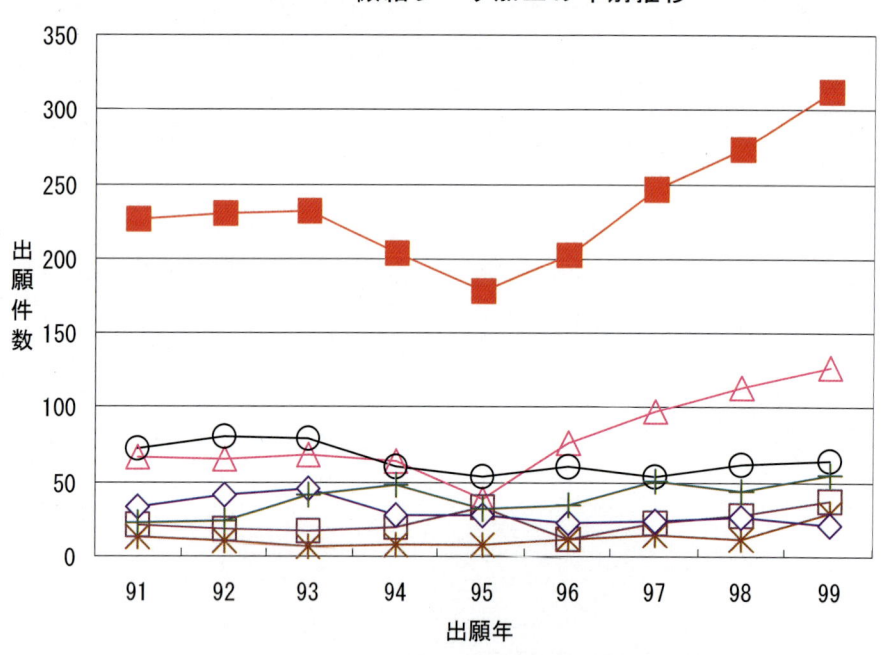

微細レーザ加工の年別推移

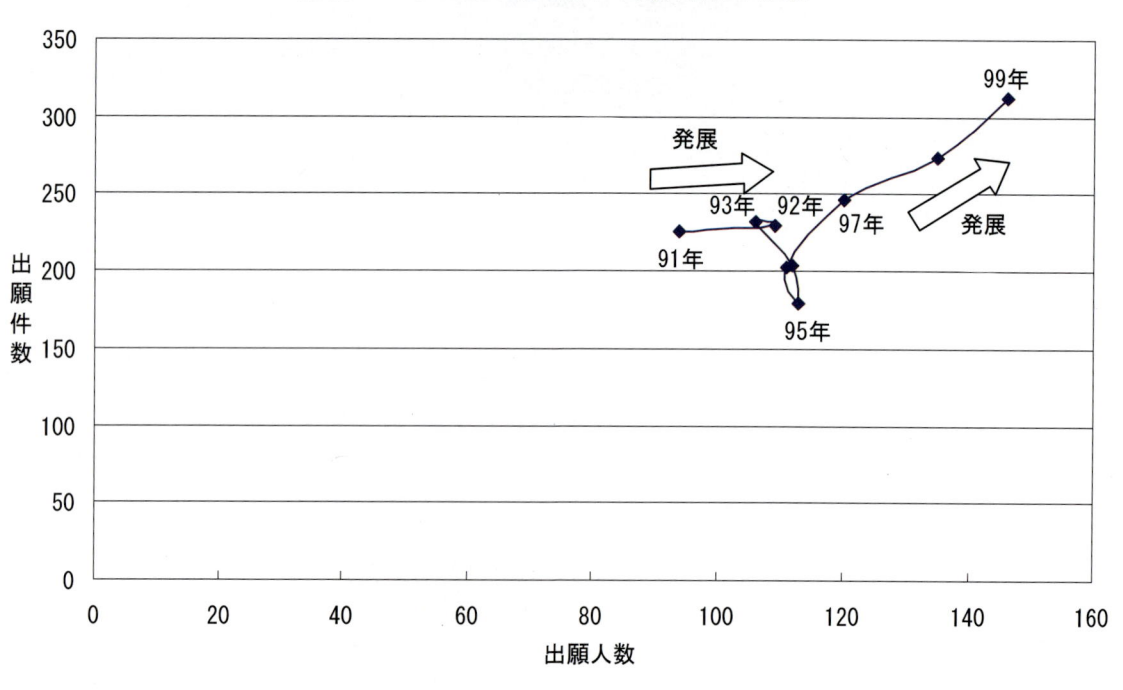

微細レーザ加工の出願人-出願件数の推移

微細レーザ加工

課題・解決手段対応の出願人

加工品質と加工効率の向上が課題

　微細レーザ加工技術の技術開発は、加工品質の向上を目的とする解決手段は加工方法の改良が多く、加工装置の改良およびレーザ光の改良のビーム特性と照射条件に関するものあるいは製品材料の改良を行う出願もある。加工効率の向上を目的とする解決手段は加工装置の改良が多く、レーザ光の改良でビーム伝送、照射条件、ビーム特性に関するものも特許が集中しており、加工方法の改良を行う出願もある。また、加工効率の向上を目的とする解決手段は加工装置の改良が多く、加工方法の改良に出願がある。製品品質の向上を目的とする解決手段は加工方法の改良を行うものが多い。

微細レーザ加工の課題と解決手段の分布

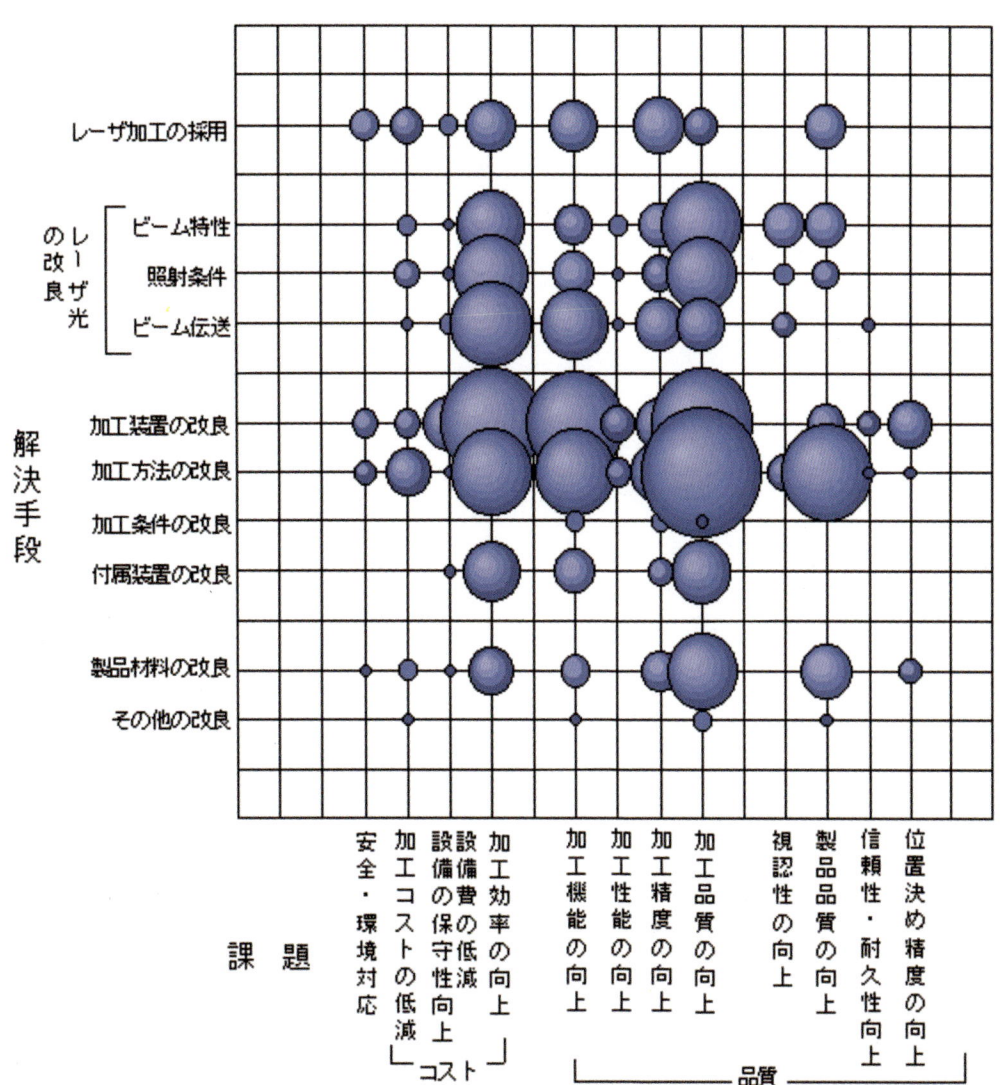

1991年から2001年10月公開の出願
（権利存続中および係属中のもの）

| 微細レーザ加工 | 技術開発の拠点の分布 |

技術開発の拠点は京浜地区に集中

出願上位20社の主な開発拠点を特許公報から発明者の住所・居所でみると、横浜市、川崎市など神奈川県内の10拠点を中心に東京都内が8拠点など関東地方にあわせて20拠点、大阪府、兵庫県など関西地方に8拠点、愛知県、三重県の中部地方に4拠点、それ以外の地方では北海道、石川県、広島県、山口県、長崎県にそれぞれ1拠点ある。京浜地区に集中している。

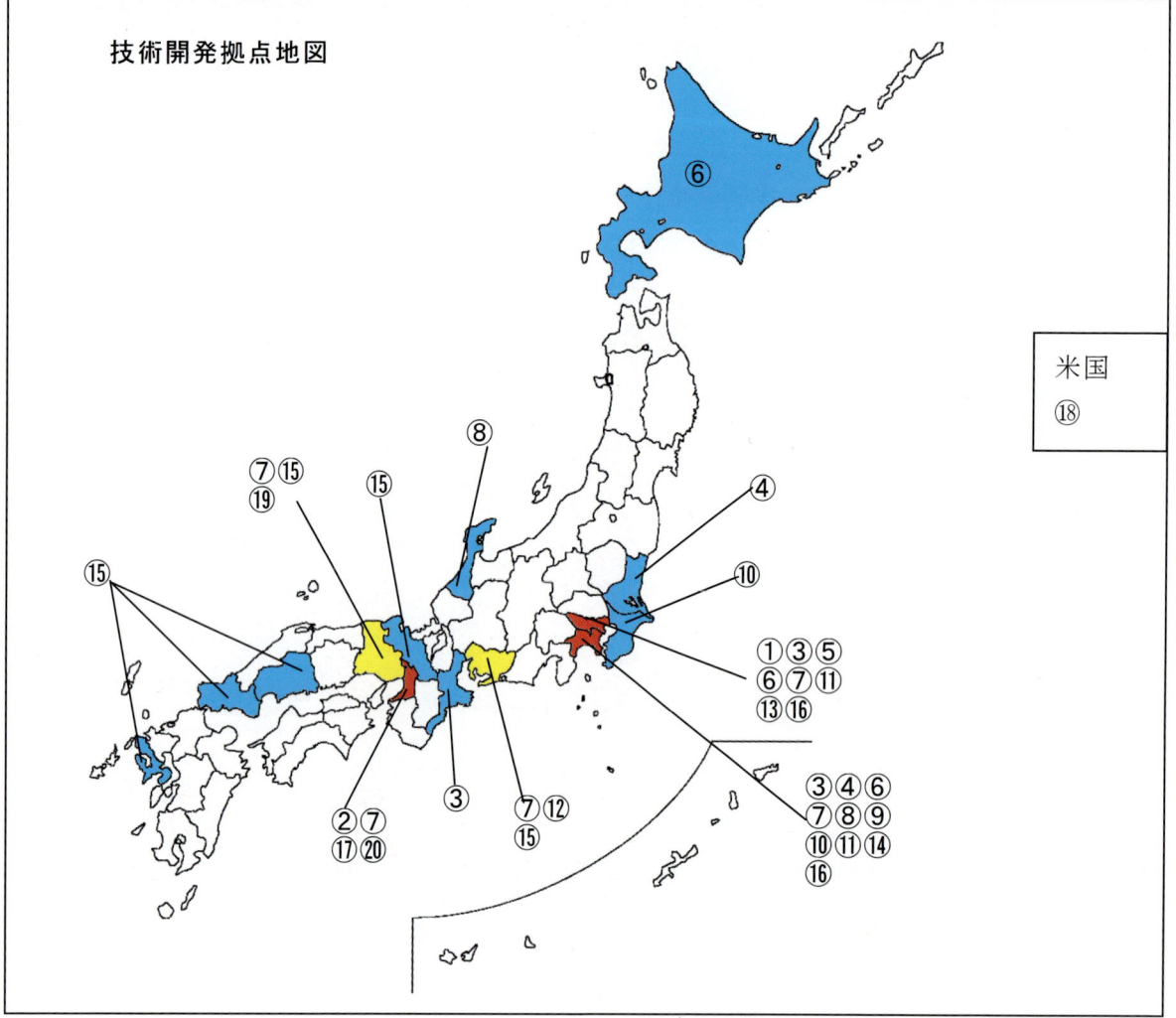

技術開発拠点地図

No.	出願人名	No.	出願人名
1	日本電気	11	富士電機
2	松下電器産業	12	ブラザー工業
3	東芝	13	三菱瓦斯化学
4	日立製作所	14	富士通
5	キヤノン	15	三菱重工業
6	住友重機械工業	16	石川島播磨重工業
7	三菱電機	17	シャープ
8	小松製作所	18	ゼネラル エレクトリック（米国）
9	アマダ	19	大阪富士工業
10	新日本製鉄	20	鐘淵化学工業

微細レーザ加工 / 主要企業の状況

上位企業30社で5割の出願件数

出願件数の多い企業は、日本電気、松下電器産業、東芝、日立製作所、キヤノンである。上位企業のうち、日本電気は90年代前半の出願が多いのに対し、松下電器産業は90年代後半の出願が多い。

No	出願人名	90年以前	91	92	93	94	95	96	97	98	99	00	合計
1	日本電気	35	31	11	8	7	4	5	11	4	13	1	130
2	松下電器産業	9	12	6	3	8	15	4	11	18	19		105
3	東芝	20	8	10	14	3	9	7	12	10	10	1	104
4	日立製作所	17	11	13	14	7	10	11	4	3	4		94
5	キヤノン	13	10	2	1	10		14	21	4	13	1	89
6	住友重機械工業			1	3	2	9	2	12	29	20	2	80
7	三菱電機	12	8	9	5	11	4	4	6	6	4		69
8	小松製作所	3	6	11	9	8	3	5	6	5	2		58
9	アマダ	5	6	1	8	2	4	11	12	5	3		57
10	新日本製鉄	3	7	5	20	8	3	1	2	2	1		52
11	富士電機	12	5	7	4	6	2		5	3	2		46
12	ブラザー工業	5	2	2	10	7	4	5	2	1	1		39
13	セイコーエプソン	2	5	9	5	1		2		3	10	1	38
14	三菱瓦斯化学									17	13	4	34
15	ソニー		1	2	6	2	4	3	1	6	5		30
16	富士通	5	6	6	4	3			1	3	2		30
17	松下電工	1	3	5	2	1	1		1	5	8		27
18	三菱重工業	3	5	3	3	2	2	3	3	1	1		26
19	リコー	1		9	4	2	2	3	2	1	1		25
20	ミヤチテクノス			1	2	1	1	7	3	3	4		22
21	石川島播磨重工業			5	2	6	4	2	1				20
22	日立電線			4	1	1	1	1	4	1	7		20
23	キーエンス				4			4	2	7	2		19
24	イビデン							1	3	3	9		16
25	渋谷工業		2	2	2	4	1	1		1	2		15
26	日産自動車	2	2	1	4		1		3	2			15
27	ウシオ電機	3		1	1	2	2	4		1			14
28	シャープ	2	1	1		1	1	3	2	3			14
29	ニコン		1		1		1	4	6	1			14
30	ファナック	2	3	3	3	1	1			1			14
31	村田製作所				3	1		1	2	1	6		14
32	ゼネラル エレクトリック（米国）	1				1	3	2	1	3			11
33	大阪富士工業	4	3		3								10
34	鐘淵化学工業				1					8			9

微細レーザ加工　　主要企業

日本電気 株式会社

出願状況

日本電気(株)の保有する出願は、130件である。そのうち登録になった特許が38件あり、係属中の特許が14件ある。

トリミングおよびマーキング関係の特許を、多く保有している。

技術要素・課題対応出願特許の概要

日本電気の技術要素と課題の分布

技術要素: 穴あけ、マーキング、トリミング、スクライビング、表面処理、特定部品の加工

課題: 設備の保守性向上、設備費の低減、加工コストの低減、加工効率の向上（コスト）、安全・環境対応、加工機能の向上、加工精度の向上、加工性能の向上、視認性の向上、製品品質の向上、信頼性・耐久性の向上、位置決め精度の向上（品質）

保有特許リスト例

技術要素	課題	解決手段	発明の名称、特許番号	概要
マーキング	視認性の向上	ビーム特性の改良	ビームスキャン式レーザマーキング方法および装置 特許 2682475 B23K26/00 H01S3/11	レーザ光の発振周波数および走査速度を固定し発振周波数の1サイクルにおける発振時間だけを最適な値に可変設定しているのでレーザ光の照射時間を最適なものとすることが出来る (A) 制御信号 パルス幅 (B) Qスイッチ制御信号 発振時間 (C) Qスイッチパルス波形 P1主パルス、P2副パルス
トリミング	加工品質の向上	ビーム特性の改良	レーザ加工装置 特許 2885209 H01S3/117 B23K26/00 H01S3/00 H01S3/14	励起上準位寿命が短いレーザ発振器と、Qスイッチレーザパルス光の光強度を連続可変する減衰手段を備え、パルス光を検出してQスイッチ周波数の変動を制御する 11 レーザ発振器、12 LD、13 Nd:YVO₄結晶、14 AOQスイッチ素子、15 出力ミラー、16 折り返しミラー、17 集光レンズ、19 XYステージ、20 加工対象物、Qスイッチ指令信号、位置信号、移動指令信号、制御部

viii

微細レーザ加工　主要企業

松下電器産業　株式会社

出願状況	技術要素・課題対応出願特許の概要
松下電器産業（株）の保有する出願は、105件である。そのうち登録になった特許が19件あり、係属中の特許が66件ある。 穴あけおよびトリミング関係の特許を多く保有している。	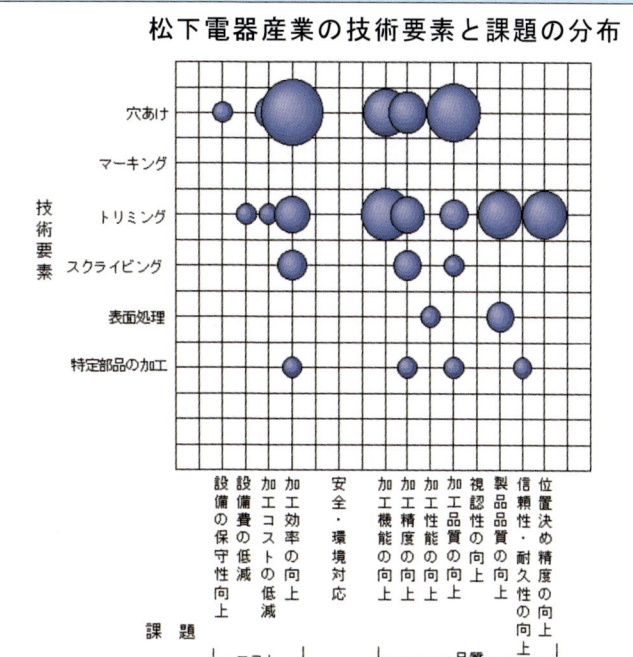 松下電器産業の技術要素と課題の分布

保有特許リスト例

技術要素	課題	解決手段	発明の名称、特許番号	概要
穴あけ	加工品質の向上	ビーム特性	レーザ加工装置及びその制御方法 特開 2000-15468 B23K26/00, 330 B23K26/06 H01S3/00	複合材料の各材料名、物理形状、要求穴形状に基づき、アパーチャ内径を可変し、かつ、注入電力を制御することにより、レーザ光の光強度分布を被加工材料に適するように可変することにより、高品質化、小径化に適するレーザ加工装置を提供できる
トリミング	製品性能の向上	製品材料の改良	半固定コンデンサ 特許 3078213 H01G4/255 B23K26/00 H01G4/30, 301	レーザ光透過性の誘電体用プラスチックフィルムに金属を蒸着させ、これの積層体にレーザー光を透過させ、蒸着金属を積層方向に多層同時に除去して容量を調整する

微細レーザ加工　　　主要企業

株式会社　東芝

出願状況	技術要素・課題対応出願特許の概要
（株）東芝の保有する出願は104件である。そのうち登録になった特許が8件あり、係属中の特許が53件ある。 　表面処理およびマーキングおよび特定部品の加工に関する特許を、多く保有している。	東芝の技術要素と課題の分布 技術要素：穴あけ、マーキング、トリミング、スクライビング、表面処理、特定部品の加工 課題：設備の保守性向上、設備費の低減、加工コストの低減、加工効率の向上（コスト）／安全・環境対応／加工機能の向上、加工精度の向上、加工性能の向上、加工品質の向上、視認性の向上、製品品質の向上、信頼性・耐久性の向上、位置決め精度の向上（品質）

保有特許リスト例

技術要素	課題	解決手段	発明の名称、特許番号	概要
マーキング	加工品質の向上	制御方法の改良	レーザマーカおよびレーザマーキング方法 特開2001-170783 B23K26/00 B23K26/08 G02B26/10, 104	レーザ光をガルバノミラーを作動させることでレーザ光を走査して所定のパターンを被加工体に形成させガルバノミラーの制御はパターンのデータに補正値と加算してデータを補正し補正されたデータによりガルバノミラーを作動させて被加工体に所定のパターンを描画する
表面処理	加工機能の向上	加工装置の改良	レーザアニーリング装置 特許3194021 C21D1/34 B23K26/00 H01L21/268 H01S3/00	ワークを設置したチャンバとレーザ光を導く導光路に、所定のレーザ光吸収率を有する気体を供給し、気体濃度を検出するセンサの検出信号に基づいて気体濃度制御する

微細レーザ加工　　主要企業

株式会社　日立製作所

出願状況	技術要素・課題対応出願特許の概要
（株）日立製作所の保有する出願は、94件である。そのうち登録になった特許が8件あり、係属中の特許は、46件ある。 　マーキングおよび穴あけに関する特許を、多く保有している。	**日立製作所の技術要素と課題の分布** 技術要素：穴あけ／マーキング／トリミング／スクライビング／表面処理／特定部品の加工 課題：設備の保守性向上／設備費の低減／加工コストの低減／加工効率の向上／安全・環境対応／視認性の向上／製品品質の向上／加工品質の向上／加工性能の向上／加工精度の向上／加工機能の向上／信頼性・耐久性の向上／位置決め精度の向上 └─コスト─┘　　└─品質─┘

保有特許リスト例

技術要素	課題	解決手段	発明の名称、特許番号	概要
穴あけ	加工品質の向上	加工方法の改良	エキシマレーザ加工方法 特開2000-326081 B23K26/00, 330 B23K26/18 H05K3/00	マスクのレーザ照射側よりレーザ未照射側の開口径を大きくすることで、従来問題であった円錐状の加工残りの発生原因であるカーボン残渣がスルーホール加工部に付着することを防止する
マーキング	加工品質の向上	ビーム特性の改良	画像縮小拡大投影装置 特許3126368 H01L21/66 B23K26/00 B23K26/06 B41J2/44 G02B27/28 G02F1/13, 505 G03B27/32 H01L23/00 H04N5/74	ランダム偏向よりなる光線を出力する光源と、光線をP波とS波に分離する手段と各波の偏向方向を各々回転させる1/2波長板通過した光を各々変調して画像情報を与える手段与えられた光を再合成する手段と撮像する手段を有する

| | 微細レーザ加工 | 主要企業 |

株式会社　キヤノン

出願状況	技術要素・課題対応出願特許の概要
（株）キヤノンの保有する出願は、89件である。そのうち登録になった特許は8件あり、係属中の特許は59件ある。 　穴あけおよび特定部品の加工に関する特許を、多く保有している。	キヤノンの技術要素と課題の分布 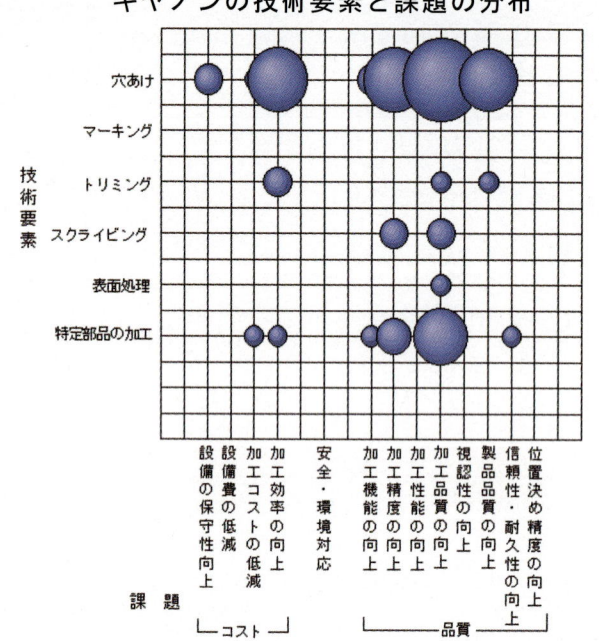

保有特許リスト例

技術要素	課題	解決手段	発明の名称、特許番号	概要
穴あけ	加工機能の向上	ビーム特性	スルーホールの形成方法 特開2000-77824 H05K3/00 B23K26/00, 330 B23K26/06 B41J2/135	レーザアブレーション加工によりスルーホールを形成する形成方法において、レーザアブレーション加工中に発生する加工対象からの反射光を用いて光加工エネルギー密度を増加させることで、先窄まりから先広がりに変化する形状を有するスルーホールを形成する 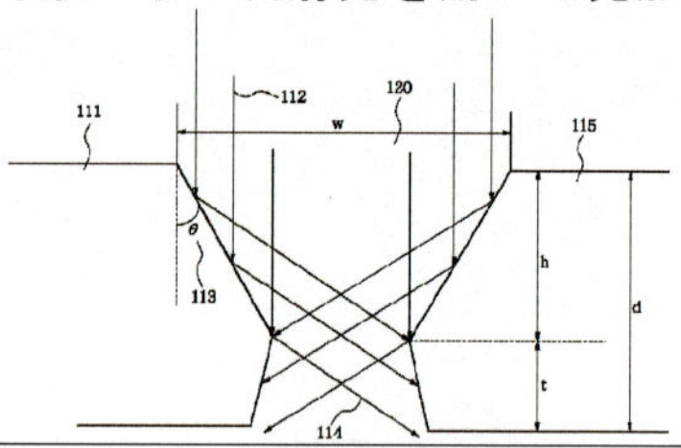
特定部品の加工	加工品質の向上	加工方法の改良	金属膜の加工方法、画像形成装置の製造方法、金属膜の加工装置及び画像形成装置の製造装置 特開2000-243245 H01J9/02　B23K26/00 B23K26/00, 320 H01J9/50	切断する方向に最少2列の切断個所を設け隣接する切断個所をビームがオーバラップしないように離間し同時加工 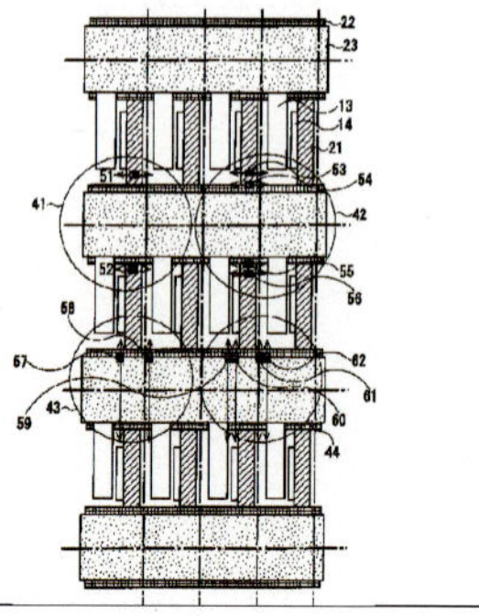

目次

微細レーザ加工

1. 技術の概要
- 1.1 微細レーザ加工技術の概要 3
  - 1.1.1 微細レーザ加工技術 3
  - 1.1.2 基本技術 6
    - (1) 穴あけ 6
    - (2) マーキング 6
    - (3) トリミング 7
    - (4) スクライビング 7
    - (5) 表面処理 8
  - 1.1.3 特定部品の加工 8
- 1.2 微細レーザ加工の特許技術へのアクセス 9
- 1.3 技術開発活動の状況 11
  - 1.3.1 微細レーザ加工技術 11
  - 1.3.2 基本技術 13
    - (1) 穴あけ 13
    - (2) マーキング 14
    - (3) トリミング 15
    - (4) スクライビング 16
    - (5) 表面処理 17
  - 1.3.3 特定部品の加工 18
- 1.4 技術開発の課題と解決手段 19
  - 1.4.1 基本技術 21
    - (1) 穴あけ 21
    - (2) マーキング 23
    - (3) トリミング 25
    - (4) スクライビング 26
    - (5) 表面処理 28
  - 1.4.2 特定部品の加工 30

2. 主要企業等の特許活動
- 2.1 日本電気 36

目次

- 2.1.1 企業の概要 ... 36
- 2.1.2 製品例 ... 36
- 2.1.3 技術要素と課題の分布 ... 37
- 2.1.4 保有特許の概要 ... 38
- 2.1.5 技術開発拠点 ... 43
- 2.1.6 研究開発者 ... 43
- 2.2 松下電器産業 ... 44
  - 2.2.1 企業の概要 ... 44
  - 2.2.2 製品例 ... 44
  - 2.2.3 技術要素と課題の分布 ... 45
  - 2.2.4 保有特許の概要 ... 46
  - 2.2.5 技術開発拠点 ... 54
  - 2.2.6 研究開発者 ... 55
- 2.3 東芝 ... 56
  - 2.3.1 企業の概要 ... 56
  - 2.3.2 製品例 ... 56
  - 2.3.3 技術要素と課題の分布 ... 57
  - 2.3.4 保有特許の概要 ... 58
  - 2.3.5 技術開発拠点 ... 65
  - 2.3.6 研究開発者 ... 65
- 2.4 日立製作所 ... 66
  - 2.4.1 企業の概要 ... 66
  - 2.4.2 製品例 ... 66
  - 2.4.3 技術要素と課題の分布 ... 67
  - 2.4.4 保有特許の概要 ... 68
  - 2.4.5 技術開発拠点 ... 72
  - 2.4.6 研究開発者 ... 72
- 2.5 キヤノン ... 73
  - 2.5.1 企業の概要 ... 73
  - 2.5.2 製品例 ... 73
  - 2.5.3 技術要素と課題の分布 ... 74
  - 2.5.4 保有特許の概要 ... 75
  - 2.5.5 技術開発拠点 ... 82
  - 2.5.6 研究開発者 ... 83
- 2.6 住友重機械工業 ... 84
  - 2.6.1 企業の概要 ... 84

目次

- 2.6.2 製品例 84
- 2.6.3 技術要素と課題の分布 85
- 2.6.4 保有特許の概要 86
- 2.6.5 技術開発拠点 93
- 2.6.6 研究開発者 93
- 2.7 三菱電機 94
  - 2.7.1 企業の概要 94
  - 2.7.2 製品例 94
  - 2.7.3 技術要素と課題の分布 95
  - 2.7.4 保有特許の概要 96
  - 2.7.5 技術開発拠点 101
  - 2.7.6 研究開発者 101
- 2.8 小松製作所 102
  - 2.8.1 企業の概要 102
  - 2.8.2 製品例 102
  - 2.8.3 技術要素と課題の分布 103
  - 2.8.4 保有特許の概要 104
  - 2.8.5 技術開発拠点 109
  - 2.8.6 研究開発者 109
- 2.9 アマダ 110
  - 2.9.1 企業の概要 110
  - 2.9.2 製品例 110
  - 2.9.3 技術要素と課題の分布 111
  - 2.9.4 保有特許の概要 112
  - 2.9.5 技術開発拠点 117
  - 2.9.6 研究開発者 117
- 2.10 新日本製鉄 118
  - 2.10.1 企業の概要 118
  - 2.10.2 製品例 118
  - 2.10.3 技術要素と課題の分布 119
  - 2.10.4 保有特許の概要 120
  - 2.10.5 技術開発拠点 122
  - 2.10.6 研究開発者 122
- 2.11 富士電機 123
  - 2.11.1 企業の概要 123
  - 2.11.2 製品例 123

目次

- 2.11.3 技術要素と課題の分布 124
- 2.11.4 保有特許の概要 125
- 2.11.5 技術開発拠点 127
- 2.11.6 研究開発者 127
- 2.12 ブラザー工業 128
  - 2.12.1 企業の概要 128
  - 2.12.2 製品例 128
  - 2.12.3 技術要素と課題の分布 129
  - 2.12.4 保有特許の概要 130
  - 2.12.5 技術開発拠点 132
  - 2.12.6 研究開発者 132
- 2.13 三菱瓦斯化学 133
  - 2.13.1 企業の概要 133
  - 2.13.2 製品例 133
  - 2.13.3 技術要素と課題の分布 134
  - 2.13.4 保有特許の概要 135
  - 2.13.5 技術開発拠点 138
  - 2.13.6 研究開発者 138
- 2.14 富士通 139
  - 2.14.1 企業の概要 139
  - 2.14.2 製品例 139
  - 2.14.3 技術要素と課題の分布 140
  - 2.14.4 保有特許の概要 141
  - 2.14.5 技術開発拠点 143
  - 2.14.6 研究開発者 143
- 2.15 三菱重工業 144
  - 2.15.1 企業の概要 144
  - 2.15.2 製品例 144
  - 2.15.3 技術要素と課題の分布 145
  - 2.15.4 保有特許の概要 146
  - 2.15.5 技術開発拠点 148
  - 2.15.6 研究開発者 148
- 2.16 石川島播磨重工業 149
  - 2.16.1 企業の概要 149
  - 2.16.2 製品例 149
  - 2.16.3 技術要素と課題の分布 150

目次

    2.16.4　保有特許の概要 151
    2.16.5　技術開発拠点 153
    2.16.6　研究開発者 153
2.17　シャープ 154
    2.17.1　企業の概要 154
    2.17.2　製品例 154
    2.17.3　技術要素と課題の分布 155
    2.17.4　保有特許の概要 156
    2.17.5　技術開発拠点 159
    2.17.6　研究開発者 159
2.18　ゼネラル・エレクトリック(GE) 160
    2.18.1　企業の概要 160
    2.18.2　製品例 160
    2.18.3　技術要素と課題の分布 161
    2.18.4　保有特許の概要 162
    2.18.5　技術開発拠点 164
2.18.6　研究開発者 164
2.19　大阪富士工業 165
    2.19.1　企業の概要 165
    2.19.2　製品例 165
    2.19.3　技術要素と課題の分布 165
    2.19.4　保有特許の概要 166
    2.19.5　技術開発拠点 166
    2.19.6　研究開発者 166
2.20　鐘淵化学工業 167
    2.20.1　企業の概要 167
    2.20.2　製品例 167
    2.20.3　技術要素と課題の分布 168
    2.20.4　保有特許の概要 169
    2.20.5　技術開発拠点 170
    2.20.6　研究開発者 170

3．主要企業の技術開発拠点
    3.1　微細レーザ加工の技術開発拠点 173

目次

資料

1. 工業所有権総合情報館と特許流通促進事業 179
2. 特許流通アドバイザー一覧 182
3. 特許電子図書館情報検索指導アドバイザー一覧 185
4. 知的所有権センター一覧 187
5. 平成13年度25技術テーマの特許流通の概要 189
6. 特許番号一覧 205

1. 技術の概要

1.1 微細レーザ加工技術の概要
1.2 微細レーザ加工技術の特許情報へのアクセス
1.3 技術開発活動の状況
1.4 技術開発の課題と解決手段

1. 技術の概要

産業の発達は常に製品の高精度な加工を要求している。
これに応えて従来の加工では実現困難な微細な加工を可能にする
レーザ加工が注目されてきた。特に、より微細な加工を追求する
穴あけ、マーキング、トリミング、スクライビング、表面処理と
その応用について紹介する。

1.1 微細レーザ加工技術の概要

1.1.1 微細レーザ加工技術

レーザは「放射の誘電放出による光の増幅（Light Amplifier by Simulated Emmision of Radiation）」という英文の頭文字をつなげたもので 1916 年に A.Einstein 博士が誘電放出の理論を発表してレーザの可能性を指摘した。これをうけて様々な実験が行われ 1954 年にメーザ（これは、マイクロ波を増幅したもの）が発明された後、1960 年ついに T.M.Maiman がルビーの結晶からレーザを発振させるのに成功した

一般に物質を構成する粒子はエネルギー準位の低い状態が安定する。しかし、光子を吸収または放出することでエネルギー準位（E2）が高くなることがある。この状態が励起であり、一般に不安定なため外部からの刺激がなくても自然に低いエネルギー準位（E1）に落ちる。

図1.1.1-1 光子の吸収と放出

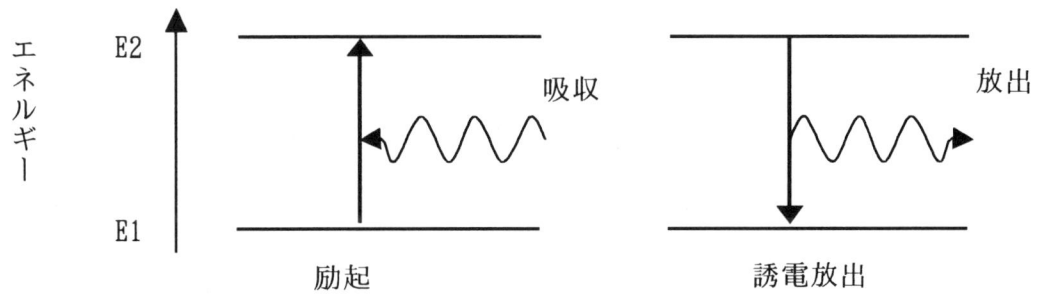

この時、そのエネルギーの差分（E=E2-E1）のエネルギーを持つ光子が放出される。光子のエネルギーは波長をλとすると一般に

$E = h \times c / \lambda$ 　　　但しcは光速でhはプランク定数

で表される。この放出されるエネルギー（E）は各物質ごとに固有のものであるため放出される光子の波長も物質固有のものとなる。これか光の自然放出である。この自然放出された光子が他の高いエネルギー準位にある粒子にあたるとこの粒子も低い

エネルギー準位に落ちるために光子を放出する。これが誘電放出である。

　誘電放出にて放出される光子は全ての方向にランダムに放出される。そのため、誘電放出させる物質の両側に向かい合わせに平行になるように鏡を配置すると、2つの鏡の間を行き来する光子だけが残る。この鏡の一方がもし半透過型のものであればこの鏡から向きのそろった光子が出てくる。これがレーザの発振である。

図1.1.1-2 レーザの発振原理

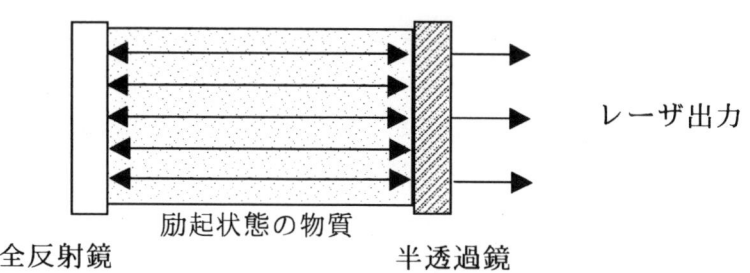

　T.M.Maimanの発明をきっかけに、レーザについての研究開発が進められてきている。通常は個体である加工対象物にレーザ光を照射すると、加工対象物を形成する原子・分子またはイオンにエネルギーが加えられるので熱振動を始める。レーザ光の照射時間が長くなるほどこの熱振動が激しくなり、ついには固体を形成している規則的配列が崩れて液体となる。これが融解であり、この状態でレーザ光の照射をやめると一旦融解した被加工物が再度結晶化して固体となる。もし、結晶的にはつながっていない極近傍にある固体をまとめて一旦融解してから再結晶化させると結晶がつながる。これを利用したのがプリント配線のリペアである。これは、製造過程で切断した配線の切断箇所にレーザ光を照射して両側の配線を溶かして接合している。また、ハンダやロー材などを供給しながらある加工ラインに沿ってこの工程を行うとハンダ付やロー接合となる。また、最近では太陽電池や液晶などの製造工程でアモルファス状態の固体を多結晶化する表面処理技術として使われている。

図1.1.1-3 レーザ光照射による溶融と再結晶化

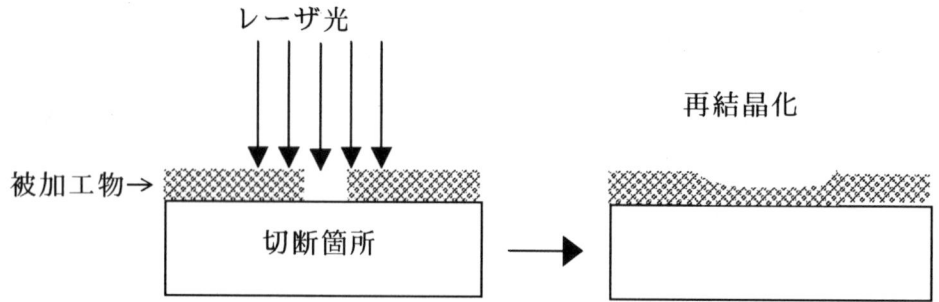

　被加工物を溶融した後もレーザ光を照射しつづけるとついには、溶けた被加工物の原子・分子またはイオンが外に飛び出し始め、被加工物表面が減少する。これが蒸発除去であり、被加工物を貫通して分割させれば切断となり、ある領域のみで貫通する・しない蒸発であれば穴あけとなり、決まった高さ方向のみの除去であればトリミングとなり、溝を形成するのであればスクライビングとなる。

図1.1.1-4 レーザ光による被加工物の蒸発

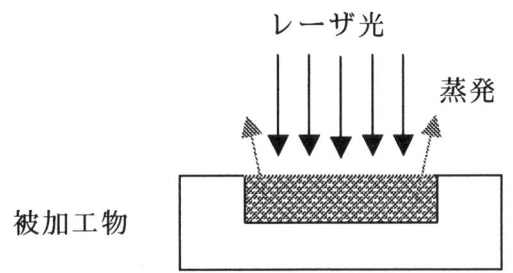

　最近はレーザを発振する時間やエネルギー量の制御あるいはレーザ光自体の制御も進むと共にレーザを照射することで起きる加工材料の物理的・化学的現象の研究も進んできている。特に、熱によって蒸発させたり溶かしたりといった熱的特性から光の吸収により誘起される光化学反応による特性にも研究が進められてきている。その結果、それまで熱による変性などで加工が困難とされていたガラスやセラミック、ポリイミドといった高分子にも加工対象が広がってきている。熱による反応も単純な溶解や除去から照射エネルギー・時間・領域などを制御することで加工材料表面の再結晶化（アニーリング）や結晶成長（エピタクシー・スパッタリングなど）、注入したイオンなどの不純物を一定の深さまで浸透させる（ドーピング）といった材料改質が発達してきている。また光化学反応により、エッチングやリソグラフィといった技術も開発されてきている。

　レーザ加工はもともと機械加工に対してより高精度に・精密に・細かくをねらって開発されてきている。特に、レーザエッチングやリソグラフィといったレーザ照射を間接的に使う加工では微細加工の定義を１μm程度の加工寸法としている。しかし本チャートでは直接レーザを当てての加工をレーザ加工として取り上げ、このレーザ加工のうち従来よりもより微細な加工を追求する「穴あけ」・「マーキング」・「トリミング」・「スクライビング」・「表面処理」とそれらを機械部品等に応用する「特定部品の加工」を微細レーザ加工として説明する。

　図1.1.1-5に、微細レーザ加工の技術分類を示す。

図1.1.1-5 微細レーザ加工技術の体系

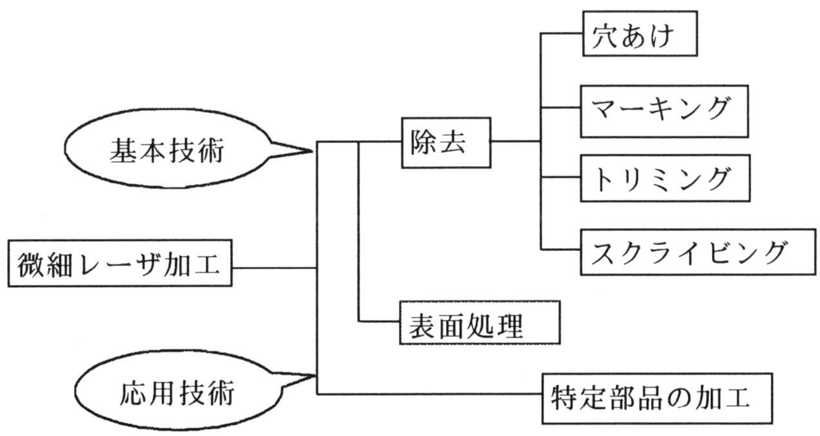

　表1.1.1-1はそれぞれの技術要素とその簡単な説明を示したものである。

5

表1.1.1-1 技術要素と解説

技術要素			解説
微細レーザ加工	基本	除去	穴あけ	除去加工技術を用いて貫通するまたはしない穴をあける技術
			マーキング	除去加工技術を用いて精密機械部品、プリント基板やICパッケージなどの表面に微少な文字や模様を印刷する技術
			トリミング	除去加工技術を用いてセラミック表面に形成された薄膜抵抗を規定値に調整したり、プリント基板の配線パターンの修正する技術
			スクライビング	主に材料を分割するために表面に幅が狭く深い溝を形成する技術
		表面処理		レーザ照射により表面の凹凸を平滑化する技術
	応用	特定部品の加工		上記基本技術を単独または組み合わせる応用技術の内、微細なもの

1.1.2 基本技術

(1) 穴あけ

図1.1.2-1に、穴あけの概念図を示す。

穴あけは、光エネルギー密度のレーザを材料表面に照射して溶融・蒸発・除去させてそこから裏面まで貫通または途中で止める技術のことある。レーザ穴あけは特に表面から奥に行くに従って穴径がすぼまる傾向があるため、微細な穴あけではいかに均一な穴径を保つかが大きな開発のポイントとなる。また、多層プリント基板への穴あけにおいては銅などの金属配線が印刷された層があり、その金属面でレーザ光が反射されて穴があけられなかったり、反射した向きによっては思わぬところに穴が開いてしまうという問題もあった。

図1.1.2-1 穴あけの概念図

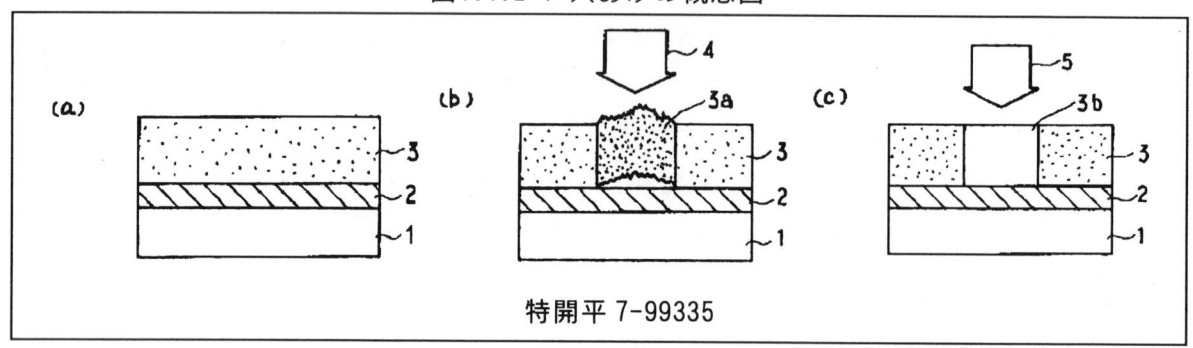

特開平7-99335

(2) マーキング

図1.1.2-2に、マーキングに関する概念図を示す。

レーザ加工は限定された領域のみにレーザ照射が可能なため精密な加工に適している。マーキングはこの特性を使って文字や模様を材料の表面に刻印する技術のことである。

マーキングは、レーザ光の向きを操作して一筆書きのようにして文字・模様を刻印する方法と、液晶などのマスクを使って透過・不透過を選択する方法とがある。

図1.1.2-2 マーキングの概念図

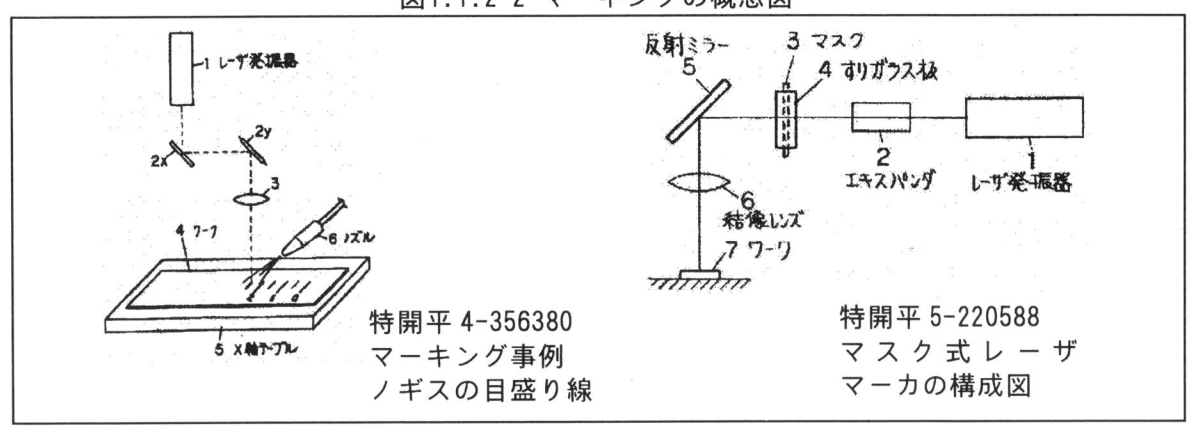

特開平4-356380
マーキング事例
ノギスの目盛り線

特開平5-220588
マスク式レーザ
マーカの構成図

(3) トリミング

図1.1.2-3に、トリミングに関する概念図を示す。

トリミングは、セラミック表面に形成された薄膜抵抗にレーザ光をあてて材料を蒸発除去させることで抵抗値を調整したり、プリント基板の配線パターンの形成不良のリペアをする技術である。たとえば、配線パターンの不要な接続部分は蒸発・除去することで切断したり、接続不良部分の両側の配線を溶かして接続したりする。

図1.1.2-3 トリミングの概念図

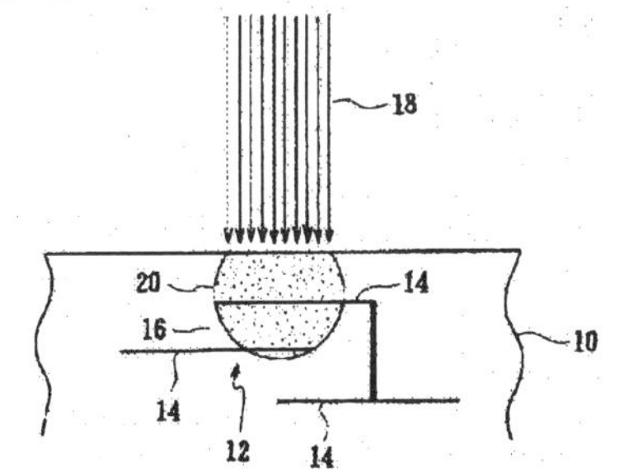

特開平10-55932

(4) スクライビング

図1.1.2-4に、スクライビングに関する概念図を示す。

スクライビング技術は幅が狭くて深さのある溝（割り傷）をレーザ照射によって形成し、主に半導体ウェハやセラミック基板を小片に分割する技術のことである。半導体ウェハやセラミック基板は堅くて脆い材料なので割り傷に沿って簡単に割ることができる。

図1.1.2-4 スクライビングの概念図

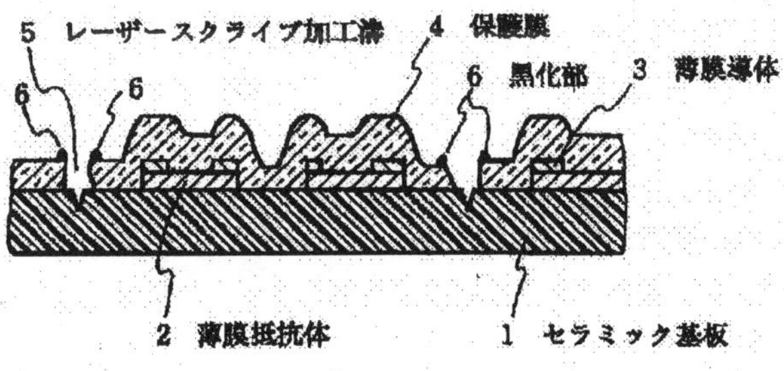

特開平5-211381

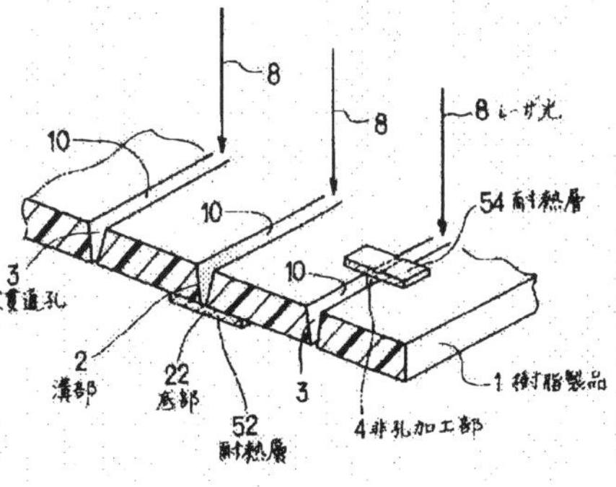

特開平10-235481

(5) 表面処理

図1.1.2-5に、表面処理に関する概念図を示す。

表面処理は、穴あけなどの技術がエネルギ密度の強いレーザ光を照射することで材料表面を蒸発除去する技術であるのに対し、エネルギ密度が比較的低いレーザ光を照射することで材料表面が蒸発に至らない程度に溶かす技術を応用したものである。主な用途は、プレスなどで加工した面の微少な凹凸を平滑化したり、限定された領域の焼き入れ焼き鈍すことや、特異なものとしては金属表面を虹色に加工することなどが有る。

図1.1.2-5 表面処理の概念図

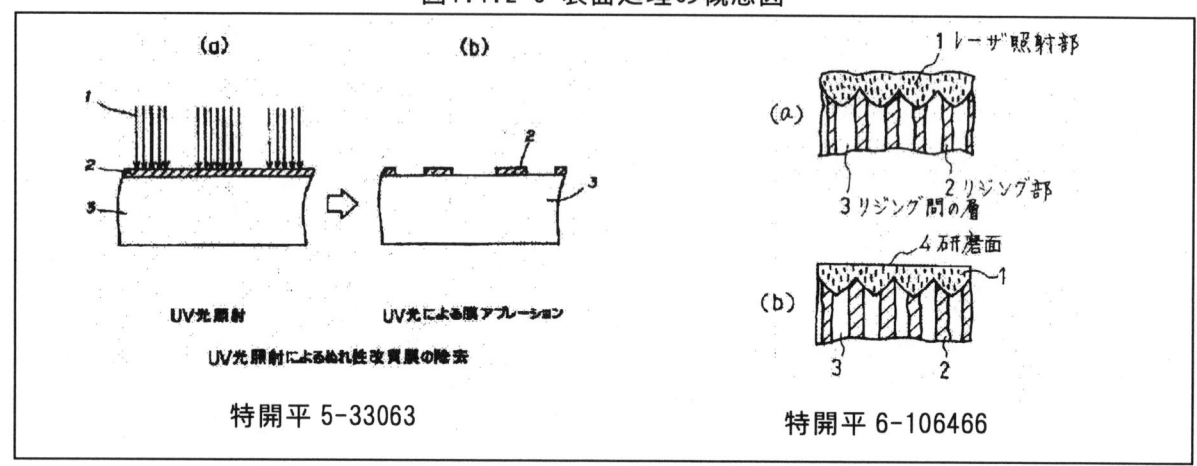

1.1.3 特定部品の加工

図1.1.3-1は特定部品の加工に関する概念図を示す。

特定部品の加工はこの項の前で紹介した、穴あけ・マーキングなどの蒸発除去技術や表面処理技術などの基本的な技術を応用した加工技術である。

図1.1.3-1 特定部品の概念図

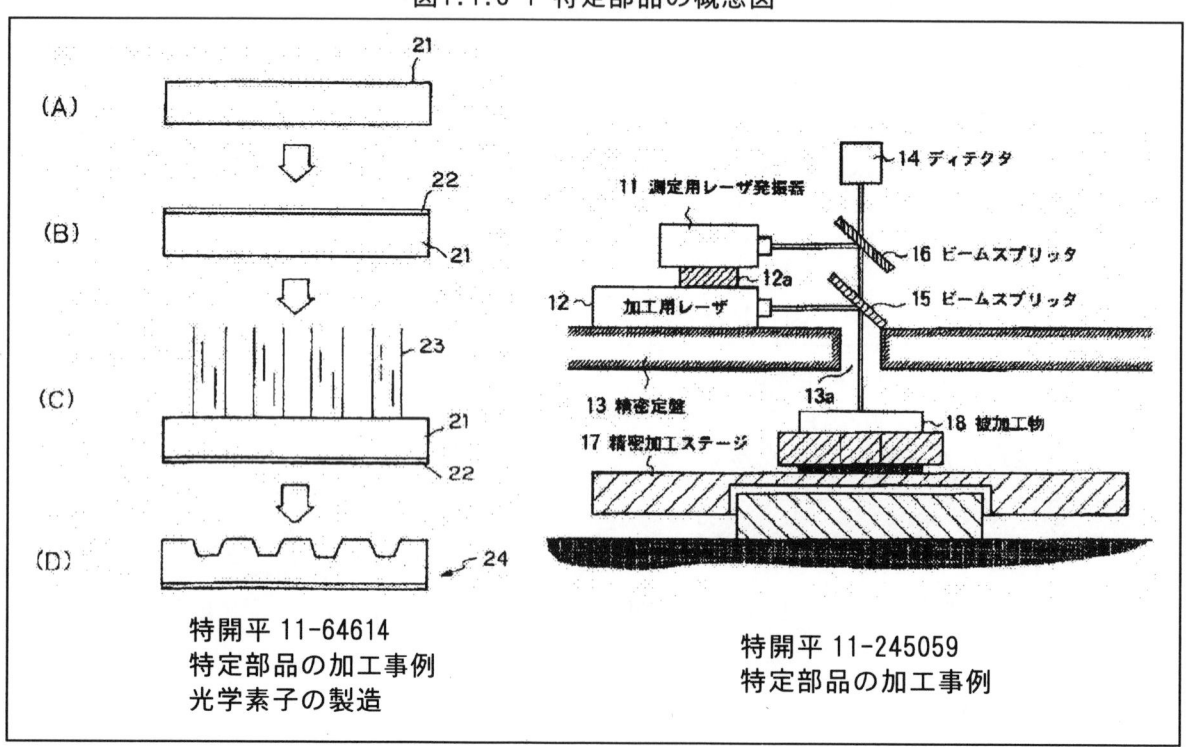

1.2 微細レーザ加工の特許情報へのアクセス

　微細レーザ加工に関する特許情報へは、以下のファイルインデックス（FI）を用いて、特許電子図書館（IPDL）によりアクセスできる。
　　　B23K 26/00B　　　・マーキング加工
　　　B23K 26/00C　　　・トリミング加工
　　　B23K 26/00D　　　・スクライビング加工
　　　B23K 26/00E　　　・表面処理
　　　B23K 26/00G　　　特定物品に適用されるもの
　　　B23K 26/00,330　・レーザー穴あけ

　また、微細レーザ加工の技術は、F ターム（FT）によって直接下記のものにアクセスできる。
　　　テーマ 4E068　　レーザ加工
　　　　　　AB00　　マーキング加工
　　　　　　AB01　　・加工方法
　　　　　　AB02　　・印字手段
　　　　　　AC00　　トリミング加工
　　　　　　AC01　　・加工方法
　　　　　　AD00　　スクライビング加工
　　　　　　AD01　　・加工方法
　　　　　　AH00　　レーザ熱処理，表面処理
　　　　　　AH01　　・溶融処理
　　　　　　AH02　　・・合金形成
　　　　　　AH03　　・被覆処理
　　　　　　DA00　　特定物品
　　　　　　DA01　　・金型，工具
　　　　　　DA02　　・機械部品
　　　　　　DA03　　・・歯車
　　　　　　DA04　　・・弁
　　　　　　DA05　　・・ロール
　　　　　　DA06　　・容器
　　　　　　DA07　　・・容器の密封
　　　　　　DA08　　・・缶胴
　　　　　　DA09　　・電気部品
　　　　　　DA10　　・・半導体ウエハ
　　　　　　DA11　　・・電気回路基板
　　　　　　DA12　　・磁性部品
　　　　　　DA13　　・装飾品

DA14 ・板
DA15 ・管
DA16 ・線，棒

表1.2-1に、本チャートで扱う微細レーザ加工の技術要素と検索式を示す。

ここで扱っている技術要素の言葉は、特許分類で使用している厳密な意味で定義された言葉ではなく、一般慣用的に使用されている言葉に直してある。

表1.2-1 微細レーザ加工の技術要素と検索式

技術要素	検索式
穴あけ	B23K26/00,330
マーキング	B23K26/00B
トリミング	B23K26/00C
スクライビング	B23K26/00D
表面処理	B23K26/00E
特定部品への応用	B23K26/00G

注）先行技術調査を完全に漏れなく行うためには、調査目的に応じて上記以外の分類も調査しなければならないことも有るので、注意を要する。

表1.2-2に、微細レーザ加工に関連する分野と、その検索式を示す。

表1.2-2 微細レーザ加工の関連分野とその検索式

関連分野	関連分野の検索式
レーザによる半田付け	B23K1/005A
レーザ溶接	B23K26/00,310
レーザ切断	B23K26/00,320
レーザによる材料の拡散	H01L21/22E
レーザによる合金形成	H01L21/24
エピタクシー	H01L21/20 H01L21/36
アニーリング	H01L21/265,602C H01L21/268F
レーザ蒸着	H01L21/285B
リソグラフィ	G03F7/20,505
レーザエッチング	C23F4/00 H05K3/00N
マイクロ構造の製造	B81B B81C
ナノ構造の製造	B82B

1.3 技術開発活動の状況

1.3.1 微細レーザ加工技術

図1.3.1-1に、微細レーザ加工の年別の出願件数推移を示す。

この図に示すように、1993年まで一定の水準で開発が進み、1993年から1995年まで一旦減少した後、1996年以降現在に至るまで活発な開発が進められている。

特に、穴あけ技術の1995年からの伸びが著しくトリミング・スクライビング技術も伸びている。これは、半導体製造装置やコンピュータ及びプリンタ・液晶モニタなどの周辺機器への適用での伸びが考えられる。

図1.3.1-1 微細レーザ加工の年別推移

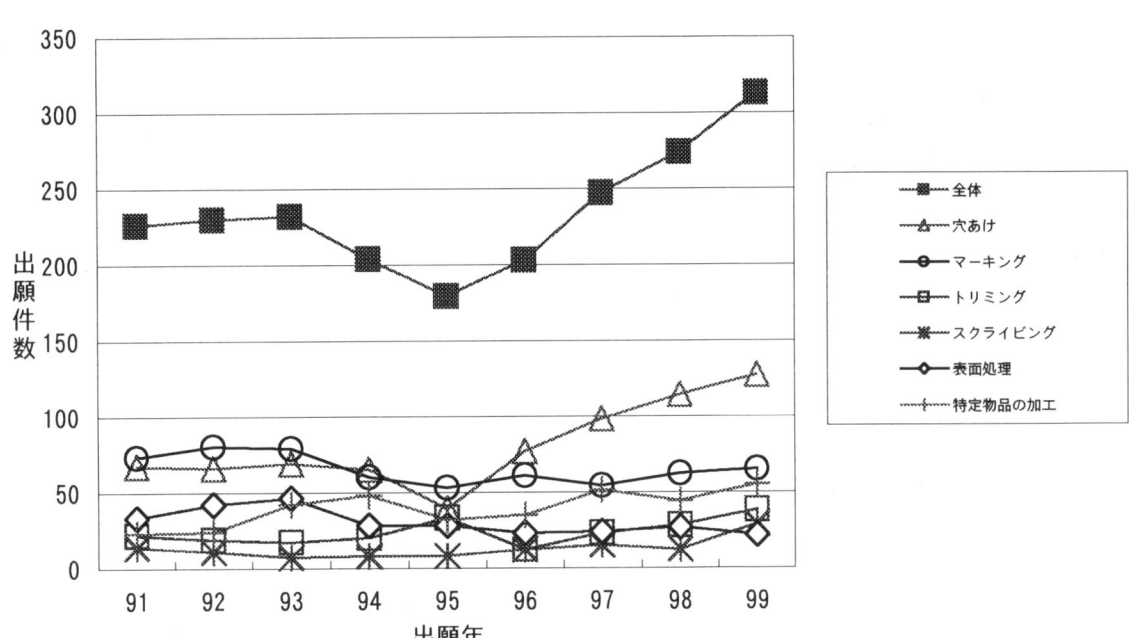

図1.3.1-2は、微細レーザ加工の技術分野全体について、出願人数と出願件数の推移を示したものである。この図に示すように、この分野の技術開発活動は、全体として出願人・出願件数とも増加傾向にある。特に1991年から92年にかけて盛んに行われた。その後出願人数は増加するものの出願件数は減少したが、96年から出願件数は増加に転じ、再び活発な技術開発が進められるようになった。

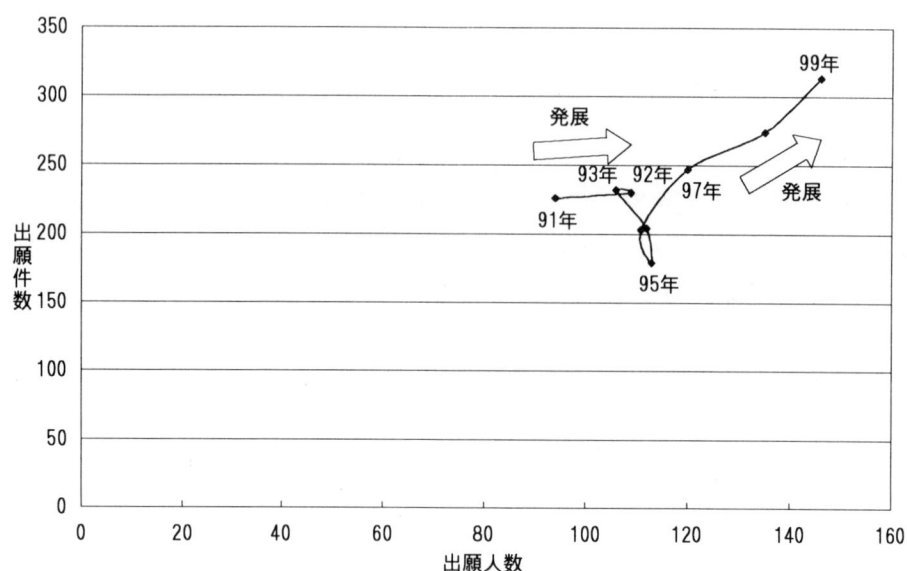

図1.3.1-2 微細レーザ加工における出願人数と出願件数との関係

　表 1.3.1-1 は、微細レーザ加工の技術分野の上位 20 社について、出願件数の年次推移を出願人別にみたものである。この表に示すように、松下電器産業、日本電気、東芝、住友重機械工業、日立製作所、キヤノン等が多くの特許（出願）を保有している。これを時系列に見れば 91 年から 93 年にかけては日本電気に特許が集中しており、東芝や日立製作所も出願が集中している。松下電器産業は 95 年と 98 年以降に出願が集中しており、キヤノンは 96 年と 97 年に、住友重機械工業は 98 年以降に出願が集中している。また、新日本製鉄は 93 年に出願が集中しており、三菱瓦斯化学は 98 年以降に出願が集中している。

表1.3.1-1 微細レーザ加工に関する上位出願人別出願件推移

No	出願人名	91	92	93	94	95	96	97	98	99	合計
1	松下電器産業	12	6	3	8	15	4	11	18	19	96
2	日本電気	31	11	8	7	4	5	11	4	13	94
3	東芝	8	10	14	3	9	7	12	10	10	83
6	住友重機械工業		1	3	2	9	2	12	29	20	78
4	日立製作所	11	13	14	7	10	11	4	3	4	77
5	キヤノン	10	2	1	10		14	21	4	13	75
7	三菱電機	8	9	5	11	4	4	6	6	4	57
8	小松製作所	6	11	9	8	3	5	6	5	2	55
9	アマダ	6	1	8	2	4	11	12	5	3	52
10	新日本製鉄	7	5	20	8	3	1	2	2	1	49
11	富士電機	5	7	4	6	2		5	3	2	34
12	ブラザー工業	2	2	10	7	4	5	2	1	1	34
13	セイコーエプソン	5	9	5	1		2		3	10	35
14	三菱瓦斯化学								17	13	30
15	ソニー	1	2	6	2	4	3	1	6	5	30
16	富士通	6	6	4	3			1	3	2	25
17	松下電工	3	5	2	1	1		1	5	8	26
18	三菱重工業	5	3	3	2	2	3	3	1	1	23
19	リコー		9	4	2	2	3	2	1	1	24
20	ミヤチテクノス		1	2	1	1	7	3	3	4	22

1.3.2 基本技術
(1) 穴あけ

図 1.3.2-1 は、穴あけ技術について、出願人数と出願件数の推移を示したものである。この図に示すように、95 年に一時減少するものの、全体として出願人数、出願件数はともに増加している。

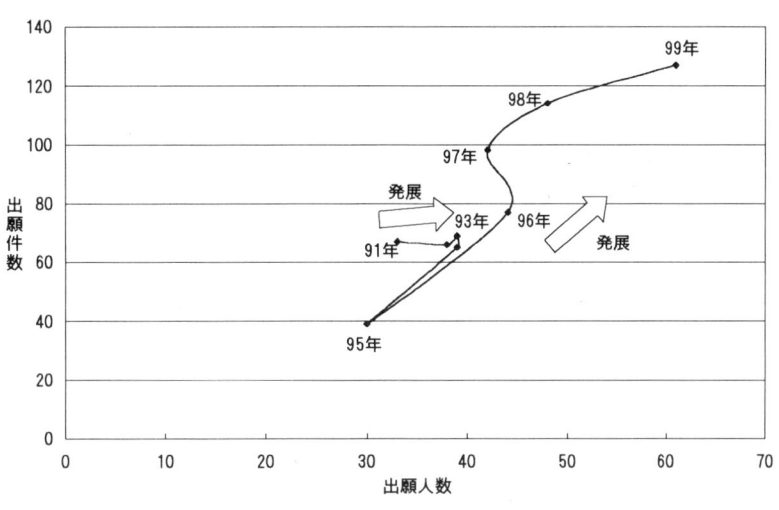

図1.3.2-1 穴あけにおける出願人数と出願件数との関係

表 1.3.2-1 は、穴あけに関する出願において、上位 19 社の出願件数推移を示したものである。この表に示すように、穴あけ技術については、キヤノン、住友重機械工業が多数の特許（出願）を保有している。90 年代前半は、キヤノン、ブラザー工業、リコーの出願が多く、98 年以降は、住友重機械工業、三菱瓦斯化学、松下電器産業、イビデンの出願が多い。

表1.3.2-1 穴あけに関する上位出願人別出願件数推移

No.	出願人	91	92	93	94	95	96	97	98	99	計
1	キヤノン	10	2	1	9		14	18	2	5	61
2	住友重機械工業			3	2	4	1	5	20	14	49
3	松下電器産業	3	2		4	3	3	8	15	2	40
4	三菱電機	2	5	2	7	4	4	4	4	1	33
5	三菱瓦斯化学								17	13	30
6	アマダ	4		3	1	1	6	9	3	2	29
7	セイコーエプソン	3	7	2	1		1		2	7	23
8	ブラザー工業		1	9	4		5		1	1	22
9	東芝	2		4			2	5	2	2	17
10	リコー		7	4	1		3			1	16
11	イビデン						1	3	2	9	15
12	富士通	4	2	3	2			1	1		13
13	日立製作所	3	1	1	1	1	2	1		1	11
14	ファナック	3	2	3	1	1			1		11
15	村田製作所			1	1			2	1	6	11
16	日本たばこ産業	2	1					3	1	2	9
17	渋谷工業	1		1	4	1				1	8
18	小松製作所	3	1	1	1		1	1			8
19	新日本製鉄	1	1			2		1	2	1	8

(2) マーキング

　図 1.3.2-2 は、マーキング技術について出願人数と出願件数の推移を示したものである。この図に示すように、マーキングの技術開発は、全体としては安定しているがその中では1991年から93年にかけて出願人の増加がみられた。その後出願人も30社代前半まで減少したが、97年以降も出願人の増加がみられる。

図1.3.2-2 マーキングにおける出願人数と出願件数との関係

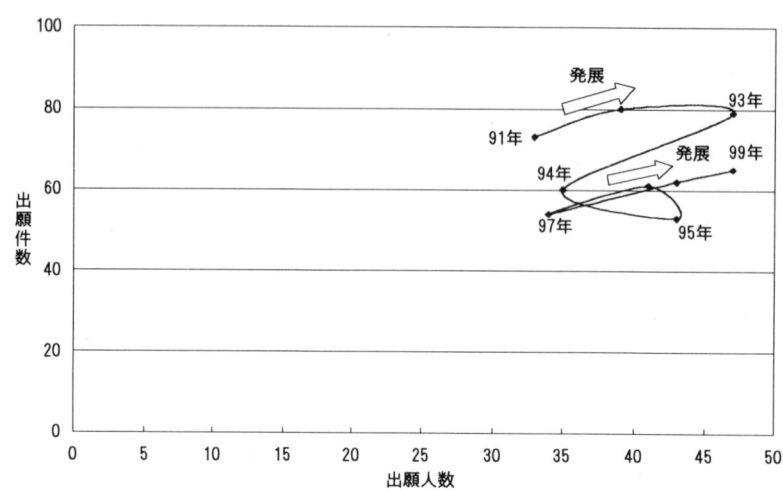

　表 1.3.2-2 は、マーキングに関する出願において、上位21社の出願件数推移をみたものである。この表に示すように、マーキング技術については日本電気、日立製作所、小松製作所が多くの特許（出願）を保有している。90年代初期の活発な技術開発活動は、日本電気、日立製作所、小松製作所などの出願が特に多いが、98年以降は、キーエンスやサンクスの出願が集中している。

表1.3.2-2 マーキングに関する上位出願人別出願件数推移

No.	出願人	91	92	93	94	95	96	97	98	99	計
1	日本電気	18	8	5	5	1	3	4	2	4	50
2	日立製作所	6	9	10	4	6	6	2	1	1	45
3	小松製作所	3	10	8	7	3	4	4	4	2	45
4	富士電機	5	6	3	5	1		4	1	1	26
5	東芝		6	4	1	5	2	4	2	2	26
6	キーエンス			4			4	2	7	2	19
7	ミヤチテクノス		1	2		1	7	3	1	4	19
8	ソニー	1	1	3		2	2	1	1	2	13
9	住友重機械工業				1	2		4	5	1	13
10	松下電器産業	3	1		1	2	1	1		3	12
11	新日本製鉄		1	7	4						12
12	ウシオ電機		1	1	2	2	4		1		11
13	三菱電機	1	2	1	2			2		1	9
14	サンクス									9	9
15	帝人				5	3	1				9
16	大日本インキ化学工業	3					1	3		1	8
17	松下電工		3			1			3	1	8
18	中小企業事業団	7									7
19	オムロン				1		1	3	1	1	7
20	アマダ			2	1	1				1	5
21	セイコーエプソン	1	2	2							5

(3) トリミング

　図 1.3.2-3 は、トリミング技術について出願人数と出願件数の推移を示したものである。この図に示すように、トリミングの技術開発は、1992 年頃から 95 年にかけて拡大し、96 年に出願人数、出願件数ともに一旦減少するが、97 年から出願件数は増加傾向を続けている。

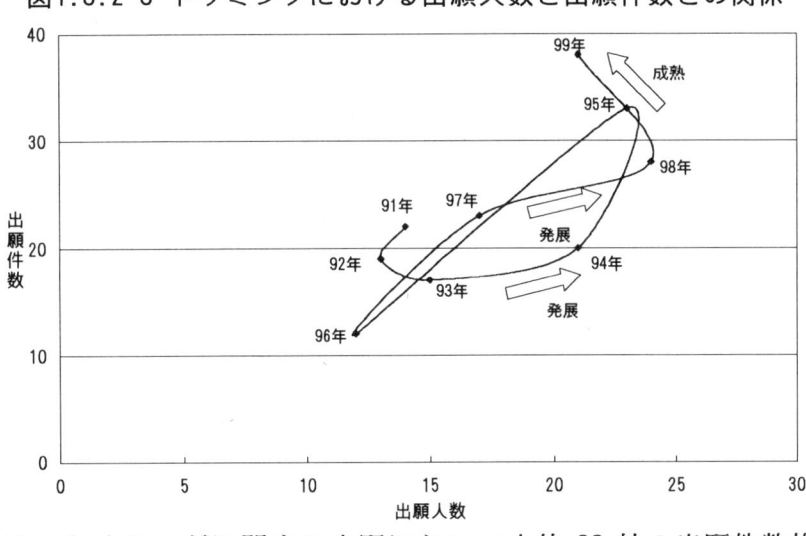

図1.3.2-3 トリミングにおける出願人数と出願件数との関係

　表 1.3.2-3 は、トリミングに関する出願において上位 22 社の出願件数推移をみたものである。この表に示すように、トリミング技術については、松下電器産業と日本電気の 2 社が多数の特許（出願）を保有している。日本電気は 91 年と 97 年に出願が集中したが、松下電器産業は 95 年と 99 年に出願が集中している。

表1.3.2-3 トリミングに関する上位出願人別出願件数推移

No.	出願人	91	92	93	94	95	96	97	98	99	計
1	松下電器産業	2	2	1	2	8		2	2	11	30
2	日本電気	6	3	2	2	1		5	1	4	25
3	東芝	1	1	1		1		1		1	6
4	三菱電機	3		1					1	1	6
5	アマダ		1	1		1	1	1	1		6
6	富士通		2						2	1	5
7	キヤノン	1			1				2	1	5
8	リコー			1	1	1			1		4
9	セイコー電子工業		1							3	4
10	太陽誘電						1	1		1	3
11	富士電機				1	1			1		3
12	アルプス電気					3					3
13	トーキン						1	1		1	3
14	ブラザー工業					3					3
15	ミネソタ マイニング アンド ＭＦＧ(米国)		3								3
16	東光						1	2			3
17	日本鋼管				1	1	1				3
18	日立電線							1	1	1	3
19	北陸電気工業					1			1	1	3
20	日立製作所					1		1			2
21	ローム							1		1	2
22	日本碍子					1		1			2

(4) スクライビング

図 1.3.2-4 は、スクライビング技術について、出願人数と出願件数の推移を示したものである。この図に示すように、スクライビングに関する特許の出願人および出願件数 1995 年拡大傾向を続けている。

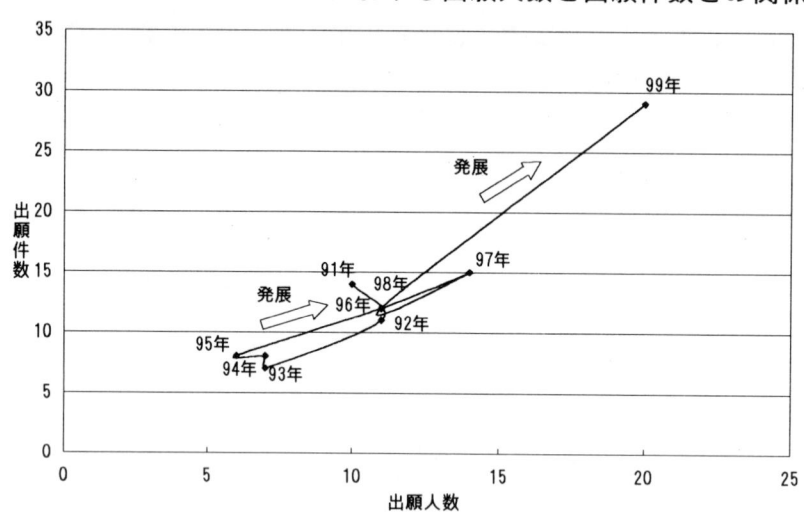

図1.3.2-4 スクライビングにおける出願人数と出願件数との関係

表 1.3.2-4 は、スクライビングに関する出願において上位 22 社の出願件数推移を示したものである。この表に示すように、スクライビング技術については出願件数に出願人ごとの大きな差はみられない。各企業別にみると日本電気 91 年に出願が集中した。住友重機械工業は 95 年に出願が集中した。鐘淵化学工業、日立電線、キヤノンは 99 年に出願が集中した。

表1.3.2-4 スクライビングに関する上位出願人別出願件数推移

No.	出願人	91	92	93	94	95	96	97	98	99	計
1	松下電器産業	2		2	2					1	7
2	日本電気	4						1			5
3	キヤノン				1			1		3	5
4	三菱重工業	1	1			1		2			5
5	住友重機械工業		1			3	1				5
6	鐘淵化学工業									5	5
7	シャープ						1	2	1		4
8	アマダ	1		1			1	1			4
9	三菱電機	1		1					1	1	4
10	日立電線									4	4
11	セイコーエプソン								1	2	3
12	東芝	1								1	2
13	三洋電機						2				2
14	ニコン	1						1			2
15	ホーヤ	1	1								2
16	マシーネンファブリーク ゲーリング（ドイツ）		1	1							2
17	三井石油化学工業						1			1	2
18	三星ダイヤモンド工業									2	2
19	石川島播磨重工業			1		1					2
20	日東電工						2				2
21	日本電装					1		1			2
22	理化学研究所								2		2

(5) 表面処理

図 1.3.2-5 は、表面処理技術について、出願人数と出願件数の推移を示したものである。この図に示すように、表面処理の技術開発は、1991 年から 92 年にかけて発展し、1992 年から 93 年の間に成熟してその後退潮に至るといったサイクルを描いたが、94 年から 95 年および 97 年から 98 年に再び出願人数、出願件数がともに増加している。

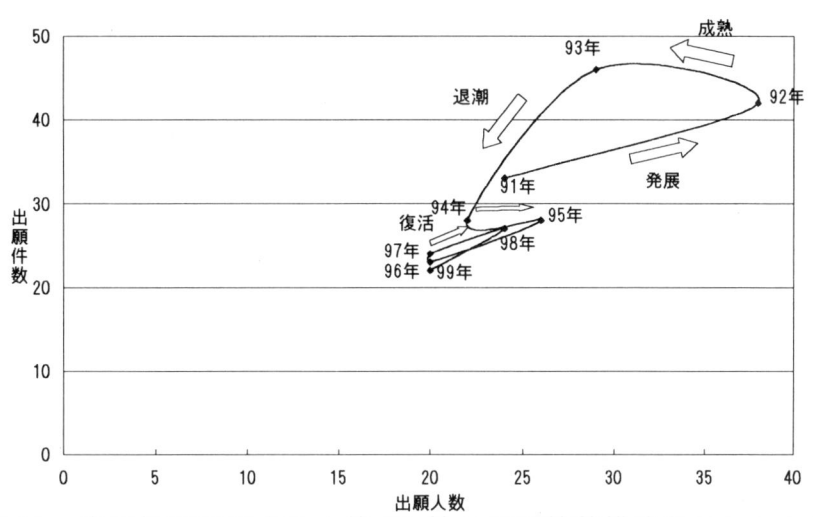

図1.3.2-5 表面処理における出願人数と出願件数との関係

表 1.3.2-5 は、表面処理に関する上位 22 社の出願件数推移を示したものである。この表に示すように、表面処理技術については新日本製鉄と東芝が多数の特許（出願）を保有している。91 年から 93 年にかけて新日本製鉄、東芝大阪冨士工業の出願が集中している。93 年は大阪府とソニーに出願が集中している。また 98 年以降、日立製作所、ゼネラル・エレクトリックも出願が集中している。

表1.3.2-5 表面処理に関する上位出願人別出願件数推移

No.	出願人	91	92	93	94	95	96	97	98	99	計
1	新日本製鉄	6	3	10	2	1	1	2			25
2	東芝	4	3	5	1	1	1	1	3	3	22
3	日立製作所	1	2	2	2		2		1	1	11
4	ゼネラル・エレクトリック（米国）					1	2	2	1	3	9
5	石川島播磨重工業		1		4	3	1				9
6	住友重機械工業			1		1		2	2	2	8
7	大阪富士工業	3		3							6
8	三菱重工業	1		1	1		1		1	1	6
9	大阪府	2		3							5
10	ソニー			3		1			1		5
11	松下電工	2	1	1					1		5
12	トヨタ自動車		1		1		1		1		4
13	三菱電機		2		2						4
14	川崎製鉄		3			1					4
15	日産自動車			2			2				4
16	オハラ					1	1	2			4
17	ダイハツ工業		1		2	1					4
18	荏原製作所					2			1		3
19	ブラザー工業	2	1								3
20	いすゞ自動車			3							3
21	マツダ	1		1				1			3
22	松下電器産業	1				1			1		3

1.3.3 特定部品の加工

図 1.3.3-1 は、特定部品の加工技術について、出願人数と出願件数の推移を示したものである。この図に示すように、特定部品の加工は全体として増加傾向にあるが、と特に 1992 年から 94 年にかけて、また 96 年から 97 年、さらに 98 年から 99 年に、出願人数と出願件数がともに増加している。

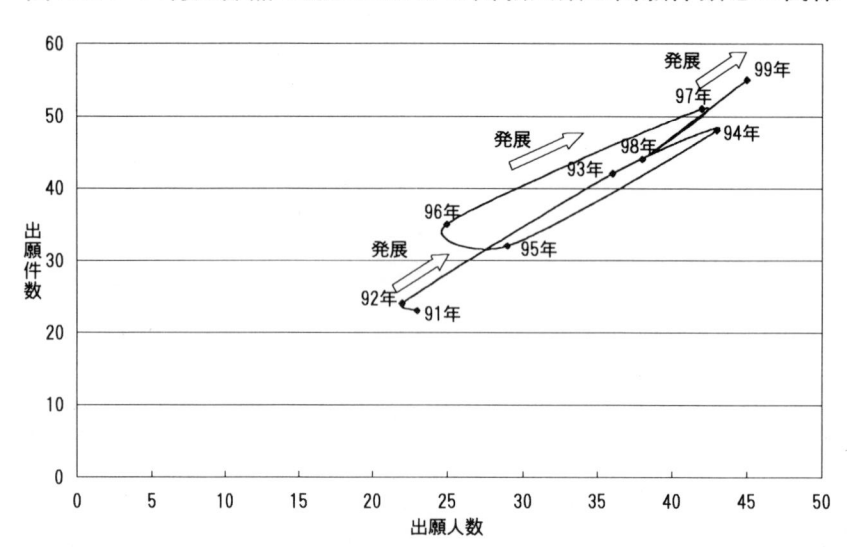

図1.3.3-1 特定部品の加工における出願人数と出願件数との関係

表 1.3.3-1 は、特定部品の加工に関するに出願において、上位 17 社の出願件数推移を示したものである。この表に示すように、特定部品の加工についてはキヤノンと東芝が多数の特許（出願）を保有している。93 年は東芝に出願が集中している。97 年以降はキヤノンからの出願が集中している。

表1.3.3-1 特定部品の加工に関する上位出願人別出願件数推移

No.	出願人	91	92	93	94	95	96	97	98	99	計
1	キヤノン			1	1		4	11		5	22
2	東芝	1	2	5	1	2	3	1	4	1	20
3	ブラザー工業			3	4	4		1		1	13
4	アマダ	2		1	1	1	2	1	2	1	11
5	日立製作所	1	1	1	1	2			1	2	9
6	松下電器産業	1	1		1	1			2	2	8
7	住友重機械工業			1		1		1	1	3	7
8	石川島播磨重工業		1	2	1	1	2				7
9	新日本製鉄			3	2					1	6
10	日本電気	2				2				2	6
11	日立電線		3		1		1			1	6
12	三菱重工業	1		1	1	1		1			5
13	住友電気工業		1		2	1	1				5
14	オリンパス光学工業	1			1		2			1	5
15	ニコン			1			1	3			5
16	日産自動車		1			1		1	2		5
17	日本板硝子						4	1			5

1.4 技術開発の課題と解決手段

　本節では、微細レーザ加工に関する特許・実用新案を読込み、技術要素ごとに、その技術分野の主要出願人の係属中出願について、技術開発の課題とその解決手段を紹介する。
　表1.4-1は、技術開発の課題について、その具体的な内容を説明したものである。

表1.4-1 微細レーザ加工における技術開発の課題と具体的内容

	技術開発の課題	具体的内容
品質	加工精度の向上	加工の精度そのものを向上させるもの
	位置決め精度の向上	発明の主体が特に位置決め精度の向上にあるもの
	加工品質の向上	加工部分の仕上がり、形状、寸法などのバラツキを向上させるもの
	加工機能の向上	加工できる範疇を広げる（従来不可能とされた材料、板厚などでも加工可能にする）もの
	加工性能の向上	加工能力（速度、サイズなど）を増大させるもの
	製品品質の向上	完成した製品の品質（強度、信頼性、外観など）を向上させるもの
	視認性の向上	判読対象にコントラストなどを付けて識別を容易にさせるものの
	信頼性・耐久性の向上	加工機械・装置の信頼性・耐久性を向上させるもの
コスト	加工コストの低減	歩留りの改善、材料費の低減など直接コスト低減に繋がるもの
	加工効率の向上	作業能率・作業性などの改善、加工時間の短縮、自動化などを目指すもの
	設備の保守性向上	生産ラインの保守を向上させるもの
	設備費の低減	生産ラインの経費を低減させるもの
安全・環境対応		安全性・対環境性を改善するもの

　図1.4-1に微細レーザ加工の課題と解決手段の分布を示す。
　この図に示されるように、加工品質の向上を目的とする解決手段は加工方法の改良が多く、加工装置の改良およびレーザ光の改良のビーム特性と照射条件に関するものあるいは製品材料の改良を行う出願もある。加工効率の向上を目的とする解決手段は加工装置の改良が多く、レーザ光の改良でビーム伝送、照射条件、ビーム特性に関するものも特許が集中しており、加工方法の改良を行う出願もある。また、加工効率の向上を目的とする解決手段は加工装置の改良が多く、加工方法の改良に出願がある。製品品質の向上を目的とする解決手段は加工方法の改良を行うものが多い。

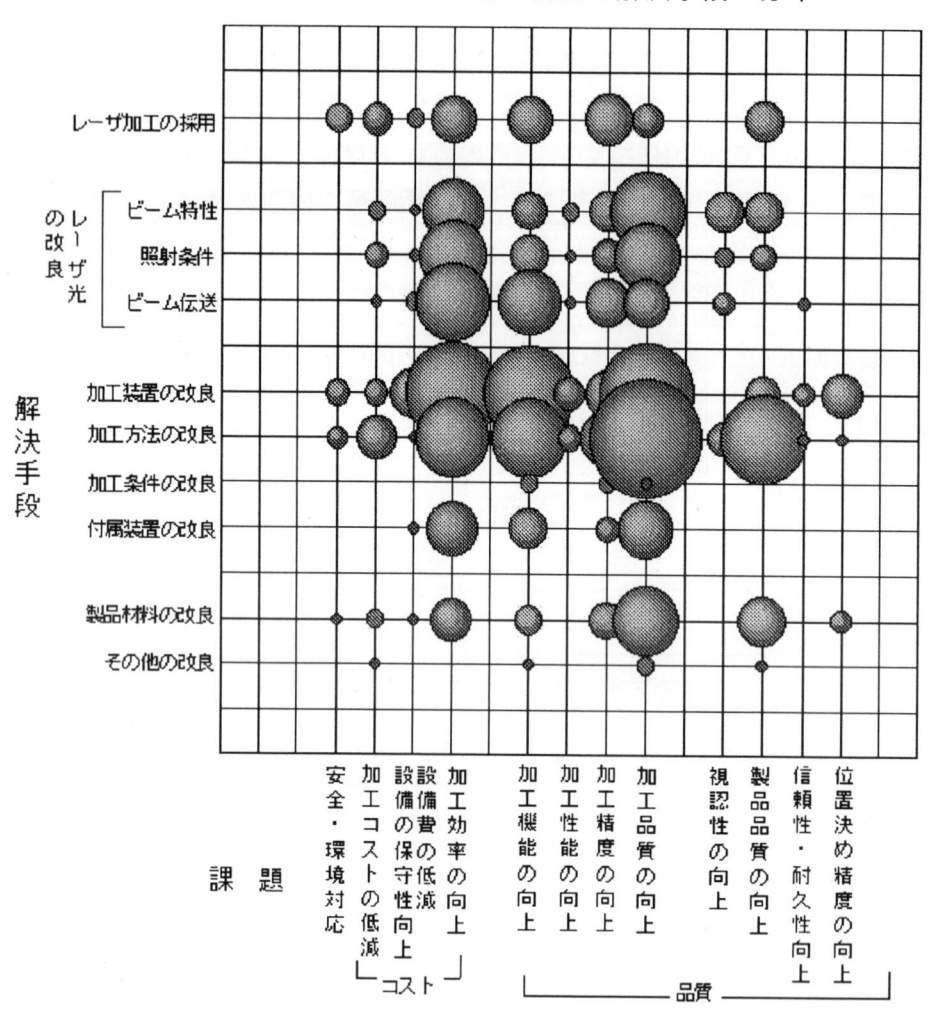

図1.4-1 微細レーザ加工全体の課題と解決手段の分布

(1991〜2001年10月に公開の権利化あるいは権利が係属中の出願のうち主要出願人のもの)

1.4.1 基本技術

(1) 穴あけ

表1.4.1-1は、穴あけに関する出願について、技術開発の課題とその解決手段の観点から、出願件数をカウントしたものである。この表に示すように、課題では、コスト低減を目的とした加工効率の向上がほぼ3分の1を占め、これに加工品質の向上が続く。解決手段では、レーザ光の改良がほぼ3分の1を占め、これに加工装置の改良と加工方法の改良が続く。加工効率の向上に対してはレーザ光の改良と加工装置の改良が、加工品質の向上にはレーザ光の改良と加工方法の改良が、解決手段として多用されている。

表1.4.1-1 微細レーザ加工における穴あけの課題別解決手段別出願件数

課題	解決手段	レーザ加工の採用	レーザ光の改良 ビーム特性	レーザ光の改良 照射条件	レーザ光の改良 ビーム伝送	加工装置の改良	加工方法の改良	付属装置の改良	製品構造・材料の改良
品質	加工精度の向上	7	5	3	8	6	12	3	6
品質	加工品質の向上	3	15	7	5	14	22	14	5
品質	加工機能の向上	5	3	2	11	14	8	5	
品質	製品品質の向上	2	6	3		2	26		5
コスト	加工コストの低減		2	1		1	1		1
コスト	加工効率の向上	3	16	10	17	34	7	12	6
コスト	設備の保守性向上			1	1	9		1	1
コスト	設備費の低減							0	
安全・環境対応							2		1

(1991～2001年10月に公開の権利化あるいは権利が係属中の出願のうち主要出願人のもの)

これらの出願のうち、表1.4.1-1に網掛けで示した、加工精度の向上、加工品質の向上、加工機能の向上、製品品質の向上、加工効率の向上と、ビーム特性、照射条件、ビーム伝送、加工装置の改良、加工方法の改良とに係わる出願について、出願人名とその出願件数を、表1.4.1-2に示す。

この表に示されるように、加工効率の向上を目的に加工装置の改良を行う企業が最も多く、三菱電機やアマダが上位を占めている。つぎに加工品質の向上のための加工装置の改良および加工方法の改良と、加工機能の向上のための加工装置の改良を目指す企業が多い。前者はキヤノンが上位を占めているが後者は出願人ごとに大きな差は無い。

表1.4.1-2 微細レーザ加工における穴あけの主要課題・解決手段に係わる出願人・件数

課題	解決手段	レーザ光の改良 ビーム特性	レーザ光の改良 照射条件	レーザ光の改良 ビーム伝送	加工装置の改良	加工方法の改良
品質	加工精度の向上	松下電器産業② 三菱瓦斯化学① セイコーエプソン① 東芝①	住友重機械工業① セイコーエプソン① 東芝①	キヤノン⑤ 松下電器産業① セイコーエプソン②	キヤノン② 松下電器産業① セイコーエプソン① 東芝① 渋谷工業①	キヤノン③ 三菱瓦斯化学② アマダ① セイコーエプソン① 東芝① イビデン② 小松製作所②
品質	加工品質の向上	キヤノン③ 松下電器産業③ 三菱電機④ アマダ① 東芝① ブラザー工業① 日本たばこ産業① 渋谷工業①	キヤノン① 住友重機械工業② 松下電器産業① 三菱電機② 東芝①	住友重機械工業② 松下電器産業① ブラザー工業① 日立製作所①	キヤノン② 住友重機械工業① 三菱電機① 三菱瓦斯化学③ アマダ① 富士通① 日本たばこ産業① 渋谷工業① 小松製作所① 新日本製鉄①	キヤノン⑦ 住友重機械工業① 松下電器産業① 三菱電機⑤ 三菱瓦斯化学① アマダ① セイコーエプソン① ブラザー工業② イビデン② 日立製作所①
品質	加工機能の向上	キヤノン① 松下電器産業① 三菱電機①	セイコーエプソン① 日立製作所①	キヤノン① 住友重機械工業③ 松下電器産業② 三菱電機② 日本たばこ産業② 新日本製鉄①	住友重機械工業② 松下電器産業① 三菱電機① アマダ① イビデン① 日立製作所① ファナック② 村田製作所① 日本たばこ産業① 渋谷工業②	アマダ① セイコーエプソン① リコー① イビデン① ファナック② 村田製作所① 新日本製鉄①
品質	製品品質の向上	キヤノン① 松下電器産業④ イビデン①	キヤノン① セイコーエプソン① 東芝①		キヤノン① 新日本製鉄①	キヤノン④ 松下電器産業② 三菱瓦斯化学⑧ セイコーエプソン② ブラザー工業④ イビデン③ 富士通① 日立製作所① 村田製作所①
コスト	加工効率の向上	キヤノン① 住友重機械工業⑦ 松下電器産業⑦ アマダ① ブラザー工業① ファナック① 村田製作所① 渋谷工業① 新日本製鉄①	キヤノン① 住友重機械工業④ 松下電器産業④ 三菱電機① アマダ① ブラザー工業① 東芝①	キヤノン② 住友重機械工業⑦ 松下電器産業⑦ 三菱電機① リコー① 富士通① 村田製作所④	キヤノン⑤ 住友重機械工業② 松下電器産業⑤ 三菱電機⑥ 三菱瓦斯化学② アマダ⑥ ブラザー工業① 東芝① ファナック② 村田製作所① 日本たばこ産業② 渋谷工業①	キヤノン① 住友重機械工業④ セイコーエプソン②

（1991～2001年10月に公開の権利化あるいは権利が係属中の出願のうち主要出願人のもの）

(2) マーキング

　表1.4.1-3は、マーキングに関する出願について、技術開発の課題とその解決手段の観点から、出願件数をカウントしたものである。この表に示すように、課題では、加工品質の向上がもっとも多く、次に加工機能の向上と加工効率の向上が続く。これらで80％以上を占めている。解決手段では、加工装置の改良と加工方法の改良がそれぞれ30％を占め、レーザ光の改良を合わせると90％近くになる。加工品質の向上に対しては加工方法の改良が、加工機能の向上に対しては加工装置の改良が、加工効率の向上にはレーザ光の改良が多くみられる。

表1.4.1-3 微細レーザ加工におけるマーキングの課題別解決手段別出願件数

課題	解決手段	レーザ光の改良 ビーム特性	照射条件	ビーム伝送	加工装置の改良	加工方法の改良	付属装置の改良	製品構造・材料の改良
品質	加工精度の向上			1	2			
	加工品質の向上	5	13	6	27	37	2	12
	加工機能の向上	2	4	6	21	18	2	2
	加工性能の向上	1	1		5	2		
	製品品質の向上				1	1		2
	視認性の向上	9	2	3		7		
	信頼性・耐久性の向上				1			
コスト	加工コストの低減				2			
	加工効率の向上	2	13	5	15	13	4	2
	設備の保守性向上				3			
	設備費の低減				1			

（1991～2001年10月に公開の権利化あるいは権利が係属中の出願のうち主要出願人のもの）

　これらの出願のうち、表1.4.1-3に網掛けで示した、加工品質の向上、加工機能の向上、加工性能の向上、製品品質の向上、視認性の向上、加工効率の向上と、レーザ光の改良、加工装置の改良、加工方法の改良、製品構造・材料の改良とに係わる出願について、出願人名とその出願件数を、表1.4.1-4に示す。

　この表に示されるように、もっとも多くの企業が出願している課題と解決手段は、加工品質の向上に対する加工方法の改良で、これに加工機能の向上に対する加工方法の改良が続く。前者では松下電器産業や新日本製鉄が、後者では富士電機が上位を占めている。

表1.4.1-4 微細レーザ加工におけるマーキングの主要課題・解決手段に係わる出願人・件数

課題		解決手段 レーザ光の改良			加工装置の改良	加工方法の改良	製品構造・材料の改良
		ビーム特性	照射条件	ビーム伝送			
品質	加工品質の向上	日本電気② 日立製作所③	日本電気① 小松製作所⑤ 東芝① ミヤチテクノス① 住友重機械工業② サンクス① 松下電工②	日立製作所① 小松製作所② 住友重機工業① 松下電器産業①	日本電気④ 日立製作所③ 富士電機③ 東芝③ キーエンス① ミヤチテクノス① 住友重機械工業② 松下電器産業② ウシオ電機③ サンクス③ 大日本インキ化学工業①	日本電気② 日立製作所③ 小松製作所① 東芝② キーエンス③ ミヤチテクノス④ ソニー① 松下電器産業⑤ 新日本製鉄④ 三菱電機① サンクス② 帝人① 松下電工③ オムロン② アマダ① セイコーエプソン②	帝人⑦ 大日本インキ化学工業⑤
	加工機能の向上	日本電気① 小松製作所①	小松製作所① 東芝① 三菱電機②	日立製作所① 小松製作所① 富士電機③ 東芝①	日本電気① 日立製作所① 小松製作所① 富士電機② 東芝② キーエンス⑤ ミヤチテクノス② ソニー① ウシオ電機⑤ サンクス①	日本電気② 日立製作所① 小松製作所① 富士電機③ 東芝② キーエンス① ミヤチテクノス① ソニー① 三菱電機① サンクス① 中小企業事業団① オムロン① アマダ①	日本電気① 帝人①
	加工性能の向上	小松製作所①	小松製作所①		小松製作所① ミヤチテクノス② ウシオ電機②	ソニー① 住友重機械工業①	
	製品品質の向上				日立製作所①	東芝①	ソニー① オムロン①
	視認性の向上	日本電気③ 日立製作所① 小松製作所⑤	日本電気① 小松製作所①	小松製作所① 住友重機械工業②		東芝② ミヤチテクノス① 松下電器産業② 新日本製鉄① 松下電工①	
コスト	加工効率の向上	日本電気① セイコーエプソン①	日本電気① 日立製作所① 小松製作所⑥ 東芝① キーエンス③ 中小企業事業団①	小松製作所③ キーエンス① 松下電工①	日本電気① 日立製作所① 小松製作所⑤ 富士電機① 東芝① キーエンス① ソニー③ 住友重機械工業②	日立製作所② 東芝① ミヤチテクノス④ ソニー② サンクス① 大日本インキ化学工業② アマダ①	大日本インキ化学工業① オムロン①

（1991～2001年10月に公開の権利化あるいは権利が係属中の出願のうち主要出願人のもの）

(3) トリミング

　表1.4.1-5は、トリミングに関する出願について、技術開発の課題とその解決手段の観点から、出願件数をカウントしたものである。この表に示すように、課題では、加工品質の向上が約4分の1を占め、これに加工効率の向上、加工機能の向上が続く。解決手段は、レーザ光の改良を除いた加工装置の改良と加工方法の改良が半分以上ある。加工品質の向上と加工効率の向上では加工方法の改良が、加工機能の向上では加工装置の改良と加工方法の改良が多くみられる。

表1.4.1-5 微細レーザ加工におけるトリミングの課題別解決手段別出願件数

課題	解決手段	レーザ加工の採用	レーザ光の改良 ビーム特性	レーザ光の改良 照射条件	レーザ光の改良 ビーム伝送	加工装置の改良	加工方法の改良	製品構造・材料の改良	その他の改良
品質	加工精度の向上	1		1		1	3		
品質	位置決め精度の向上					11	1	3	
品質	加工品質の向上		2	2	1	7	9	4	1
品質	加工機能の向上	1		2		6	6	2	
品質	製品品質の向上	4				1	5	4	
コスト	加工コストの低減	1					2	1	
コスト	加工効率の向上	2	1		5	2	5	3	
コスト	設備費の低減	1							
安全・環境対応		2				2	1		

（1991～2001年10月に公開の権利化あるいは権利が係属中の出願のうち主要出願人のもの）

　これらの出願のうち、表1.4.1-5に網掛けで示した件数の多い、位置決め精度の向上、加工品質の向上、加工機能の向上、製品品質の向上、加工効率の向上と、レーザ加工の採用、加工装置の改良、加工方法の改良、製品構造・材料の改良とに係わる出願について、出願人名とその出願件数を、表1.4.1-6に示す。

　この表に示されるように、多くの企業が注目している技術課題と解決手段は、加工品質の向上を目的とした加工方法の改良で、これに加工機能の向上のための加工方法の改良、加工品質の向上のための加工装置の改良および加工効率の向上のための加工方法の改良が続く。加工品質の向上を目的とした加工方法の改良では日本電気や富士通が占めているが、他に挙げた課題と解決手段では出願人ごとに大きな差はない。

表1.4.1-6 微細レーザ加工におけるトリミングの主要課題・解決手段に係わる出願人・件数

課題	解決手段	レーザ加工の採用	加工装置の改良	加工方法の改良	製品構造・材料の改良
品質	位置決め精度の向上		松下電器産業⑤ 日本電気⑥	三菱電機①	セイコー電子工業③
品質	加工品質の向上		日本電気② 東芝② リコー① ブラザー工業① 日立製作所①	松下電器産業① 日本電気② アマダ① 富士通② キヤノン① 東光① 日立製作所①	東芝① 三菱電機① 東光① 日立製作所①
品質	加工機能の向上	太陽誘電①	松下電器産業② 日本電気② 富士通① ローム①	松下電器産業① 日本電気① セイコー電子工業① 富士電機① 日立電線① 日本碍子①	松下電器産業②
品質	製品品質の向上	松下電器産業① 東芝① リコー① トーキン①	キヤノン①	松下電器産業③ 日本電気① アマダ①	松下電器産業① 富士通① トーキン① 北陸電気工業①
コスト	加工効率の向上	日立電線②	日本電気① トーキン①	日本電気① キヤノン① ブラザー工業① 日本鋼管① 北陸電気工業①	松下電器産業① 日本電気① 日本鋼管①

（1991～2001年10月に公開の権利化あるいは権利が係属中の出願のうち主要出願人のもの）

（4）スクライビング

　表1.4.1-7は、スクライビングに関する出願について、技術開発の課題とその解決手段の観点から、出願件数をカウントしたものである。この表に示すように、課題では、品質面から加工精度の向上、コスト面から加工効率の向上が多く、これらで60％を占めている。解決手段では、レーザ光の改良が40％を占め、これにレーザ加工の採用が続く。加工精度の向上はレーザ加工の採用とレーザ光の改良で、加工効率の向上はレーザ光の改良で、主に解決が図られている。

表1.4.1-7 微細レーザ加工におけるスクライビングの課題別解決手段別出願件数

課題 \ 解決手段	レーザ加工の採用	レーザ光の改良 ビーム特性	レーザ光の改良 照射条件	レーザ光の改良 ビーム伝送	加工装置の改良	加工方法の改良	加工条件の改良	付属装置の改良	製品構造・材料の改良
品質 / 加工精度の向上	8	3	2	1		1	1	1	1
品質 / 加工品質の向上		3	1			1		3	4
品質 / 加工機能の向上	1	2		1			1		
品質 / 製品品質の向上	1	1							1
コスト / 加工効率の向上	2	5	2	3	1	4		1	1
コスト / 設備費の低減	1	1			1				
コスト / 加工コストの低減	1		1						

（1991～2001年10月に公開の権利化あるいは権利が係属中の出願のうち主要出願人のもの）

　これらの出願のうち、表1.4.1-7に網掛けで示した件数の多い、加工精度の向上、加工品質の向上、加工機能の向上、製品品質の向上、加工効率の向上、設備費の低減と、レーザ加工の採用、レーザ光の改良のうちビーム特性とビーム伝送、加工方法の改良、付属装置の改良、製品構造・材料の改良とに係わる出願について、出願人名とその出願件数を、表1.4.1-8に示す。

　この表に示されるように、多くの企業は、品質面では加工精度の向上を目指してレーザ加工の採用を、コスト面では加工効率の向上のためのビーム特性の改良を注目している。上に挙げた課題と解決手段については出願人ごとに出願件数の大きな差は無い。

表1.4.1-8 微細レーザ加工のスクライビングの主要課題・解決手段に係わる出願人・件数

課題	解決手段	レーザ加工の採用	レーザ光の改良 ビーム特性	レーザ光の改良 ビーム伝送	加工方法の改良	付属装置の改良	製品構造・材料の改良
品質	加工精度の向上	松下電器産業①　アマダ①　三菱電機①　日立電線②　セイコーエプソン①　マシーネンファブリークゲーリング②	セイコーエプソン①　東芝①　ホーヤ①	日立電線①	シャープ①	東芝①	キヤノン①
品質	加工品質の向上		松下電器産業①　キヤノン①　三星ダイヤモンド工業①		ニコン①	住友重機械工業①　鐘淵化学工業①　日立電線①	キヤノン②　セイコーエプソン①　三井石油化学工業①
品質	加工機能の向上	日本電気①	鐘淵化学工業①　日東電工①	石川島播磨重工業①			
品質	製品品質の向上	三洋電機①	理化学研究所①				東芝①
コスト	加工効率の向上	シャープ①　三星ダイヤモンド工業①	三菱重工業①　鐘淵化学工業①　シャープ①　三菱電機①　理化学研究所①	松下電器産業①　住友重機械工業①　日東電工①	住友重機械工業①　シャープ②　三洋電機①	日本電装①	日本電装①
コスト	設備費の低減	三菱重工業①	ホーヤ①				
コスト	加工コストの低減	三菱電機①					

（1991～2001年10月に公開の権利化あるいは権利が係属中の出願のうち主要出願人のもの）

(5) 表面処理

　表1.4.1-9は、表面処理に関する出願について、技術開発の課題とその解決手段の観点から、出願件数をカウントしたものである。この表に示すように、課題では、品質面から加工機能の向上、コスト面から加工効率の向上が多く、これらで40％以上を占めている。解決手段では、レーザ光の改良を除いた加工方法の改良がほぼ3分の1を占め、これにレーザ光の改良を除いた加工装置の改良が続く。加工機能の向上に対してはレーザ光の改良関係以外の加工装置の改良が、加工効率の向上にはレーザ光の改良が、解決手段として多用されている。

表1.4.1-9 微細レーザ加工における表面処理の課題別解決手段別出願件数

課題		レーザ加工の採用	レーザ光の改良 ビーム特性	レーザ光の改良 照射条件	レーザ光の改良 ビーム伝送	加工装置の改良	加工方法の改良	製品構造・材料の改良	その他の改良
品質	加工精度の向上					2			
	加工品質の向上	3		2		2	6	1	1
	加工機能の向上	3		1	5	11	4		1
	加工性能の向上				1	1	2		
	製品品質の向上	2	2				11	4	1
	信頼性の向上						1		
コスト	加工コストの低減	2				1	6		1
	加工効率の向上	4	2	2	1	3	3		
	設備費の低減					1			
安全・環境対応		3							

（1991～2001年10月に公開の権利化あるいは権利が係属中の出願のうち主要出願人のもの）

　これらの出願のうち、表1.4.1-9に網掛けで示した件数の多い、加工品質の向上、加工機能の向上、製品品質の向上、加工性能の向上、製品品質の向上、加工コストの低減、加工効率の向上と、レーザ加工の採用、レーザ光の改良のうち照射条件とビーム伝送、加工装置の改良、加工方法の改良とに係わる出願について、出願人名とその出願件数を、表1.4.1-10に示す。

　この表に示されるように、製品品質の向上や加工品質の向上を目指して加工方法の改良に注力する企業が多く見られる。上に挙げた課題と解決手段については出願人ごとに大きな出願件数の差は無い。

表1.4.1-10 微細レーザ加工における表面処理の主要課題・解決手段に係わる出願人・件数

課題		レーザ加工の採用	レーザ光の改良 照射条件	レーザ光の改良 ビーム伝送	加工装置の改良	加工方法の改良
品質	加工品質の向上	石川島播磨重工業① 松下電工① 日産自動車①	日立製作所① 三菱電機①		松下電工① マツダ①	日立製作所① 三菱重工業① トヨタ自動車① 日産自動車① ダイハツ工業① いすず自動車①
品質	加工性能の向上			松下電器産業①	ソニー①	ゼネラル・エレクトリック① 荏原製作所①
品質	加工機能の向上	東芝② 松下電工①	日産自動車①	新日本製鉄① 東芝① 石川島播磨重工業③	東芝⑥ 石川島播磨重工業① 住友重機械工業① 三菱重工業② トヨタ自動車①	東芝① 大阪富士工業、大阪府① 荏原製作所① いすず自動車①
品質	製品品質の向上	石川島播磨重工業① ソニー①				新日本製鉄① 東芝① 日立製作所② ゼネラル・エレクトリック② 三菱重工業① 日産自動車① オハラ① いすず自動車① 松下電器工業①
コスト	加工コスト低減	石川島播磨重工業① いすず自動車①			三菱電機①	ゼネラル・エレクトリック② 大阪富士工業、大阪府③ トヨタ自動車①
コスト	加工効率の向上	新日本製鉄① 東芝① 住友重機械工業① 川崎製鉄①	新日本製鉄① 大阪富士工業、大阪府①	日立製作所①	新日本製鉄① 日立製作所① 住友重機械工業①	石川島播磨重工業① 住友重機械工業① 三菱電機①

（1991〜2001年10月に公開の権利化あるいは権利が係属中の出願のうち主要出願人のもの）

1.4.2 特定部品の加工

　表1.4.2-1は、特定部品の加工に関する出願について、技術開発の課題とその解決手段の観点から、出願件数をカウントしたものである。この表に示すように、課題では、品質面での加工品質の向上が3分の1近くを占め、これにコスト面での加工効率の向上が続く。解決手段では、レーザ光の改良とレーザ光の改良関係以外の加工方法の改良で半分以上を占めている。加工品質の向上、加工効率の向上ともに、主にレーザ光の改良によって解決が図られている。

表1.4.2-1 微細レーザ加工における特定部品の加工の課題別解決手段別出願件数

	解決手段 課題	レーザ加工の採用	レーザ光の改良 ビーム特性	レーザ光の改良 照射条件	レーザ光の改良 ビーム伝送	加工装置の改良	加工方法の改良	加工条件の改良	付属装置の改良	製品構造・材料の改良
品質	加工精度の向上		2	1	4	3	5	1		1
	加工品質の向上	1	11	2	2	8	5	1	2	3
	加工機能の向上	3	1		1	3	1	1	2	
	加工性能の向上		1			1				
	製品品質の向上		1	1		4	6			
	信頼性・耐久性の向上				1	2				1
コスト	加工コストの低減	2		2	1		2			
	加工効率の向上	2		3	6	6	5			
	設備費の低減				1		1			
安全・環境対応						2				

（1991～2001年10月に公開の権利化あるいは権利が係属中の出願のうち主要出願人のもの）

　これらの出願のうち、表1.4.2-1に網掛けで示した件数の多い、加工精度の向上、加工品質の向上、加工機能の向上、製品品質の向上、加工コストの低減、加工効率の向上と、レーザ加工の採用、レーザ光の改良、加工装置の改良、加工方法の改良とに係わる出願について、出願人名とその出願件数を、表1.4.2-2に示す。

　この表に示されるように、多くの企業が注目している技術課題と解決手段は、品質面における加工品質の向上とコスト面での加工効率の向上を目的とした加工装置の改良で、これに加工品質の向上のためのビーム特性、加工効率の向上のためのビーム伝送の改良および加工方法の改良が続く。加工品質の向上のためのビーム特性の改良にはキヤノンが出願上位を占めるが他の課題と解決手段では出願人ごとに大きな差は無い。

表1.4.2-2 微細レーザ加工における特定部品の加工の
主要課題・解決手段に係わる出願人・件数

課題	解決手段	レーザ加工の採用	レーザ光の改良 ビーム特性	レーザ光の改良 照射条件	レーザ光の改良 ビーム伝送	加工装置の改良	加工方法の改良
品質	加工精度の向上		松下電器産業① ニコン①	ブラザー工業①	キヤノン② 東芝②	キヤノン② ニコン①	キヤノン③ 松下電器産業① 住友重機械工業①
品質	加工品質の向上	日立電線①	キヤノン⑤ 東芝② アマダ① 住友電気工業② 新日本製鉄①	東芝① 松下電器産業①	ブラザー工業① 日本電気①	ブラザー工業① アマダ② 日立電線① 三菱重工業① オリンパス光学工業② 日産自動車①	キヤノン③ 東芝① 住友電気工業①
品質	加工機能の向上	東芝① アマダ① 日産自動車①	住友電気工業①		東芝①	東芝① 住友重機械工業① 三菱重工業①	日本電気①
品質	製品品質の向上		住友電気工業①	ブラザー工業①		アマダ① 新日本製鉄① オリンパス光学工業① 日産自動車①	東芝② ブラザー工業① 日立製作所② 日立電線①
コスト	加工コストの低減	ブラザー工業① 三菱重工業①		住友重機械工業① ニコン①	日本板硝子①		キヤノン① ブラザー工業①
コスト	加工効率の向上	東芝① 松下電器産業①		ブラザー工業① 日立電線① 日本板硝子①	東芝① 日立製作所① 松下電器産業① 住友重機械工業② 日本板硝子①	キヤノン① アマダ① 石川島播磨重工業① 三菱重工業① ニコン① 日産自動車①	ブラザー工業① アマダ① 住友重機械工業① 石川島播磨重工業① オリンパス光学工業①

（1991～2001年10月に公開の権利化あるいは権利が係属中の出願のうち主要出願人のもの）

2. 主要企業等の特許活動

2.1 日本電気
2.2 松下電器産業
2.3 東芝
2.4 日立製作所
2.5 キヤノン
2.6 住友重機械工業
2.7 三菱電機
2.8 小松製作所
2.9 アマダ
2.10 新日本製鉄
2.11 富士電機
2.12 ブラザー工業
2.13 三菱瓦斯化学
2.14 富士通
2.15 三菱重工業
2.16 石川島播磨重工業
2.17 シャープ
2.18 ゼネラル エレクトリック(GE)
2.19 大阪富士工業
2.20 鐘淵化学工業

> 特許流通
> 支援チャート
>
> # 2．主要企業等の特許活動
>
> 微細レーザ加工技術は主に半導体製造装置・電子デバイス・液晶
> 太陽電池などへの応用が目立つ。当然これらの製造元である
> 電気機器や家電の大手あるいはコンピューター関連機器メーカ
> からの出願が多く、第2章で取り上げる20社の半分を占める。
> ついで重工業関連メーカからの特定部品の加工への出願が多い。
> その一方で特定の技術に特化した中小企業も個別の技術要素の
> 中では健闘している。

この章では、本チャートの対象特許で出願が多い企業20社を選んで取り上げる。
選び方は全体で件数の多い上位10社および各技術要素ごとの上位5社とした。
これらの企業名を表2-1に示す。

表2-1 主要企業20社リスト

No.	出願人名	No.	出願人名
1	日本電気	11	富士電機
2	松下電器産業	12	ブラザー工業
3	東芝	13	三菱瓦斯化学
4	日立製作所	14	富士通
5	キヤノン	15	三菱重工業
6	住友重機械工業	16	石川島播磨重工業
7	三菱電機	17	シャープ
8	小松製作所	18	ゼネラル エレクトリック（米国）
9	アマダ	19	大阪富士工業
10	新日本製鉄	20	鐘淵化学工業

　この章では上記で選んだ20社の特許1,074件の内、約64%を占める権利化されているものおよび係属中であるもの687件を重点的に取り上げる。

　コラム内でも取り上げた電気機器や家電の大手あるいはコンピューター関連機器メーカでは半導体製造装置にかかわるもの半導体デバイスの製造に係わるものが多く、これらのメーカでは自社内での設備応用の他に外販も多い。その一方で、鋼板や太陽電池・液晶の製造など特定の技術に特化したメーカでは、微細レーザ加工装置を利用した高品質・高付加価値な製品を外販しているものの微細レーザ加工装置そのものの外販は非常に少ない。

　なお、ここで示す特許リストは主要企業各社が保有する特許であり、ライセンスの可否は、主要企業各社の特許戦略による。

2.1 日本電気

2.1.1 企業の概要
表2.1.1-1に、日本電気の企業概要を示す。

表2.1.1-1 日本電気の企業概要

1)	商号	日本電気株式会社
2)	本社所在地	東京都港区芝五丁目7番1号
3)	設立年月日	1899年（明治32年）7月17日
4)	資本金	2,447億円（平成13年3月末現在）
5)	売上高	単独 4兆0,993億円 連結 5兆4,097億円 （平成12年度実績）
6)	従業員	単独　34,878名（平成13年3月末） 連結 1,149,931名（平成13年3月末）
7)	事業内容	コンピュータ、通信機器、電子デバイス、ソフトウェアなどの製造販売を含むインターネット・ソリューション事業
8)	技術・資本提携関連	米国ハネウェル社、仏国ブル社、東芝など
9)	事業所	本社：東京、主な事業所：玉川・府中・相模原・横浜・我孫子
10)	関連会社	会社数 247社（平成13年4月2日現在） うち 国内（含むＮＥＣ）140社　海外107社
11)	主要製品	コンピュータのハードウェア・ソフトウェア、プリンタなどの周辺機器、ネットワーク関連機器とシステム、電子デバイスなど

（日本電気のHP　http://wwww.nec.co.jpより）

2.1.2 製品例
表2.1.2-1に、日本電気の微細レーザ加工に関する特許技術と関連があると推定される製品を紹介する。

表2.1.2-1 日本電気の製品例

技術要素	製品	製品名
マーキング	レーザマーカ	SL577A
	レーザマーカ	SL475K
	ウエハマーカ	SL432D2
	ウエハマーカ	SL473F
	パッケージマーカ	SL476A2
トリミング	レーザトリマ	SL436H
	レーザトリマ	SL432H
表面処理	レーザマスクリペア	LM700A
その他	レーザマスクリペア	SL458C

（日本電気のHP　http://wwww.nec.co.jpより）

2.1.3 技術要素と課題の分布

図 2.1.3-1 に、日本電気の微細レーザ加工に関する技術要素と課題の分布を示す。

日本電気は技術要素としてはマーキングやトリミングの関連が多く、課題としては加工機能・加工効率・加工品質に係わるものが多い。一方でトリミングに関する位置決め機能に係わるものが特出している。

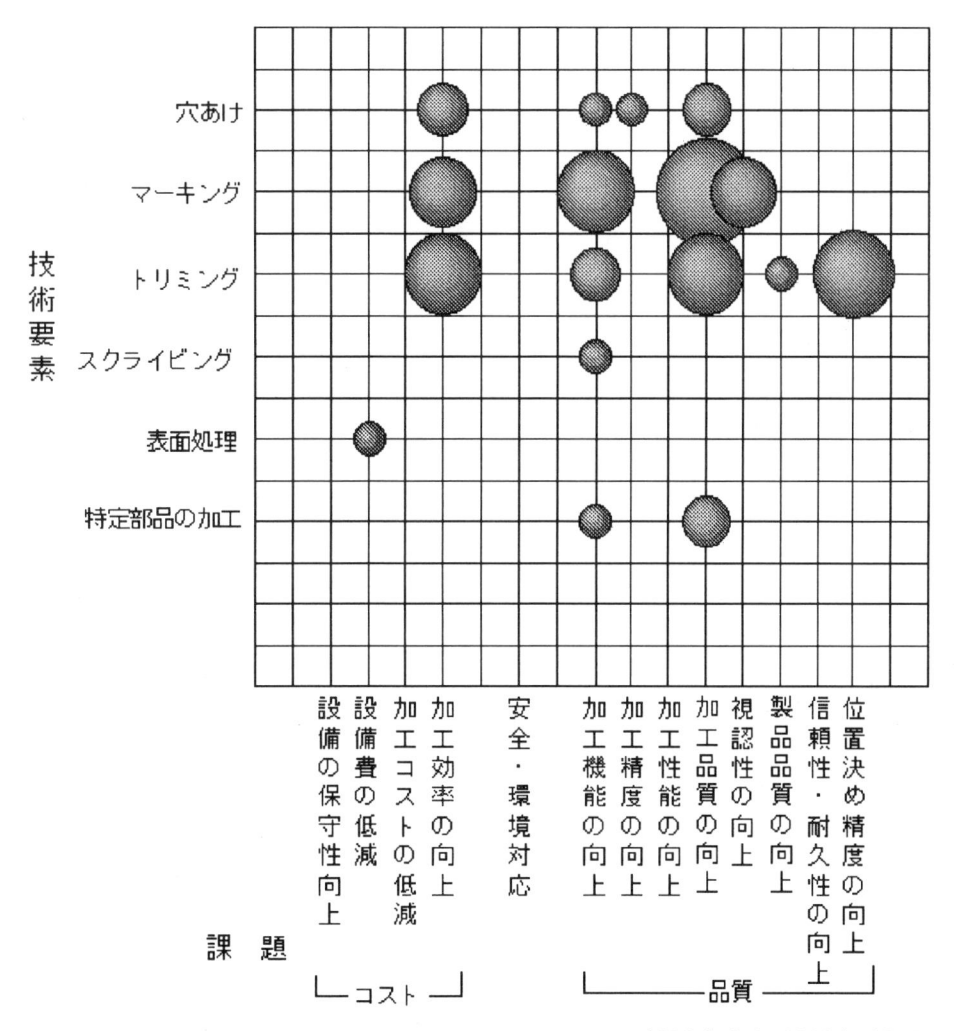

図2.1.3-1 日本電気の技術要素と課題の分布

1991 年から 2001 年 10 月公開の出願
（権利存続中および係属中のもの）

2.1.4 保有特許の概要

日本電気が保有する微細レーザ加工に関する特許について、表2.1.4-1に紹介する。

表2.1.4-1 日本電気の微細レーザ加工に関する特許 (1/6)

技術要素			課題	公報番号 特許分類	発明の名称	解決手段 概要
基本技術						
	除去					
		穴あけ	加工効率の向上	特開2000-202668 B23K26/00,330 H01S3/109 H01S3/117 H05K3/00	Qスイッチレーザによる穴あけ加工方法	ビーム特性の改良 レーザ加工装置において、Qスイッチパルスエネルギーを外部変調器によって損失なしに、レーザピークパワーあるいはレーザパルスエネルギーの制御をかけることにより、加工スレッショールドの異なるワークにダメージを与えることなく、最高の加工速度でレーザ加工ができる
				特開平10-341069	ビアホール形成方法	ビーム特性の改良
			加工品質の向上	特開2001-53450	ブラインドビアホールの形成方法	照射条件の改良
				特許2728088	レーザ加工装置およびその載物台	付属装置の改良
			加工精度の向上	特許2760288	ビアホール形成法及びフイルム切断法	加工方法の改良
			加工機能の向上	特開2001-44596	印刷配線板の製造方法およびレーザ穴あけ装置	照射条件の改良
		マーキング	視認性の向上	特許2682475 B23K26/00 H01S3/11	ビームスキャン式レーザマーキング方法および装置	ビーム特性の改良 レーザ光の発振周波数および走査速度を固定し発振周波数の1サイクルにおける発振時間だけを最適な値に可変設定しているのでレーザ光の照射時間を最適なものとすることが出来る

表 2.1.4-1 日本電気の微細レーザ加工に関する特許 (2/6)

技術要素			課題	公報番号 特許分類	発明の名称	解決手段 概要
基本技術						
	除去					
		マーキング	視認性の向上	特許 3186706 H01L21/02 B23K26/00	半導体ウエハのレーザマーキング方法及び装置	照射条件の改良 半導体ウェハ表面にレーザ光を照射して凹みを形成しレーザ光の照射位置を移動させて一部が重なる複数個の凹みを所定のドット領域に形成してマーキングを設ける
				特許 2500648	ビームスキャン式レーザマーキング装置	ビーム特性の改良
				特許 2773661	ビームスキャン式レーザマーキング方法および装置ならびにこのためのマスク	ビーム特性の改良
			加工品質の向上	特開 2001-66530 G02B26/10 B23K26/00 B23K26/06 B23K26/08 H01L23/00 H01S3/00 B23K101/40	レーザマーキング装置及びその加工方法	加工装置の改良 予め CPU に記録する所定のイメージデータを基に、レーザ分割器と外部スイッチとで、複数の細いレーザビームを直列に結ぶように配置し、複数に分割された細いレーザビームを個別に出力制御して同時に加工面に走査するようにマーキングする
				特許 2737466	太文字のマーキング方法	加工方法の改良
				特許 2919139	レーザマーキングの加工方法及び装置	加工装置の改良

表 2.1.4-1 日本電気微細レーザ加工に関する特許（3/6）

技術要素			課題	公報番号 特許分類	発明の名称	解決手段 概要
基本技術						
	除去					
		マーキング	加工品質の向上	特許 2748853	ビームエキスパンダおよび光学系およびレーザ加工装置	ビーム特性の改良
				特許 2541501	レーザマーキング方法	加工装置の改良
				特許 2591473	レーザマーキング方法およびレーザマーキング装置	照射条件の改良
				特許 2947225	半導体装置の製造方法	加工方法の改良
				特開 2000-343253	Si ウエハへのレーザマーキング方法	加工装置の改良
				特開 2001-138076	半導体ウエハのレーザマーキング方法及びそれに用いられる装置	ビーム特性の改良
			加工機能の向上	特許 2797572	レーザ製版法	加工方法の改良
				特許 2876915	レーザマーキング装置	加工方法の改良
				特許 2685019	レーザ加工装置	ビーム特性の改良
				特許 2839022	レーザマーキング装置	加工装置の改良
				特開 2001-205462	レーザマーキング装置及びレーザマーキング方法	加工方法の改良
			加工効率の向上	特許 2956295	レーザマーキング装置	加工装置の改良
				特許 2738382	マーキング装置およびその方法	付属装置の改良
				特許 2924861	半導体ウエハ用レーザマーキング装置およびその方法	ビーム特性の改良
				特開 2001-150159	レーザマーキングシステム	照射条件の改良
		トリミング	加工品質の向上	特許 2885209 H01S3/117 B23K26/00 H01S3/00 H01S3/14	レーザ加工装置	ビーム特性の改良 励起上準位寿命が短いレーザ発振器と、Qスイッチレーザパルス光の光強度を連続可変する減衰手段を備え、パルス光を検出してQスイッチ周波数の変動を制御する

レーザ発振器 LD 19 Nd:YVO₄結晶 16 折り返しミラー
11 12 14 AOQスイッチ素子
15 出力ミラー 17 集光レンズ
Qスイッチ指令信号
制御部 位置信号 20 加工対象物
移動指令信号 19 XYステージ

表 2.1.4-1 日本電気微細レーザ加工に関する特許 (4/6)

技術要素			課題	公報番号 特許分類	発明の名称	解決手段 概要
基本技術						
	除去					
		トリミング	加工品質の向上	特許 3063688 G02F1/13,101 B23K26/00 B23K26/06	レーザ加工装置及びその制御方法並びにその制御プログラムを記録した記録媒体	加工装置の改良 励起上準位寿命が短いレーザ発振器と、Qスイッチレーザパルス光の光強度を連続可変する減衰手段を備え、パルス光を検出してQスイッチ周波数の変動を制御する
				特許 2669055	レーザトリミング装置	加工装置の改良
				特許 3042155	フォトマスク修正装置およびフォトマスク修正方法	照射条件の改良
				特開 2001-71159	レーザ接合方法及び装置	加工方法の改良
			加工機能の向上	特許 2850530 B23K26/00 G02B5/28 G02B21/18 G02B21/36 G02F1/33 H04N5/225	紫外レーザ光微細加工装置	加工装置の改良 観察光学系によりモニタ上に被加工物を表示し、レーザ光を微小角だけ高速に偏向させる超音波光偏向器の偏向角に応じたレーザ光照射位置をモニタに表示させる
				特許 2531453	レーザ加工装置	加工装置の改良
			位置決め精度の向上	特許 2630025	レーザトリミング方法及び装置	加工装置の改良
				特許 3042562	チップ抵抗基板用レーザトリミング方法	加工装置の改良
				特許 2874705	チップ抵抗用レーザトリミング装置	加工装置の改良

表 2.1.4-1 日本電気微細レーザ加工に関する特許（5/6）

技術要素			課題	公報番号 特許分類	発明の名称	解決手段 概要
基本技術						
	除去					
		トリミング	位置決め精度の向上	特開 2000-266509	オプティカルスキャナ位置決め不良検出装置及びその検出方法	加工装置の改良
				特開 2001-157939	センター基準載物台	加工装置の改良
				実登 2511256	レーザトリマ	加工装置の改良
			加工効率の向上	特許 2581427	ポリイミド多層配線基板の製造方法	製品構造・材料の改良
				特許 2679626	成膜方法	加工方法の改良
				特許 2912167	レーザリダンダンシー装置	ビーム伝送の改良
				特許 2970602	基板搬送装置	加工装置の改良
				特許 3137074	レーザ加工装置	ビーム伝送の改良
			製品品質の向上	特許 2827608	厚膜抵抗体のレーザトリミング方法	加工方法の改良
		スクライビング	加工機能の向上	特許 3070550 H01L21/301 B23K15/00,508 B23K26/00	半導体試料劈開方法及びけがき線形成装置	レーザ加工の採用 微細な半導体試料の所望の分析箇所に正確な劈開面を形成する半導体試料の劈開する箇所にX線を照射し劈開方向をX線回析法により決定し、レーザビームにより劈開方向に破線状にけがき線を刻み、このけがき線に力を加え劈開する
	表面処理		設備費の低減	特許 3201375 H05K3/00 B23K26/00 B23K26/06 H05K3/18 H05K3/38 H05K3/46	基板表面粗化方法および基板表面粗化装置ならびに印刷配線板の製造方法および印刷配線板の製造装置	照射条件の改良 レーザ光を3本以上に分光し、各分光を鏡によって基盤上の1点に円形に投射し、各光束を干渉させて光束の波長以下のピッチの点配列模様を食刻し、点配列模様を形成する

表 2.1.4-1 日本電気微細レーザ加工に関する特許 (6/6)

技術要素		課題	公報番号 特許分類	発明の名称	解決手段 概要
応用技術					
	特定部品の加工	加工機能の向上	特開 2000-347385　G03F1/08 B23K26/00 B23K26/06 H01L21/027	レーザリペア装置とフォトマスクの修正方法	加工方法の改良　第1のレーザパワーを健全部分の輪郭線から離れた欠陥部分に照射し、第1のレーザパワーより弱く、照射範囲の広い第2のレーザパワーを輪郭部分に接して照射する
		加工品質の向上	特許 2606175	回路基板の分割方法	加工条件の改良
			特開 2000-347387	フォトマスク修正方法及びフォトマスク修正装置	ビーム伝送の改良

2.1.5 技術開発拠点

微細レーザ加工に関する出願から分かる、日本電気の技術開発拠点を、下記に紹介する。

日本電気の技術開発拠点 ： 東京都港区芝 5-7-1 本社

2.1.6 研究開発者

図 2.1.6-1 は、微細レーザ加工に関する日本電気の出願について、発明者数と出願件数の年次推移を示したものである。この図に示されるように、日本電気は 1991 年に 25 人によって 30 件の出願を行った。その後、人数・件数とも減少したが、近年は再び増加している。

図2.1.6-1 微細レーザ加工に関する日本電気の発明者数・出願件数推移

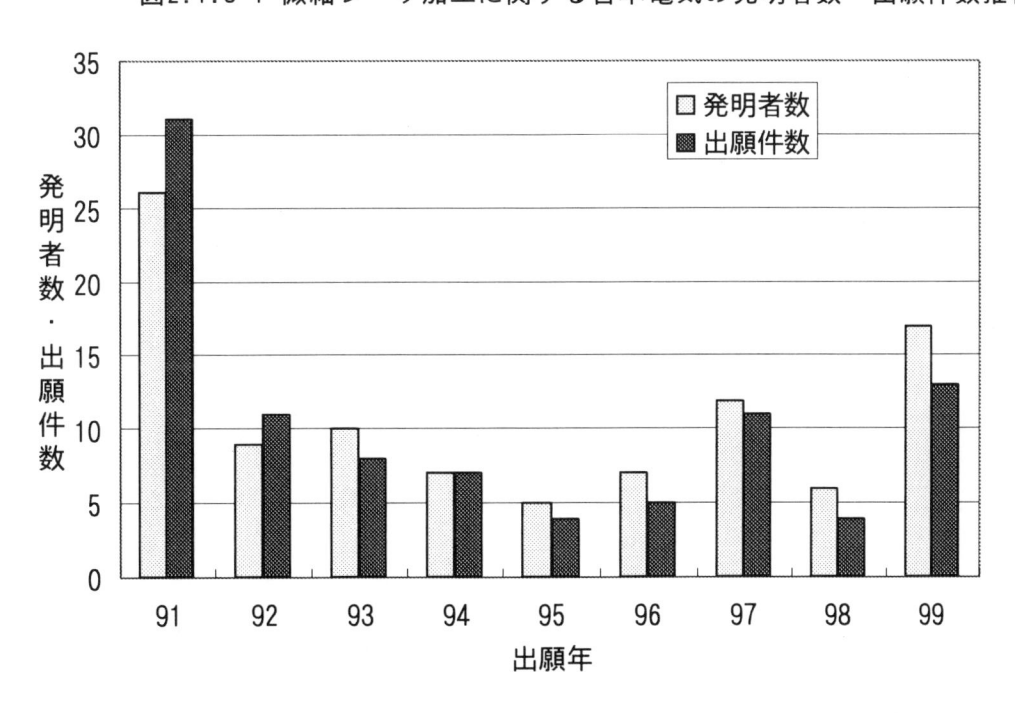

2.2 松下電器産業

2.2.1 企業の概要

表2.2.1-1に、松下電器産業の企業概要を示す。

表2.2.1-1 松下電器産業の企業概要

1	商号	松下電器産業株式会社
2)	本社所在地	大阪府門真市大字門真1006番地
3)	設立年月日	昭和10年12月（創業 大正7年3月）
4)	資本金	2,109億9,457万円
5)	売上高	単独：48,318億円（2000年度実績） 連結：76,816億円
6)	従業員	44,951名
7)	事業内容	電子部品実装システム、産業用ロボット、電子計測機器、溶接機器、配電機器、換気・送風・空調機器、カーエアコン、自動販売機他食品機器、医療用機器、エレベーター、エスカレーター
8)	技術・資本提携関連	オランダのフィリップス社、東芝
9)	事業所（一部抜粋）	本社：大阪、主な事業社：コーポレート情報システム社・AVC社・半導体社・ディスプレイデバイス社・FA社
10)	関連会社	会社数 229社（平成13年4月1日現在）
11)	主要製品	デジタルカメラ、オーディオ・ビデオ各種、情報通信機器、コンピュータ、家電製品各種、冷暖房機器
12)	技術移転窓口	IPRオペレーションカンパニー ライセンスセンター 大阪府中央区城見1-3-7 松下IMPビル19F

（松下電器産業のHP http://www.panasonic.co.jpより）

2.2.2 製品例

表2.2.2-1に、松下電器産業の微細レーザ加工に関する特許技術と関連があると推定される製品を紹介する。

表2.2.2-1 松下電器産業の製品例

技術要素	製品	製品名
穴あけ	2ヘッド基板穴あけCO2レーザ加工機	YB-HCS07
	CO2レーザ加工機	YB-L44 YB-L48 YB-L5AS
	プリント基板用レーザ加工機	YB-HCS04
スクライビング	CO2レーザセラミック加工機	YB-HCS07
その他	CO2レーザ樹脂加工機	YB-L22R31
	CO2レーザ樹脂加工システム	YB-L22R

（松下電器産業のHP http://www.panasonic.co.jpより）

2.2.3 技術要素と課題の分布

図 2.2.3-1 に、松下電器産業の微細レーザ加工に関する技術要素と課題の分布を示す。

松下電器産業は技術要素課題共に幅広い開発が行われている。中でも技術要素としては穴あけとトリミングに関する物が多くスクライビングや特定部品加工への応用がそれに次いでいる。課題としては加工機能の向上・加工効率の向上・加工品質の向上などの加工に関わる物が多く、製品品質の向上などの製品に関わる物が次に多い。一方でトリミングに関わる位置決め関連が多い。

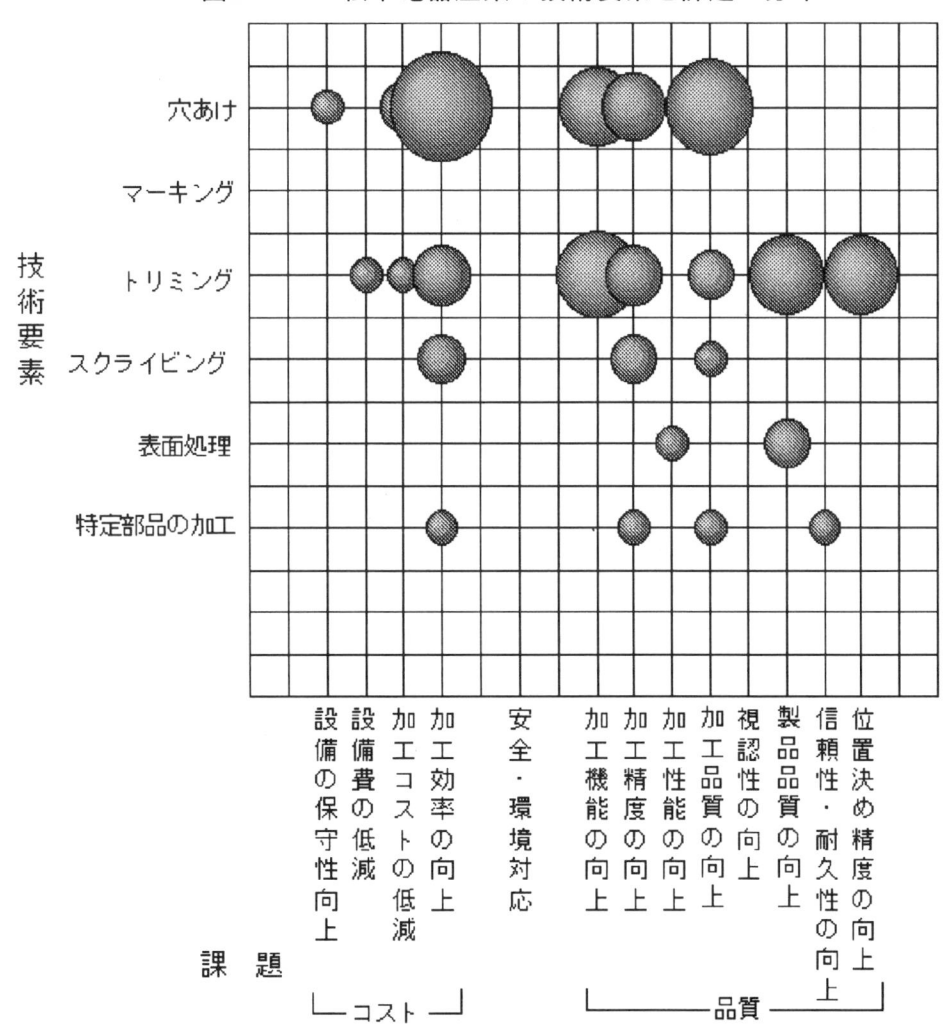

図2.2.3-1 松下電器産業の技術要素と課題の分布

1991 年から 2001 年 10 月公開の出願
（権利存続中および係属中のもの）

2.2.4 特許の概要

松下電器産業が保有する微細レーザ加工に関する特許について、表2.2.4-1に紹介する。

表2.2.4-1 松下電器産業の微細レーザ加工に関する特許（1/9）

技術要素			課題	公報番号 特許分類	発明の名称	解決手段 概要
基本技術						
	除去					
		穴あけ	加工品質の向上	特許2861620 B23K26/00,330 H05K3/00	回路基板のスルーホール形成方法	ビーム特性の改良 パルス波形が矩形波の炭酸ガスレーザにより、芳香族ポリアミド繊維と熱硬化性樹脂との複合材からなる絶縁層の所望する個所を、部分的に加熱除去してスルーホールを形成する
				特開2000-15468 B23K26/00,330 B23K26/06 H01S3/00	レーザ加工装置及びその制御方法	ビーム特性の改良 複合材料の各材料名、物理形状、要求穴形状に基づき、アパーチャ内径を可変し、かつ、注入電力を制御することにより、レーザ光の光強度分布を被加工材料に適するように可変することにより、高品質化、小径化に適するレーザ加工装置を提供できる

表 2.2.4-1 松下電器産業の微細レーザ加工に関する特許 (2/9)

技術要素			課題	公報番号 特許分類	発明の名称	解決手段 概要
基本技術						
	除去					
		穴あけ	加工品質の向上	特開平 9-136183	レーザ加工装置及びその加工トーチ	付属装置の改良
				特開平 11-309594	レーザ加工装置およびその加工部品	ビーム伝送の改良
				特許 3011183	レーザ加工方法および加工装置	加工方法の改良
				特開 2000-126879	レーザ加工装置およびその制御方法	ビーム特性の改良
				特開 2000-294906	加工孔のクリーニング方法とクリーニング装置及びそれを用いた回路基板の製造方法と製造装置	付属装置の改良
			加工効率の向上	特開 2000-190088 B23K26/06 B23K26/00,330	レーザ加工装置および加工方法と被加工物	ビーム特性の改良 2つ以上の波長を発生するレーザ発振器を具備し、高調波発生装置またはビーム切り替えにより、波長を選択する手段を配して、主加工を基本波で従加工を高調波で行うことにより、スミア発生の少ないビアホール加工を高生産性維持しながら実現する
				特許 2618730	レーザ加工方法およびレーザ加工装置	付属装置の改良
				特許 3073317	レーザ加工装置	加工装置の改良
				特開平 8-103879	レーザ加工機	加工装置の改良
				特開平 9-192874	レーザ加工装置	加工装置の改良
				特開平 10-85967	レーザ誘起プラズマ検出方法とそれを用いるレーザ制御方法およびレーザ加工機	ビーム特性の改良
				特開平 11-192571	レーザー加工方法及びその装置	照射条件の改良
				特開平 11-320161	レーザ加工装置	ビーム伝送の改良
				特開 2000-117475	レーザ加工方法	加工装置の改良
				特開 2000-117476	レーザ加工方法	加工装置の改良

表 2.2.4-1 松下電器産業の微細レーザ加工に関する特許（3/9）

技術要素			課題	公報番号 特許分類	発明の名称	解決手段 概要
基本技術						
	除去					
		穴あけ	加工機能の向上	特開平 11-192574 B23K26/06 B23K26/00,330 H05K3/00	レーザー加工方法及びその装置	ビーム伝送の改良 レーザービームのビーム径を切り替えるビーム径切り替え手段を設け、走査手段に入射させるレーザービームのビーム径を切り替えることにより、開口径の異なる穴を加工することができる 1…ビーム径整形部 2…レーザービーム 4a、4b、5…レンズ 6、7…ガルバノメータ 8…fθレンズ 9…レンズ交換機 10…レーザー発振器 12…基板
				特開平 11-77355	レーザ孔加工方法および装置	ビーム特性の改良
				特許 3052931	レーザ加工装置および加工方法	加工装置の改良
				特開平 11-320171	レーザ照射による穿孔方法および穿孔装置	付属装置の改良
				特許 3180806	レーザ加工方法	ビーム伝送の改良
			製品品質の向上	特許 3136682	多層配線基板の製造方法	加工方法の改良
				特開平 10-305381	穴加工方法	ビーム特性の改良
				特開平 11-91114	インクジェット記録ヘッドのノズル板の製造方法	製品構造・材料の改良
				特許 3149837	回路形成基板の製造方法とその製造装置および回路形成基板用材料	加工方法の改良
				特開平 11-170078	レーザ加工装置	ビーム特性の改良
				特開平 11-170074	レーザ加工装置およびその制御方法	ビーム特性の改良
				特開 2000-126880	レーザ加工装置及びレーザ加工方法	ビーム特性の改良

表2.2.4-1 松下電器産業の微細レーザ加工に関する特許 (4/9)

技術要素			課題	公報番号 特許分類	発明の名称	解決手段 概要
基本技術						
	除去					
		穴あけ	加工精度の向上	特開平9-27669	回路基板の製造方法及び製造装置	製品構造・材料の改良
				特開平10-85976	レーザ加工装置及びレーザ加工方法	ビーム特性の改良
				特開平11-104874	レーザ加工における補正情報の取得方法およびレーザ照射位置の補正方法	加工装置の改良
				特開2001-47274	電極パターン形成装置及び電極パターン形成方法	ビーム伝送の改良
			加工コストの低減	特開平11-192570	レーザ加工装置及びレーザ加工方法	ビーム特性の改良
				特許3180807	レーザ加工方法および加工装置	加工装置の改良
			設備の保守性向上	特許3079977	エキシマレーザ装置の出力制御方法	加工装置の改良
		マーキング	加工品質の向上	特許2833284 B23K26/00 B23K26/10 B23Q16/06 B25H7/04	レーザマーキング装置	加工装置の改良 ターンテーブル上に位置決め部を設けることで加工部材へのマーキング位置精度が向上し、一系統のレーザビームで複数個の加工部材をマーキングし、マーキング停止時間を大幅に削減でき多面体や円筒形の加工部材複数箇所へマーキングが可能となる

表 2.2.4-1 松下電器産業の微細レーザ加工に関する特許 (5/9)

技術要素	課題	公報番号 特許分類	発明の名称	解決手段 概要
基本技術				
除去				
マーキング	加工品質の向上	特開平10-156559 B23K26/00 G06K1/12 H01S3/00 H01S3/109 H01S3/11	バーコードパターンニング装置	ビーム伝送の改良 複数のレーザダイオードチップを同一出射方向に向け一列に配置してなるLDアレイと、このLDアレイのON/OFFを制御する制御手段と、LDアレイからの出射光を相隣接するLDチップからの出射光が記録体上で1部重なるようにしてバー幅方向のラインとなるように集光する光学系とを有する
		特許2524001	電池表面へのマーキング方法	加工方法の改良
		特許2893996	電池外装体への印字方法	加工方法の改良
		特開平8-31391	電池の製造方法とその電池に使用する金属外装缶の刻印方法並びにその刻印方法に使用する方向揃え装置	加工方法の改良
		特開平9-85470	レーザマーキング装置	付属装置の改良
		特開平9-180973	半導体装置およびその製造方法	加工方法の改良
		特開2001-150176	レーザマーキング集塵装置	加工装置の改良
	視認性の向上	特開平11-99061	炊飯器用鍋	加工方法の改良
		特開2000-334785	樹脂射出成形金型及び樹脂構造体	加工方法の改良
		特開2001-118945	電子部品、マーク用マスクおよびその製造方法	加工方法の改良

表 2.2.4-1 松下電器産業の微細レーザ加工に関する特許（6/9）

技術要素			課題	公報番号 特許分類	発明の名称	解決手段 概要
基本技術						
	除去					
		トリミング	加工機能の向上	特開 2000-263261 B23K26/00 B23K26/04 B23K26/06	レーザ加工装置及びその装置を用いてレーザ加工する方法	加工装置の改良 被加工表面についてあらかじめ測定した3次元データに基づいて、ビームの焦点距離の調節を行い、また照射ヘッドを所定の走査経路によって移動させる
				特公平 7-71756	レーザトリミング装置	照射条件の改良
				特開平 9-57475	フイルムレーザ加工方法とその装置	加工装置の改良
				特開平 9-108861	角形枠型部品のレーザ加工方法及びコイル部品	加工方法の改良
				特開平 10-303062	トリマブルコンデンサ	製品構造・材料の改良
				特開平 11-261132	トリミング方法	製品構造・材料の改良
			位置決め精度の向上	特許 3179963 B23K26/06 B23K26/00 B23K26/02 B23K26/08 G01B11/00 H01S3/00 H01S3/109	レーザ加工装置とレーザ加工方法	加工装置の改良 加工用レーザ光と同一波長で空間的コヒーレン性のないレーザ光で照明し、反射光により加工すべき位置を画像認識して、レーザ光と被加工物との相対位置を補正する
				特開平 8-219735	電子部品トリミング方法	加工装置の改良
				特開平 8-219724	電子部品トリミング方法	加工装置の改良
				特開平 8-219736	電子部品トリミング方法	加工装置の改良
				特開 2000-343262	レーザ加工方法及びレーザ加工装置	加工装置の改良

表 2.2.4-1 松下電器産業の微細レーザ加工に関する特許 (7/9)

技術要素			課題	公報番号 特許分類	発明の名称	解決手段 概要
基本技術						
	除去					
		トリミング	製品品質の向上	特許 3078213 H01G4/255 B23K26/00 H01G4/30,301	半固定コンデンサ	製品構造・材料の改良 レーザ光透過性の誘電体用プラスチックフィルムに金属を蒸着させ、これの積層体にレーザー光を透過させ、蒸着金属を積層方向に多層同時に除去して容量を調整する
				特開平 8-213269	インダクタの製造方法	加工方法の改良
				特開 2000-201450	動圧軸受および動圧軸受の溝加工方法およびそれを搭載したスピンドルモータ	加工方法の改良
				特開 2000-223794	印刷シート及びその製造方法	レーザ加工の採用
				特開 2000-216129	膜表面浄化方法及びその装置	加工方法の改良
			加工効率の向上	特開 2001-79675	プラズマディスプレイパネルにおける透明電極の加工方法、プラズマディスプレイパネル、レーザ加工方法、及びレーザ加工装置	ビーム伝送の改良
				特開 2000-200876	調整用抵抗体並びに半導体装置およびその製造方法	製品構造・材料の改良
				特開 2001-150160	レーザトリミング方法とレーザトリミング装置	ビーム伝送の改良
			加工精度の向上	特開 2000-263268	レーザ加工装置及びその装置を用いて加工する方法	加工方法の改良
				特開 2000-323025	プラズマディスプレイパネルの電極基板製造方法および装置	レーザ加工の採用
				特開 2000-288753	レーザトリミング装置及び方法	照射条件の改良

表 2.2.4-1 松下電器産業の微細レーザ加工に関する特許 (8/9)

技術要素			課題	公報番号 特許分類	発明の名称	解決手段 概要
基本技術						
	除去					
		トリミング	加工品質の向上	特開平 7-283511	プリント配線板の銅箔で形成する回路素子のレーザトリミング方法	照射条件の改良
				特開平 9-162607	電極トリミング方法	加工方法の改良
			加工コストの低減	特開平 11-121233	インダクタンス素子及び無線端末装置	加工方法の改良
			設備費の低減	特開 2001-60432	プラズマディスプレイパネルの製造方法及びプラズマディスプレイパネル	レーザ加工の採用
		スクライビング	加工効率の向上	特開 2000-343254 B23K26/00 H01L21/301	レーザーラインパターンニング方法	ビーム伝送の改良 複数のレーザダイオードを直線上に列設したLDバーアレイを定格電流の数倍のパルス電流で発光させ、出射されるレーザ光を、集光し均質な矩形レーザ光をつくる
				特許 2962105	ソーダガラスのレーザ割断工法	照射条件の改良
			加工精度の向上	特開平 8-179108	回折光学素子の加工方法及び加工装置	照射条件の改良
				特開平 8-184707	回折格子の製造法	レーザ加工の採用
			加工品質の向上	特公平 8-24094	金属化フイルムコンデンサ	ビーム特性の改良
	表面処理		製品品質の向上	特開 2001-4969 G02F1/13,101 B23K26/00 B41J2/01 G09F9/00,352	画像表示素子とその画像表示素子の製造方法及び製造装置	加工方法の改良 画像表示素子（輝点）の１つまたは複数を着色（インクジェット）または曇らせる（レーザ光照射）方法とそのための手段、および撮像、載置、移動手段等を備えた装置

表 2.2.4-1 松下電器産業の微細レーザ加工に関する特許（9/9）

技術要素		課題	公報番号 特許分類	発明の名称	解決手段 概要
基本技術					
	表面処理	製品品質の向上	特公平 7-95498	金属化フイルムコンデンサとその製造方法	製品構造・材料の改良
		加工性能の向上	特開平 9-29467	レーザ加工装置	ビーム伝送の改良
応用技術					
	特定部品の加工	加工精度の向上	特開平 8-155667 B23K26/06 B23K26/00 B23K26/00,330	加工装置	ビーム特性の改良 所定の装置構成のマスクパターンをマスク移動ステージで横方向に移動させ、マスクパターンの透過部分を移動させ被加工物上で照射されるレーザパルス数を空間的に変化させることにより加工位置や加工深さ等の加工量を高精度に制御可能である
		加工効率の向上	特開平 9-43356	放射線変換素子とその製造方法および放射線撮像装置	レーザ加工の採用
		加工品質の向上	特開 2000-200760	レーザアニール処理方法とレーザアニール処理装置	照射条件の改良
		信頼性・耐久性の向上	特開平 11-251667	パルスレーザ装置	ビーム伝送の改良

2.2.5 技術開発拠点

微細レーザ加工に関する出願から分かる、松下電器産業の技術開発拠点を、下記に紹介する。

松下電器産業の技術開発拠点　：　大阪府門真市大字門真 1006　　本社

2.2.6 研究開発者

図2.2.6-1は、微細レーザ加工に関する松下電器産業の出願について、発明者数と出願件数を年次別に示したものである。この図に示されるように、松下電器産業では約30人の研究開発体制が敷かれており、最近は20件近い出願がなされている。

図2.2.6-1 微細レーザ加工に関する松下電器産業の発明者数・出願件数推移

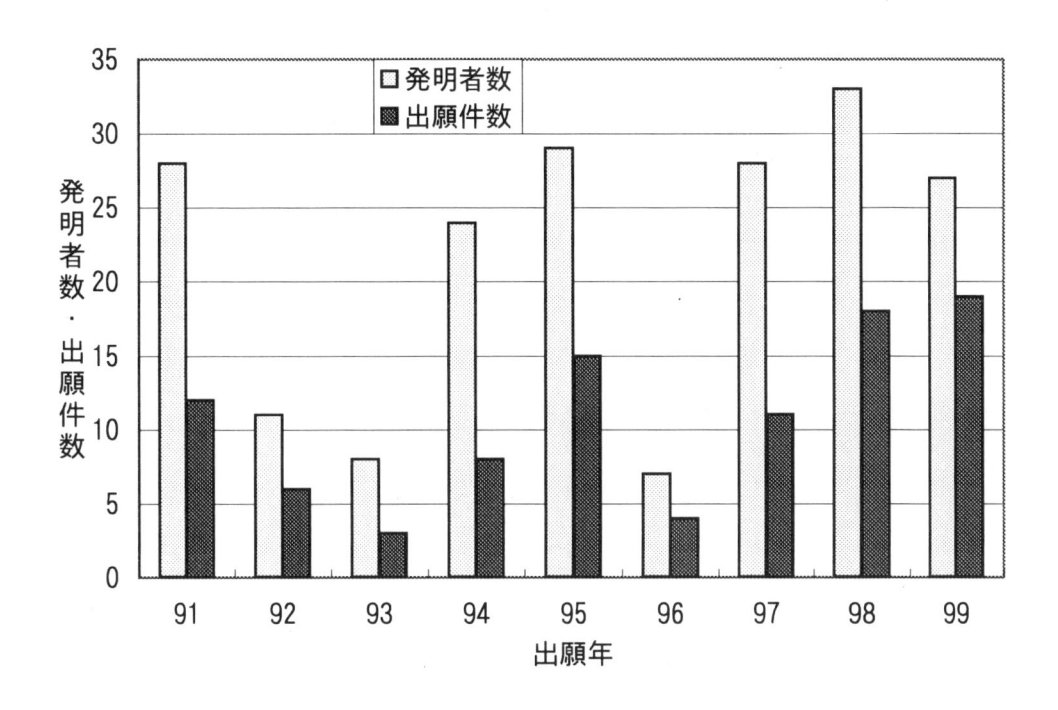

2.3 東芝

2.3.1 企業の概要
表 2.3.1-1 に、東芝の企業概要を示す。

表2.3.1-1 東芝の企業概要

1)	商号	株式会社 東芝 (TOSHIBA CORPORATION)
2)	本社所在地	東京都港区芝浦 1-1-1
3)	設立年月日	1904 年(明治 37 年)6 月
4)	資本金	2,749 億円 (2001 年 3 月末現在)
5)	売上高	単独：3 兆 6,789 億円 (2000 年度) 連結：5 兆 9,513 億円
6)	従業員	単独： 52,263 人 (2001 年 3 月末現在) 連結：188,042 人
7)	事業内容	情報通信・社会システム(26%)、デジタルメディア(23%)、重電システム(9%)、電子デバイス(22%)、家庭電器(10%)、その他(10%)
8)	技術・資本提携関連	日本電気、松下電器、日本オラクル、ＳＥＣ、米国ＩＢＭ
9)	事業所	本社：東京、社内カンパニー：ｉバリュークリエーション社、e-ソリューション社、社会インフラシステム社、デジタルメディアネットワーク社、モバイルコミュニケーション社、電力システム社、セミコンダクター社、ディスプレイ・部品材料社、医用システム社、家電機器社
10)	関連会社	会社数 社（平成 13 年 3 月 31 日現在） 連結子会社数 1,069 社、持分法適用関連会社 83 社
11)	主要製品	オーディオ・ビデオ各種、情報通信機器、コンピュータ、家電製品各種
12)	技術移転窓口	知的財産部 東京都港区芝浦 1-1-1

(東芝の HP　http://www.toshiba.co.jp より)

2.3.2 製品例
表 2.3.2-1 に、東芝の微細レーザ加工に関する特許技術と関連があると推定される製品を紹介する。

表2.3.2-1 東芝の製品例

技術要素	製品	製品名
マーキング	YAG レーザマーカ	LAYMARK2
	ファイバ伝送形 YAG レーザマーカ	LAY-757B
	大出力 LD 励起 YAG レーザ加工装置	LAL-210/220/230/240/260
	YAG レーザマーカ	LAY-790 シリーズ
	ウェーハマーカ	LAY-775 シリーズ
表面処理	ショートリングカット装置	LAY-745 シリーズ
その他	YAG レーザ加工装置	LAY-800 シリーズ
	パルス YAG レーザ加工装置	LAY-826/828 H 型

(東芝の HP　http://www.toshiba.co.jp より)

2.3.3 技術要素と課題の分布

図 2.3.3-1 に、東芝の微細レーザ加工に関する技術要素と課題の分布を示す。

東芝は、比較的技術要素や課題がばらけた開発がなされている。技術要素としては表面処理やマーキングが多いが穴あけや特定部品加工への応用も多い。課題としては、加工機能の向上・加工効率の向上など加工に関わる物が多く、製品品質の向上が加工に次ぐ形で多い。一方でマーキングに関わる視認性の向上についても多い。

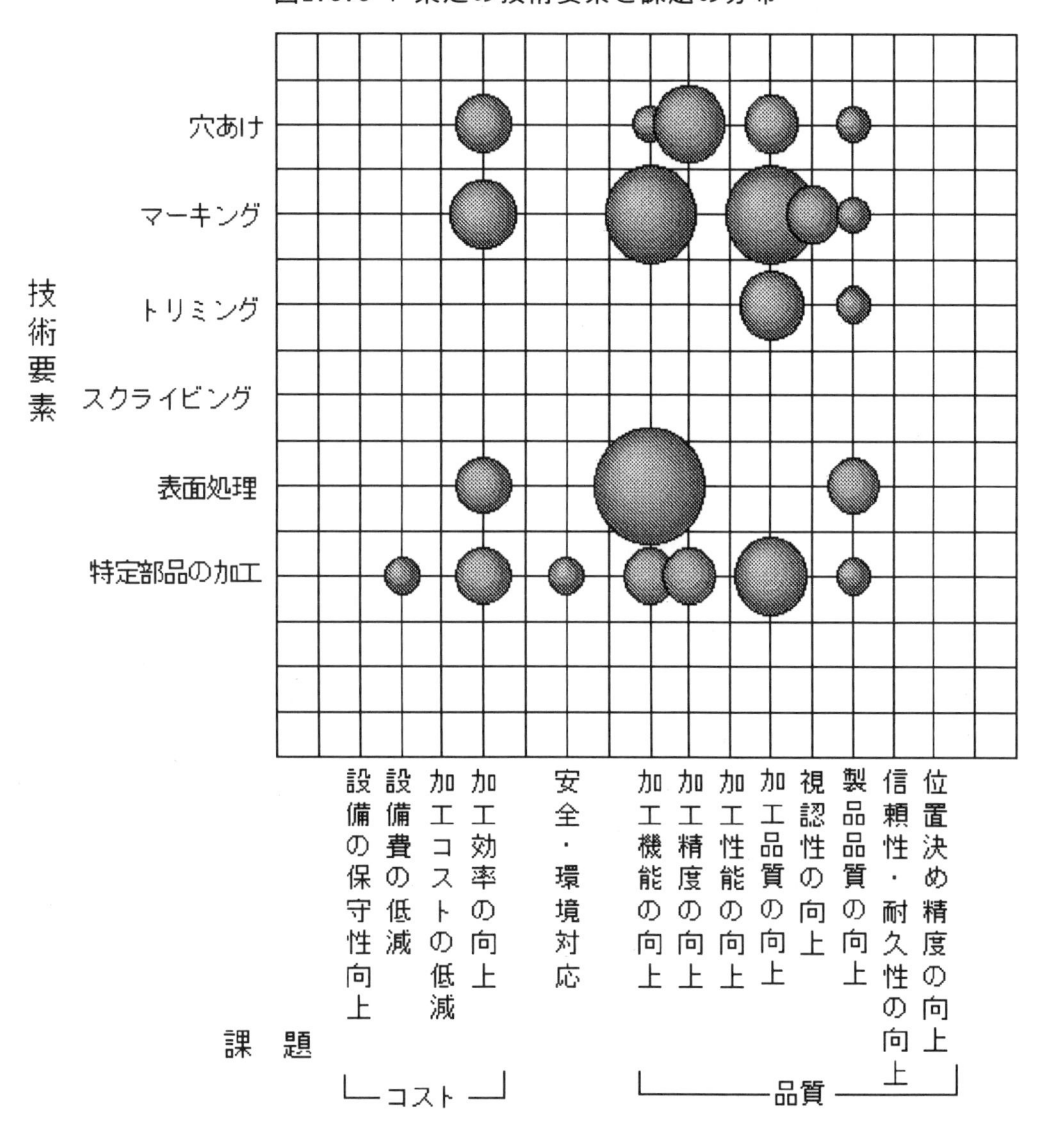

図2.3.3-1 東芝の技術要素と課題の分布

1991 年から 2001 年 10 月公開の出願
（権利存続中および係属中のもの）

2.3.4 保有特許の概要

東芝が保有する微細レーザ加工に関する特許について、表 2.3.4-1 に紹介する。

表 2.3.4-1 東芝の微細レーザ加工に関する特許（1/7）

技術要素			課題	公報番号 特許分類	発明の名称	解決手段 概要
基本技術						
	除去					
		穴あけ	加工精度の向上	特開平 10-278279 B41J2/135 B23K26/00,330	プリントヘッドの製造方法	ビーム特性の改良 プリントヘッドにポリイミドシートを接着し、シートの表面上に金属マスクを各インク供給溝との位置決めを行って接着し、金属マスクを通してＫｒＦエキシマレーザ光の照射角度を変えてポリイミドシートに照射し、逆テーパ形状のオリフィス孔を形成する
				特開 2001-105608 B41J2/16 B23K26/00,330 B23K26/06 B41J2/135	プリンタヘッドの製造方法および位置検出方法	加工装置の改良 接着層の表面に位置検出用の CCD カメラのレンズの焦点が合う位置から、接着層の厚さと焦点深度を足した距離だけ被測定体と CCD カメラとの距離を近づけて、焦点を修正して撮像を行う
				特開平 10-217485	プリントヘッドの製造方法	加工方法の改良
				特開平 11-197871	可視パルスレーザー加工方法及びその装置	照射条件の改良

表 2.3.4-1 東芝の微細レーザ加工に関する特許 (2/7)

技術要素			課題	公報番号 特許分類	発明の名称	解決手段概要
基本技術						
	除去					
		穴あけ	加工品質の向上	特開平 10-277747	被加工物の加工処理方法および加工処理装置	付属装置の改良
				特開平 11-90662	孔あけ加工方法、加工保護材および耐熱性被加工部品	照射条件の改良
			加工効率の向上	特開平 10-291318	プリントヘッドの製造方法及び孔加工装置並びにプリントヘッドの製造方法	照射条件の改良
				特開 2000-289212	プリンタヘッドの製造方法とその装置及び孔加工装置	加工装置の改良
			加工機能の向上	特開平 10-47008	ガスタービン用の静翼およびその製造方法	付属装置の改良
			製品品質の向上	特開 2000-141069	タービン翼およびその冷却孔加工方法	照射条件の改良
		マーキング	加工機能の向上	特開平 9-19788 B23K26/12 B23K26/00 B41M5/26 G21C17/06	レーザマーキング方法および装置	加工装置の改良 レーザビーム透過触媒の液体あるいは気体中に対象部材を設置し、この対象部材にレーザ装置から発振されるCWレーザあるいはパルスレーザのレーザビームを照射し、対象部材の表面にレーザマーキングを簡単かつ容易に施す
				特許 3181407	レーザマーキング方法	ビーム伝送の改良
				特開平 8-39283	レーザ照射装置およびその方法	照射条件の改良
				特開平 8-192287	露光用光源装置及びレーザ露光装置	加工装置の改良
				特開平 9-136171	レーザマーキング方法およびその装置	加工方法の改良
				特開平 9-295176	レーザマーキング用マスクおよびその製法	加工方法の改良

表 2.3.4-1 東芝の微細レーザ加工に関する特許 (3/7)

技術要素			課題	公報番号 特許分類	発明の名称	解決手段 概要
基本技術						
	除去					
		マーキング	加工品質の向上	特開 2001-170783 B23K26/00 B23K26/08 G02B26/10, 104	レーザマーカおよびレーザマーキング方法	加工装置の改良 レーザ光をガルバノミラーを作動させることでレーザ光を走査して所定のパターンを被加工体に形成させガルバノミラーの制御はパターンのデータに補正値と加算してデータを補正し補正されたデータによりガルバノミラーを作動させて被加工体に所定のパターンを描画する
				特許 2555468	レーザマーキング装置	加工装置の改良
				特開平 9-223648	半導体ウエーハのマーキング方法及びマーキング装置	加工方法の改良
				特開平 10-233350	半導体チップおよびそれを用いた半導体装置の製造システム	加工方法の改良
				特開平 11-151584	レーザ加工方法及びその装置	加工装置の改良
				特開平 11-216590	レーザマーキング装置	照射条件の改良
			加工効率の向上	特開平 8-195515	ガスレーザマーカ装置	加工装置の改良
				特開平 8-224675	マーキングパターン形成装置	加工方法の改良
				特開平 10-244391	マーキングパターン形成装置	照射条件の改良
			視認性の向上	特開平 11-156565	金属層へのマーク付け方法と金属層および半導体装置	加工方法の改良
				特開 2001-85285	半導体装置及びその製造方法	加工方法の改良
			製品品質の向上	特開 2000-114129	半導体装置及びその製造方法	加工方法の改良

表 2.3.4-1 東芝の微細レーザ加工に関する特許 (4/7)

技術要素			課題	公報番号 特許分類	発明の名称	解決手段 概要
基本技術						
	除去					
		トリミング	製品品質の向上	特開 2001-160625 H01L29/786 G02F1/1368 H01L21/336	半導体回路の製造方法	レーザ加工の採用 多結晶シリコン層中のしきい値の異なる異常粒子にレーザを照射して粒子を顆粒化し、その周囲を高抵抗化して異常領域の動作を制限する
			加工品質の向上	特許 2925220	レーザトリミング装置	加工装置の改良
				特開平 8-192280	レーザ加工装置	加工装置の改良
				特開平 11-74359	半導体装置及びその製造方法	製品構造・材料の改良
		スクライビング	加工精度の向上	特公平 6-70946 H01G4/24,331 B23K26/00	コンデンサ用蒸着フィルムの製造法	ビーム特性の改良 金属蒸着膜を昇華するに必要充分なエネルギのパルスレーザ光を光ファイバで導光するに適した波長を用い、かつ、光ファイバー通過後角柱ガラスを通すことにより、光束断面内の強度分布を均一化する
				特許 2923691	コンデンサ用蒸着フィルムの製造方法	付属装置の改良
			製品品質の向上	特開 2000-269342	半導体集積回路および半導体集積回路の製造方法	製品構造・材料の改良

表 2.3.4-1 東芝の微細レーザ加工に関する特許（5/7）

技術要素	課題	公報番号 特許分類	発明の名称	解決手段 概要
基本技術				
表面処理	加工機能の向上	特許 3194021 C21D1/34 B23K26/00 H01L21/268 H01S3/00	レーザアニーリング装置	ビーム伝送の改良 ワークを設置したチャンバにレーザ光を導く導光路に、所定のレーザ光吸収率を有する気体を供給し、気体濃度を検出するセンサの検出信号に基づいて気体濃度制御する
		特開 2001-4354 G01B17/00 B23K26/02 G01B11/00 G01S15/88 G21C19/02	レーザ加工装置および方法	加工装置の改良 超音波受信手段からの信号と、レーザ装置からの信号とによって伝播距離を演算し、伝播距離とレーザ照射手段の位置・姿勢情報とからレーザ光の照射位置を制御する
		特許 3148011	レーザ加工装置	加工装置の改良
		特開平 8-206869	水中レーザ加工方法および装置	レーザ加工の採用
		特開平 9-257984	原子炉の細管補修装置および補修方法	加工装置の改良
		特開平 10-277757	水中翼の溶融熱処理装置及びその方法	加工装置の改良
		特開平 11-285868	レーザ照射による部材の補修方法および装置およびこの装置に補修方法を実行させるプログラムを記録した媒体	加工装置の改良
		特開 2000-153382	レーザ加工装置	加工方法の改良
		特開 2000-153385	レーザ照射ヘッドおよびこの照射ヘッドを備えた原子炉内構造物の予防保全・補修装置および作業方法	加工装置の改良

表 2.3.4-1 東芝の微細レーザ加工に関する特許 (6/7)

技術要素		課題	公報番号 特許分類	発明の名称	解決手段 概要
基本技術					
	表面処理	製品品質の向上	特開平 7-156431	サーマルプリンタヘッドおよびその熱処理装置とサーマルプリンタヘッドの製造方法	ビーム特性の改良
			特開 2000-233282	電力機器用通電部材及びその製造方法	加工方法の改良
		加工効率の向上	特開平 7-246483	レーザーピーニング方法	レーザ加工の採用
			特開 2000-263259	パルスレーザ表面処理方法およびその装置	ビーム特性の改良
応用技術					
	特定部品の加工	加工品質の向上	特開平 10-99980 B23K26/00 B32B15/04 B32B18/00	積層部材の加工方法	ビーム特性の改良 金属・セラミックの積層部材のセラミック側にパルス幅等を規定したレーザビームを照射する積層部材の加工方法
			特開平 10-6058	レーザ加工方法及びその装置並びにインクジェットプリンタの製造方法	ビーム特性の改良
			特開平 8-201813	液晶ディスプレイ用レーザリペア方法及びその装置	照射条件の改良
			特開平 11-197947	レーザ・放電複合加工方法および装置	加工方法の改良

表 2.3.4-1 東芝の微細レーザ加工に関する特許 (7/7)

技術要素	課題	公報番号 特許分類	発明の名称	解決手段 概要
応用技術				
特定部品の加工	加工機能の向上	特開平 7-181282 G21C15/25 B08B3/02 B08B9/04 B23K26/00 B24B19/00	再循環水入口ノズルの表面改質方法	レーザ加工の採用 遠隔操作して付着物を削除する装置、洗浄装置により内面を清掃、排水後、レーザ表面改質装置により溶接部を再溶融処理する
		特開平 9-57478	メモリ修復装置	ビーム伝送の改良
	加工精度の向上	特開平 9-207228	光造形装置	ビーム伝送の改良
		特開 2001-212683	脆性材料の割断装置、脆性材料の割断方法および液晶表示装置の製造方法	ビーム伝送の改良
	製品品質の向上	特開 2000-254776	原子炉内部配管溶接部の応力腐食割れ防止方法	加工方法の改良
	加工効率の向上	特開平 11-135505	半導体製造装置	ビーム伝送の改良
		特開平 11-216581	アルミ合金レーザ硬化方法および装置	レーザ加工の採用
	設備費の低減	特許 2807371	遠隔保全装置	ビーム伝送の改良
	安全・環境対応	特開 2000-56070	レーザ照射装置	加工装置の構造の改良

2.3.5 技術開発拠点

微細レーザ加工に関する出願から分かる、東芝の技術開発拠点を、下記に紹介する。

東芝の技術開発拠点：
東京都港区芝浦 1-1-1　　　　　　　本社
東京都府中市東芝町 1　　　　　　　府中工場
神奈川県横浜市鶴見区末広町 2-4　　 京浜事業所
神奈川県横浜市磯子区新磯子町 33　　生産技術研究所
神奈川県横浜市磯子区新磯子町 33　　東芝生産技術センタ
神奈川県横浜市磯子区新杉田町 8　　 横浜事業所
神奈川県川崎市幸区小向東芝町 1　　 多摩川工場
神奈川県川崎市川崎区浮島町 2-1　　 浜川崎工場
三重県三重郡朝日町大字縄生 2121　　三重工場

2.3.6 研究開発者

図2.3.6-1は、微細レーザ加工に関する東芝の出願について、発明者人数と出願件数との関係を年次別に示したものである。この図に示されるように、東芝では、毎年10件前後の出願を行っているが、発明者数は10人前後の時期と、20人以上の時期がある。

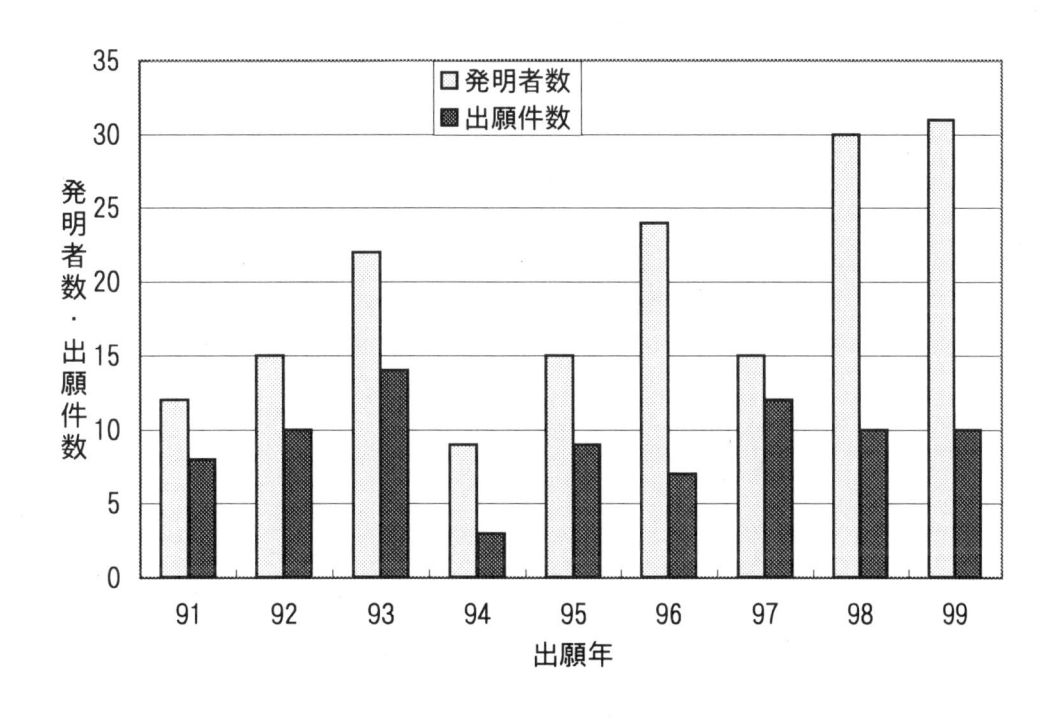

図2.3.6-1 微細レーザ加工に関する東芝の発明者数・出願件数推移

出願年	発明者数	出願件数
91	12	8
92	15	10
93	22	14
94	9	3
95	15	9
96	24	7
97	15	12
98	30	10
99	31	10

2.4 日立製作所

2.4.1 企業の概要
表 2.4.1-1 に、日立製作所の企業概要を示す。

表2.4.1-1 日立製作所の企業概要

1)	商号	株式会社　日立製作所　（Hitachi, Ltd.）
2)	本社所在地	東京都千代田区神田駿河台四丁目6番地
3)	設立年月日	大正9年（1920年）2月1日［創業　明治43年（1910年）］
4)	資本金	2,817億円(2001年3月末日現在)
5)	売上高	単独：4兆　158億円(2001年3月期) 連結：8兆4,169億円
6)	従業員	単独：55,609名(2001年3月末日現在) 連結：340,939名
7)	事業内容	デジタル家電／AV・家電／パソコン／住宅設備・店舗／福祉介護、ソリューション／サービス／ソフトウェア、コンピュータ／ネットワーク・情報通信／映像システム、環境／ビル設備／医療／公共・社会、電力・電機／産業／建設、半導体／部品・部材／材料／組立
8)	技術・資本提携関連	米マイクロソフト社、米 Netscape 社
9)	事業所	本社：東京、事業グループ：電力・電機グループ、通信・社会システムグループ、情報コンピュータグループ、ディスプレイグループ、半導体グループ、自動車機器グループ
10)	関連会社	1,153社（内連結対象1,069社、持ち分適用83社）
11)	主要製品	オーディオ・ビデオ各種、情報通信機器、家電製品各種、住宅設備、コンピュータ、ネットワーク関連機器、半導体デバイス、製造装置、ビルシステム、医療用機器、電力・電器など
12)	技術移転窓口	知的財産権本部 ライセンス第1部 東京都千代田区丸の内 1-5-1

（日立製作所の HP　http://www.hitachi.co.jp より）

2.4.2 製品例
表 2.4.2-1 に、日立製作所の微細レーザ加工に関する特許技術と関連があると推定される製品を紹介する。

表2.4.2-1 日立製作所の製品例

技術要素	製品	製品名
その他	YAG レーザー加工機	LU300

（日立製作所の HP　http://wwww.hitachi.co.jp より）

2.4.3 技術要素と課題の分布

図 2.4.3-1 に、日立製作所の微細レーザ加工に関する技術要素と課題の分布を示す。

日立製作所も技術要素・課題共に幅広く開発がなされている。技術要素としてはマーキングが多く穴あけ・トリミング・表面処理・特定部品加工への応用がほぼ同じレベルで次ぐ形になっている。課題としては加工品質の向上に関わるものが多く、加工機能の向上・加工効率の向上がそれに続いて多く、製品品質の向上がその後に多い。

図2.4.3-1 日立製作所の技術要素と課題の分布

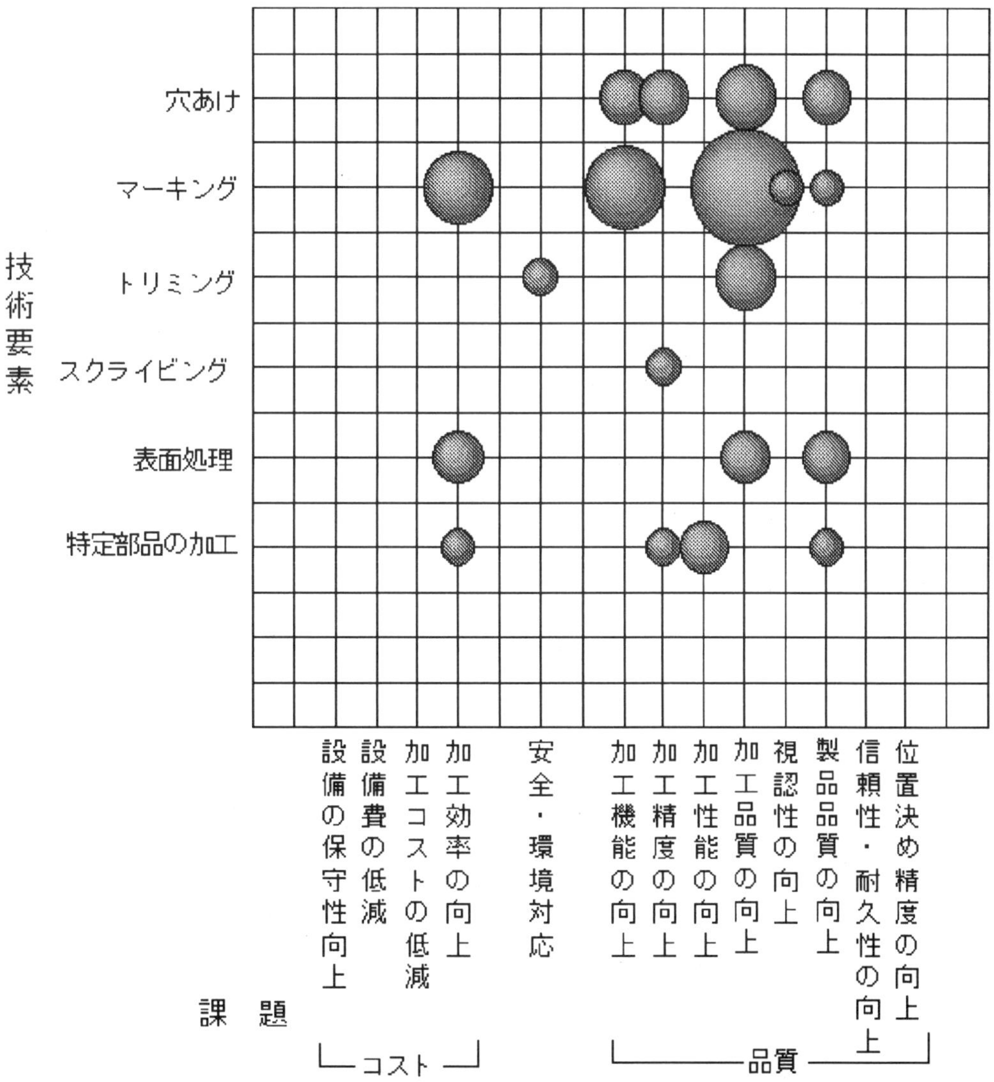

1991年から2001年10月公開の出願
（権利存続中および係属中のもの）

2.4.4 保有特許の概要
日立製作所が保有する微細レーザ加工に関する特許について、表2.4.4-1に紹介する。

表2.4.4-1 日立製作所の微細レーザ加工に関する保有特許（1/5）

技術要素	課題	公報番号 特許分類	発明の名称	解決手段 概要
基本技術				
除去				
穴あけ	加工品質の向上	特開2000-326081 B23K26/00,330 B23K26/18 H05K3/00	エキシマレーザ加工方法	加工方法の改良 マスクのレーザ照射側よりレーザ未照射側の開口径を大きくすることで、従来問題であった円錐状の加工残りの発生原因であるカーボン残渣がスルーホール加工部に付着することを防止する
		特許2662041	レーザビームを用いた孔あけ加工法及びこれを利用した燃料噴射弁のノズルの製造方法	レーザ加工の採用
		特開平10-157187	静電記録ヘッドの製造方法	ビーム伝送の改良
	加工機能の向上	特開平5-100434	レーザ加工用光学装置	照射条件の改良
		特開平7-241690	レーザ加工用誘電体マスクとその製造方法	加工装置の改良
	加工精度の向上	特開平9-10971	レーザ加工方法	付属装置の改良
		特開平9-216021	小穴加工方法	加工方法の改良
	製品品質の向上	特開平9-236066	燃料噴射弁	レーザ加工の採用
		特開平11-54885	セラミック基板および電子回路装置の製造方法	加工方法の改良
マーキング	加工品質の向上	特許3126368 H01L21/66 B23K26/00 B23K26/06 B41J2/44 G02B27/28 G02F1/13,505 G03B27/32 H01L23/00 H04N5/74	画像縮小拡大投影装置	ビーム特性の改良 ランダム偏向よりなる光線を出力する光源と、光線をP波とS波に分離する手段と各波の偏向方向を各々回転させる1/2波長板通過した光を各々変調して画像情報を与える手段与えられた光を再合成する手段と撮像する手段を有する

表2.4.4-1 日立製作所の微細レーザ加工に関する保有特許（2/5）

技術要素			課題	公報番号 特許分類	発明の名称	解決手段 概要
基本技術						
	除去					
		マーキング	加工品質の向上	特許2855866	液晶マスク型レーザマーキングシステム	ビーム特性の改良
				特許3203873	液晶マスク式レーザマーカ	ビーム伝送の改良
				特開平9-174273	液晶マスク式レーザマーカ	加工装置の改良
				特開平9-174261	ボタン電池への刻印方法	加工方法の改良
				特開平9-174262	レーザマーカ	加工方法の改良
				特開平9-248692	レーザマーク装置	加工装置の改良
				特開平10-328857	レーザマーカ、露光式マーカ及び投影装置	加工方法の改良
				特開平11-97771	レーザ刻印装置	加工装置の改良
				特開2000-263840	レーザ印字方法及びレーザ印字装置	ビーム特性の改良
			加工機能の向上	特開平10-99978 B23K26/00 B23K26/14 G02F1/1333,500	レーザー加工装置	加工装置の改良 加工対象のガラス基板等の絶縁基板の加工領域近辺の表面に空気等の流体を噴出する流体送出装置を設けるとともに、加工領域に対して流体送出装置とは反対側に流体を吸引する吸引ダクトを設置して加工で発生する粉塵等を吸引除去する構成とする
				特開平9-1363	レーザマーカ	ビーム伝送の改良
				特開平9-85471	マーク付け装置	付属装置の改良
				特開平10-52782	モニタ装置付レーザマーカ	加工方法の改良
				特開平10-118779	液晶マスク式レーザマーカの合否判定装置	加工方法の改良
			製品品質の向上	特開平11-260974 H01L23/29 H01L23/31 B23K26/00 H01L23/00 H01L23/28	半導体装置及び半導体装置の製造方法	加工装置の改良 半導体の他の主面が露出した構造の半導体チップで、この主面に設けられた電極パットとそれに接続する外部端子の間をエポキシ樹脂で覆い機械的ストレスに対し強化する

表 2.4.4-1 日立製作所の微細レーザ加工に関する保有特許 (3/5)

技術要素			課題	公報番号 特許分類	発明の名称	解決手段 概要
基本技術						
	除去					
		マーキング	加工効率の向上	特許 2728537	液晶マスク型レーザマーカ	加工方法の改良
				特許 2800600	レーザ加工装置	加工装置の改良
				特開平 9-141456	マーキング装置およびそれを用いた半導体装置の製造方法	加工方法の改良
				特開平 10-85961	製造番号刻印装置	照射条件の改良
			視認性の向上	特許 3189687	半導体材料表面への刻印方法及び同方法により刻印された物品	ビーム特性の改良
		トリミング	加工品質の向上	特開 2000-82747 H01L21/82 B23K26/00	半導体装置	製品構造・材料の改良 アルミ配線パターンを透明絶縁膜で被覆した半導体装置に 10-9 秒以下のパルス幅のレーザ光を照射して、最下層以外の配線パターンを部分的に除去する
				特開平 9-10967	光造形装置	加工装置の改良
				特開 2000-100959	半導体装置の配線切断加工方法	加工方法の改良
			安全・環境対応	特開平 10-211593	加工物への刻印方法	加工方法の改良
		スクライビング	加工精度の向上	特開平 9-260310 H01L21/301 B23K26/00 B28D5/00	電子回路装置の製造方法	レーザ加工の採用 回路パターンが形成されたウエハのスクライブ領域に対し予め残留応力を付与するか、微小溝を形成するか、溶融再凝固させるか等の加工を施して熱応力集中が誘起されるようにしてあるスクライブ領域に沿ってレーザ光を走査照射して終端部のはねの発生を防止する

表 2.4.4-1 日立製作所の微細レーザ加工に関する保有特許 (4/5)

技術要素		課題	公報番号 特許分類	発明の名称	解決手段 概要
基本技術					
	表面処理	加工効率の向上	特許 3119090 B23K26/12 B23K26/00 B23K26/02 B23K26/06 C21D1/09 C21D9/00 C22C38/00,302 G21C19/02 G21F9/30,535 G21F9/30,ZAB	水中レーザ加工装置及びその装置を用いた水中施工方法	加工装置の改良 被加工物に密着させ排水可能な前室と、水密なトーチ収納室を備え、前室のレーザ光を投射する位置へトーチを収納室から出し入れする部分に可動式の仕切壁を設ける
			特開平 9-225660	薄膜半導体素子のレーザアニール法及びその装置、並びに配線基板の穴明け加工装置	ビーム伝送の改良
		製品品質の向上	特開 2000-173049	カオス・テクスチャ処理装置	ビーム特性の改良
			特開 2000-329882	耐食性に優れた溶接構造物の製造法	加工方法の改良
		加工品質の向上	特開平 7-75893	構造物の補修方法および予防保全方法	加工方法の改良
			特開平 10-15677	溶接構造物に対する加熱再溶融方法、およびそれに用いる装置	照射条件の改良
応用技術					
	特定部品の加工	製品品質の向上	特開平 8-104949 C22C38/00,302 B23K26/00 C21D1/09 C21D6/00,102 C22C38/44 C22C38/58 G21C19/02	表面処理層を有する構造物および表面処理層の形成方法	加工方法の改良 オーステナイト系ステンレス鋼構造物に所定方法でレーザ照射し、表面にオーステナイト単相組織である上部層と、初晶フェライトで凝固する組織からなる下部層を形成する

表 2.4.4-1 日立製作所の微細レーザ加工に関する保有特許（5/5）

技術要素	課題	公報番号 特許分類	発明の名称	解決手段 概要
応用技術				
特定部品の加工	加工性能の向上	特開平 8-288571	原子炉炉内処理装置及び処理方法	加工装置の改良
		特開 2000-301369	レーザテクスチャ加工方法および加工装置ならびに磁気ディスク用基板	ビーム特性の改良
	加工精度の向上	特開平 9-29472	割断方法、割断装置及びチップ材料	加工条件の改良
	加工効率の向上	特開平 11-212267	アブレーション露光装置	ビーム伝送の改良

2.4.5 技術開発拠点

微細レーザ加工に関する出願から分かる、日立製作所の技術開発拠点を、下記に紹介する。

日立製作所の技術開発拠点　：
東京都千代田区神田駿河台 4-6　　　　　本社
神奈川県秦野市堀山下　1　　　　　　　エンタープライズ事業部
神奈川県秦野市堀山下　1　　　　　　　汎用コンピュータ事業部
神奈川県横浜市戸塚区吉田町 292　　　　生産技術研究所
茨城県土浦市神立町 502　　　　　　　　機械研究所
茨城県勝田市大字高場 2520　　　　　　佐和工場
茨城県日立市東多賀町 1-1-1　　　　　　電化機器事業部
茨城県日立市大みか町 7-1-1　　　　　　日立研究所
茨城県日立市幸町 3-1-1　　　　　　　　日立工場

2.4.6 研究開発者

図 2.4.6-1 に、微細レーザ加工に関する日立製作所の出願について、発明者人数と出願件数を年次別に示す。この図に示されるように、1990 年初め 26～27 人によって 10 件以上の出願を行っていた。その後、97 年から発明者人数・出願件数とも減少したが、98 年以降は発明者人数・出願件数とも増加している。

図 2.4.6-1 微細レーザ加工に関する日立製作所の発明者数・出願件数推移

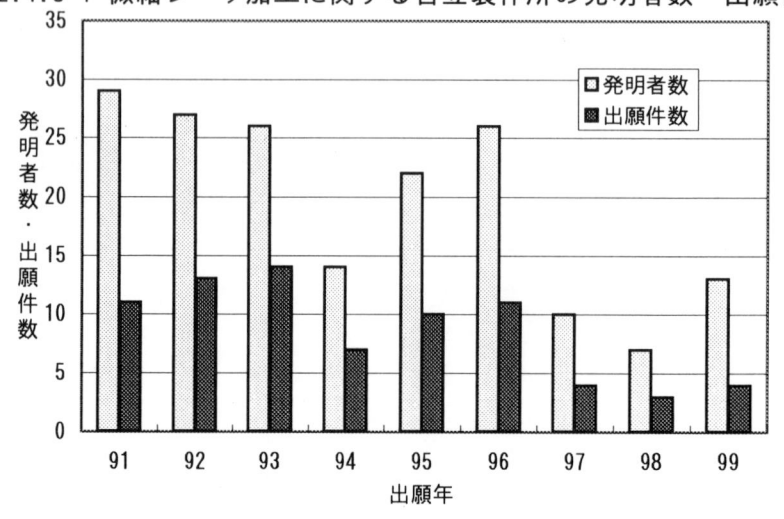

2.5 キヤノン

2.5.1 企業の概要

表 2.5.1-1 に、キヤノンの企業概要を示す。

表2.5.1-1 キヤノンの企業概要

1)	商号	キヤノン株式会社 （Canon Inc.）
2)	本社所在地	東京都大田区下丸子3丁目30番2号
3)	設立年月日	1937年8月10日
4)	資本金	164,796百万円 （2000年12月31日現在）
5)	売上高	単体：1兆6,842億円 （2000年12月決算） 連結：2兆7,813億円
6)	従業員	21,200人 （2000年12月31日現在）
7)	事業内容	事務機 複写機 オフィス複写機、パーソナル複写機、カラー複写機等（23%）、コンピュータ周辺機器 レーザビームプリンタ、バブルジェットプリンタ、スキャナ等(49.9%)、情報・通信機器 ファクシミリ、コンピュータ、ワードプロセッサ等（4.3%）、カメラ 一眼レフカメラ、コンパクトカメラ、デジタルカメラ、ビデオカメラ、交換レンズ等(13.9%)、光学機器およびその他 半導体製造装置、放送局用テレビレンズ、眼科機器、X線機器、医療画像記録機器、太陽電池セル等（8.1%）
8)	技術・資本提携関連	ＮＨＫ技術研究所、米国ドキュマット社、米国ヒューレットパッカード社、独・シーメンス社、米国・イーストマンコダック社、テキサスインスツルメンツ社、米国IBM社、東芝、日立、富士通
9)	事業所	本社：東京、主な事業所：小杉事業所・富士裾野リサーチパーク・平塚事業所・綾瀬事業所
10)	関連会社	会社数 113社 内国内 25社、 海外 88社
11)	主要製品	コピー機、ＦＡＸ機などの事務用機器、プリンタ、スキャナなどのコンピュータ周辺機器、カメラ、デジタルカメラ、ビデオカメラ、カメラレンズなどの光学機器、半導体製造装置

（キヤノンのHP http://wwww.canon.co.jpより）

2.5.2 製品例

表 2.5.2-1 に、キヤノンの微細レーザ加工に関する特許技術と関連があると推定される製品を紹介する。

表2.5.2-1 キヤノンの製品例

技術要素	製品	製品名	発売
穴あけ	基板用デュアルヘッドUVレーザドリル	モデル5410	2001年6月1日
	基板用デュアルヘッドUVレーザドリル	モデル5420	2001年6月1日

（キヤノンのHP http://wwww.canon.co.jpより）

2.5.3 技術要素と課題の分布

図 2.5.3-1 に、キヤノンの微細レーザ加工に関する技術要素と課題の分布を示す。

キヤノンは技術要素では穴あけと特定部品加工への応用に関するものが多く、スクライビングやトリミングが次いで多い。課題としては加工品質の向上が特に多い。加工精度の向上・加工効率の向上が次に多く、製品品質の向上がそれに次いで多い。コストに係わるものについても出願がある。

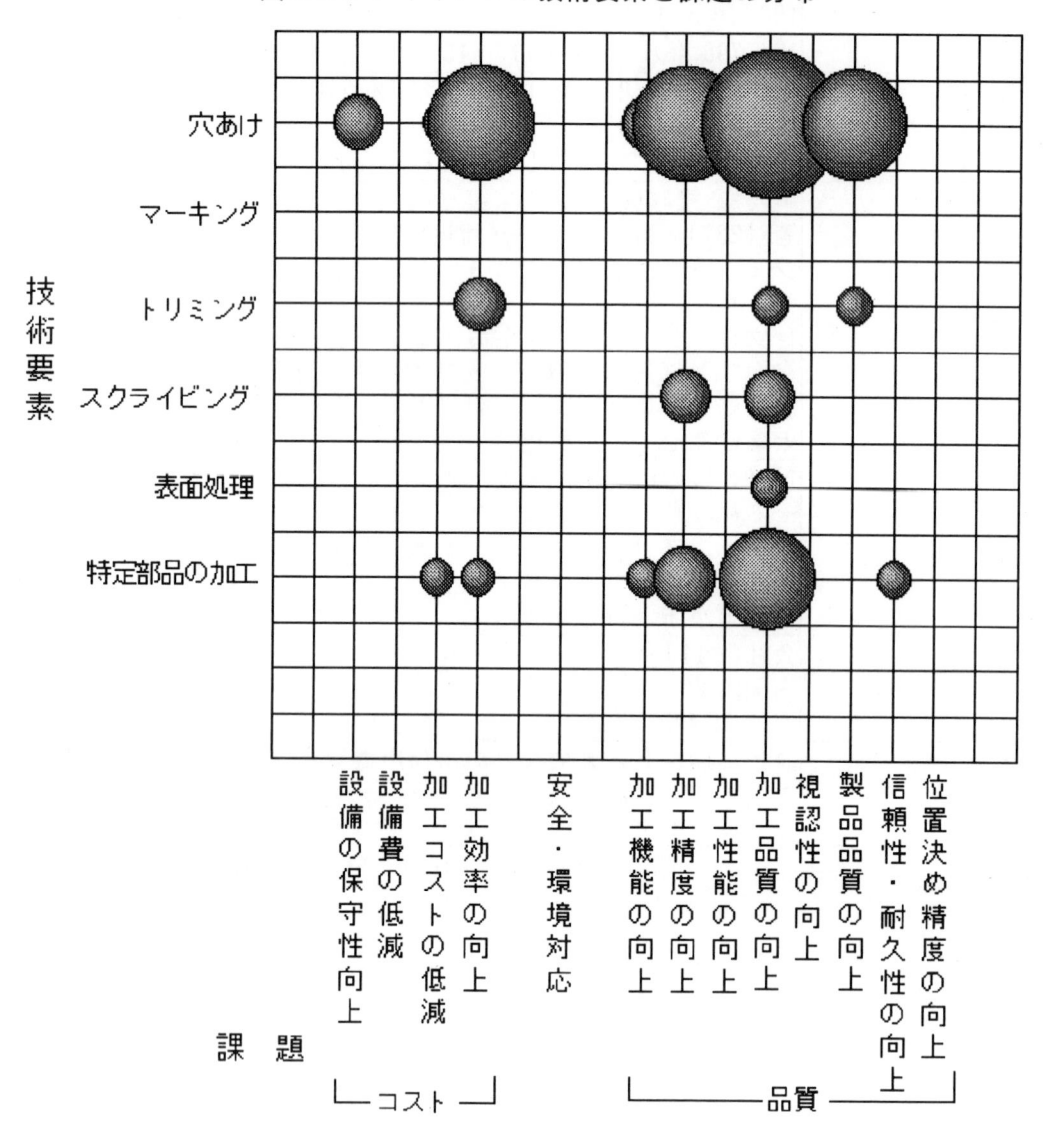

図2.5.3-1 キヤノンの技術要素と課題の分布

1991年から2001年10月公開の出願
（権利存続中および係属中のもの）

2.5.4 保有特許の概要

キヤノンが保有する微細レーザ加工に関する特許について、表2.5.4-1に紹介する。

表 2.5.4-1 キヤノンの微細レーザ加工に関する特許（1/8）

技術要素			課題	公報番号 特許分類	発明の名称	解決手段 概要
基本技術						
	除去					
		穴あけ	加工効率の向上	特許 2706350 B23K26/00,330 B23K26/06 B41J2/135	レーザによる孔明け加工機	加工装置の改良 マスクを用いることにより一時に多数の孔明けが行え、更にワーク位置の修正を迅速に行えることで、セッティングにおける無駄時間を大幅に節減でき均一性の良好な孔を高効率に明けられる
				特開平 9-285887 B23K26/00,330 B23K26/06	穴加工方法および穴加工装置ならびに穴加工用マスク	ビーム伝送の改良 マスクを通過した平行光束は光軸対して直角な面内での平行光束のエネルギ分布が均一な分布を持った中心部と、この中心部よりも小さなエネルギ密度の環状部を有するようにしたので、ワークにテーパあるいは段付きの座ぐり穴を加工できる
				特開平 10-151757 B41J2/135 B23K26/00,330 B23K26/06 B23K26/08	液体噴射記録ヘッドの製造方法および製造装置	照射条件の改良 吐出口又は液流路溝を加工する部位に対し、複数の光ファイバーからなる光ファイバー束をそれぞれの出射端部を微少距離に近接させて、レーザビームを光ファイバー束を介してそれぞれの出射端部から加工部位に直接照射させ、複数の吐出口または液流路溝を一括加工する

表2.5.4-1 キヤノンの微細レーザ加工に関する特許 (2/8)

技術要素			課題	公報番号 特許分類	発明の名称	解決手段概要
基本技術						
	除去					
		穴あけ	加工効率の向上	特開平 11-91115 B41J2/135 B23K26/00,330 B23K26/06 B23K26/08	液体噴射記録ヘッドの製造方法および製造装置	ビーム伝送の改良 液体噴射記録ヘッドの吐出口の一部または全部に対応して配列した光ファイバー束から出射したレーザビームを縮小・投影することにより吐出口を形成するようにしたので、マスクを使用せず、光学系を簡素化できる
				特許 2679869	孔開け加工位置の位置合わせ方法およびレーザ孔開け加工機	加工装置の改良
				特許 2672203	孔開け加工機	加工装置の改良
				特許 3151015	レーザー孔開け装置	加工装置の改良
				特開平 8-174846	インクジェット記録ヘッド及びその製造方法	ビーム特性の改良
				特開 2000-318161	液体噴射記録ヘッドの吐出ノズル加工装置および液体噴射記録ヘッドの製造方法	加工方法の改良
			製品品質の向上	特開平 11-188882 B41J2/135 B23K26/00,330	液体噴射記録ヘッドおよびその製造方法	レーザ加工の採用 コヒーレントなレーザ光の照射により吐出口となる穴を一括アブレーション加工する際に、吐出口プレートの吐出面側にレーザ光を照射して、削り取って吐出口形成部位の厚さを薄くして、さらに吐出口形成時に発生する副生成物の付着を防止する

表 2.5.4-1 キヤノンの微細レーザ加工に関する特許 (3/8)

技術要素			課題	公報番号 特許分類	発明の名称	解決手段 概要
基本技術						
	除去					
		穴あけ	製品品質の向上	特開平 6-15828	インクジェット記録ヘッドおよびその製法、ならびに該ヘッドを有するインクジェット記録カートリッジおよびプリンタ	加工方法の改良
				特許 3126276	インクジェット記録ヘッド	加工方法の改良
				特開平 10-76666	インクジェットノズルの穴明け方法および装置	照射条件の改良
				特開平 10-76670	液体噴射記録ヘッドの製造方法	加工装置の改良
				特開平 10-157125	液体噴射記録ヘッドおよびその製造方法	加工方法の改良
				特開平 10-337876	液体噴射記録ヘッドの製造方法	加工方法の改良
				特開平 11-188887	液体噴射記録ヘッドの製造方法	ビーム特性の改良
			加工機能の向上	特開 2000-77824 H05K3/00 B23K26/00,330 B23K26/06 B41J2/135	スルーホールの形成方法	ビーム特性の改良 レーザアブレーション加工によりスルーホールを形成する形成方法において、レーザアブレーション加工中に発生する加工対象からの反射光を用いて光加工エネルギー密度を増加させることで、先窄まりから先広がりに変化する形状を有するスルーホールを形成する
				特開平 10-118782	レーザー加工方法、インクジェット記録ヘッド及びインクジェット記録ヘッド製造装置	ビーム伝送の改良
			加工品質の向上	特許 3095795	インクジェット記録ヘッドおよび該ヘッドの製造方法	加工方法の改良
				特開平 8-127125	レーザ加工方法およびレーザ加工装置並びに該方法および装置により形成されたインクジェット記録ヘッド	加工装置の改良
				特開平 8-132260	レーザ加工方法およびこれを用いた液体噴射記録ヘッドの製造方法	製品構造・材料の改良
				特開平 8-141765	レーザ加工方法	加工方法の改良

表 2.5.4-1 キヤノンの微細レーザ加工に関する特許 (4/8)

技術要素			課題	公報番号 特許分類	発明の名称	解決手段 概要
基本技術						
	除去					
		穴あけ	加工品質の向上	特許 3086146	インクジェット記録ヘッドおよびその製造方法、レーザ加工装置ならびにインクジェット記録装置	加工方法の改良
				特開平 10-24597	液体噴射記録ヘッドの製造方法	加工方法の改良
				特開平 10-157142	エキシマレーザ加工方法および液体噴射記録ヘッドの製造方法	付属装置の改良
				特開平 10-156573	エキシマレーザ加工装置および液体噴射記録ヘッドの製造装置	付属装置の改良
				特開平 10-193614	液体噴射記録ヘッドおよびその製造方法	ビーム特性の改良
				特開平 10-235873	液体噴射記録ヘッドの製造方法	加工方法の改良
				特開平 10-337699	配線基板の穴開け加工方法	加工方法の改良
				特開平 11-179922	液体噴射記録ヘッドの製造方法	加工装置の改良
				特開 2000-158659	液体噴射記録ヘッド、その製造方法および製造装置、ヘッドカートリッジならびに液体噴射記録装置	ビーム特性の改良
				特開 2001-10067	液体噴射記録ヘッドの吐出ノズル加工方法および液体噴射記録ヘッドの製造方法	照射条件の改良
			加工精度の向上	特開平 10-16245	液体噴射記録ヘッドの製造方法	加工装置の改良
				特開平 10-249570	光加工機及びそれを用いたオリフィスプレートの製造方法	ビーム伝送の改良
				特開平 11-91116	液体噴射記録ヘッドの製造方法	付属装置の改良
				特開平 11-179574	光加工機及びそれを用いたオリフィスプレートの製造方法	加工装置の改良
				特開平 11-179575	光加工機及びそれを用いたオリフィスプレートの製造方法	加工方法の改良
				特開平 11-179576	光加工機及びそれを用いたオリフィスプレートの製造方法	加工方法の改良

表 2.5.4-1 キヤノンの微細レーザ加工に関する特許 (5/8)

技術要素	課題	公報番号 特許分類	発明の名称	解決手段 概要
基本技術				
除去				
穴あけ	加工精度の向上	特開平 11-179577	光加工機及びそれを用いたオリフィスプレートの製造方法	ビーム伝送の改良
		特開 2000-127412	液体噴射記録ヘッドの製造方法および製造装置	加工方法の改良
		特開 2001-108936	光加工機及び光加工方法	ビーム伝送の改良
	設備の保守性向上	特開平 9-201977	液体噴射記録ヘッドの製造方法	加工装置の改良
		特開 2000-318162	液体噴射記録ヘッドの吐出ノズル加工方法および液体噴射記録ヘッドの製造方法	ビーム伝送
	加工コストの低減	特開平 8-118648	インクジェット記録ヘッドの製造方法	製品構造・材料の改良
トリミング	製品品質の向上	特開 2000-229272 B08B7/00 B23K26/00 G02B3/00	ワーク洗浄方法およびその装置	加工装置の改良 光学面を有するワークが損傷しない程度のビームを照射して洗浄を行い、ワークからの散乱光に基づいて洗浄状態を評価し、ビーム照射量および照射位置を制御する
	加工効率の向上	特開平 11-320134	レーザトリミング加工装置および加工方法	ビーム伝送の改良
		特開 2000-182545	パターン形成方法およびこれを用いた画像形成装置の製造方法	加工方法の改良
	加工品質の向上	特開平 8-97494	発光素子の出力調整方法	加工方法の改良

表 2.5.4-1 キヤノンの微細レーザ加工に関する特許 (6/8)

技術要素			課題	公報番号 特許分類	発明の名称	解決手段 概要
基本技術						
	除去					
		スクライビング	加工品質の向上	特開平 11-78032 B41J2/16 B23K26/00 B23K26/00,330 B23K26/04 B23K26/16 H01S3/00	液体噴射記録ヘッドおよびその製造方法	ビーム特性の改良 デブリーには吸収されるが天板を構成する樹脂には吸収されない YAG レーザの2倍高調波をレーザ発振器から発振し、レンズ、マスクのスリット、を介して所望のビーム形状に整形し、デブリーの付着している部分に集光させて、デブリーのみを選択的に除去する
				特開 2001-156026	半導体素子及びその製造方法	製品構造・材料の改良
			加工精度の向上	特開 2001-44471	堆積膜加工装置および加工方法および本方法により加工された堆積膜	製品構造・材料の改良
				特開 2001-168068	堆積膜加工装置および加工方法および本方法により加工された堆積膜	照射条件の改良
		表面処理	加工品質の向上	特開平 10-193162 B23K26/18 B23K26/00	汚染物質の除去方法	加工方法の改良 汚染物の付着した撥水性基材に対し、レーザ光エネルギーの変換媒体として界面活性剤を含んだ液体を塗布し、レーザ光を照射する

表 2.5.4-1 キヤノンの微細レーザ加工に関する特許 (7/8)

技術要素	課題	公報番号 特許分類	発明の名称	解決手段 概要
特定部品の加工	加工品質の向上	特開 2000-243245 H01J9/02 B23K26/00 B23K26/00,320 H01J9/50	金属膜の加工方法、画像形成装置の製造方法、金属膜の加工装置及び画像形成装置の製造装置	加工方法の改良 切断する方向に最少2列の切断個所を設け隣接する切断個所をビームがオーバラップしないように離間し同時加工
		特開 2001-71168 B23K26/06 B23K26/00 B41J2/16 B41J2/135 G02B27/28 H01S3/00	レーザ加工方法、該レーザ加工方法を用いたインクジェット記録ヘッドの製造方法、該製造方法で製造されたインクジェット記録ヘッド	ビーム特性の改良 1ピコ秒以下の高エネルギー密度複数パルスレーザ光を用い、光回折によるスペックル干渉像を形成しパターン加工
		特開平 8-132260	レーザ加工方法およびこれを用いた液体噴射記録ヘッドの製造方法	製品構造・材料の改良
		特開平 10-315486	液体噴射記録ヘッドおよびその製造方法	加工方法の改良
		特開平 11-138822	液体噴射記録ヘッドの製造方法および該製造方法により製造された液体噴射記録ヘッド	付属装置の改良
		特開 2001-198684	レーザ加工方法、該レーザ加工方法を用いたインクジェット記録ヘッドの製造方法、該製造方法で製造されたインクジェット記録ヘッド	ビーム特性の改良

表2.5.4-1 キヤノンの微細レーザ加工に関する特許 (8/8)

技術要素		課題	公報番号 特許分類	発明の名称	解決手段 概要
応用技術					
	特定部品の加工	加工品質の向上	特開2001-219282	レーザ加工方法、該レーザ加工方法を用いたインクジェット記録ヘッドの製造方法、該製造方法で製造されたインクジェット記録ヘッド	ビーム特性の改良
		加工精度の向上	特開平10-193618 B41J2/05 B23K26/00 B23K26/00,330 B41J2/135	液体噴射記録ヘッドおよびその製造方法	ビーム伝送の改良 マスク移動駆動装置でマスクをレーザ光の光軸方向に沿って連続的にあるいは間歇的に移動させることによって、マスクの開口パターンの投影倍率を変化させ、ワークの熱による膨張や収縮に起因する溝や穴の加工ピッチずれを防止する
			特開平10-146683	液体噴射記録ヘッドの製造装置	ビーム伝送の改良
			特開平11-114690	レーザ加工方法	加工方法の改良
		加工機能の向上	特開2001-10066	液体噴射記録ヘッドの吐出ノズル加工方法および液体噴射記録ヘッドの製造方法	製品構造・材料の改良
		信頼性・耐久性の向上	特許3094933	光加工機及びそれを用いたオリフィスプレートの製造方法	加工装置の改良
		加工効率の向上	特開平11-129081	レーザ加工装置及びその調整方法	加工装置の改良
		加工コストの低減	特開2001-212680	レーザ加工方法	加工方法の改良

2.5.5 技術開発拠点

微細レーザ加工に関する出願から分かる、キヤノンの技術開発拠点を、下記に紹介する。

キヤノンの技術開発拠点　：　東京都大田区下丸子 3-30-2　　　　　本社

2.5.6 研究開発者

図 2.5.6-1 は、微細レーザ加工に関するキヤノンの出願について、発明者数と出願件数を年次別に示したものである。この図に示されるように、キヤノンは、最近、10～20人の研究開発体制で、多いときは20件以上の出願を行っている。

図2.5.6-1 微細レーザ加工に関するキヤノンの発明者数・出願件数推移

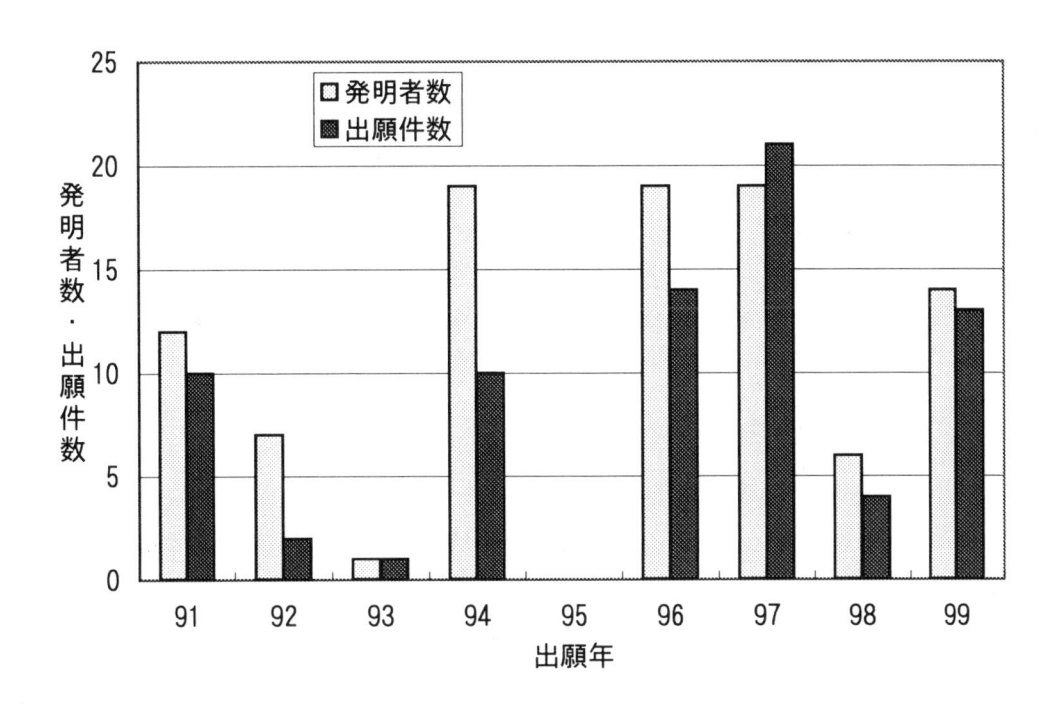

2.6 住友重機械工業

2.6.1 企業の概要
表 2.6.1-1 に、住友重機械工業の企業概要を示す。

表2.6.1-1 住友重機械工業の企業概要

1)	商号	住友重機械工業株式会社
2)	本社所在地	東京都品川区北品川 5-9-11(住友重機械ビル)
3)	設立年月日	明治 21 年 11 月 20 日
4)	資本金	308 億 7,165 万円(平成 13 年 3 月 31 日現在)
5)	売上高	単独：3,056 億円(平成 12 年度) 連結：5,137 億円
6)	従業員	単独：4,699 名（平成 13 年 3 月 31 日現在） 連結：12,411 名(平成 13 年 3 月 31 日現在)
7)	事業内容	機械（12.9%）、船舶鉄鋼（18.3%）、標準・量産機械（30.7%）、建設機械（21.9%）、環境・プラントその他（16.2%）
8)	事業所	本社：東京、主な事業所：田無・千葉・横須賀・浦賀・平塚・名古屋・岡山・新居浜・東予
9)	関連会社	会社数 9 社 うち 国内 7 社　海外 2 社
10)	主要製品	環境関連プラント、液晶・半導体製造装置、医療用機器、レーザ装置、プラスチック加工装置、変減速機・インバータ、物流システム、産業機械
11)	技術移転窓口	知的財産部 東京都品川区北品川 5-9-11

(住友重機械工業の HP　http://www.shi.co.jp/より)

2.6.2 製品例
表 2.6.2-1 に、住友重機械工業の微細レーザ加工に関する特許技術と関連があると推定される製品を紹介する。

表2.6.2-1 住友重機械工業の製品例

技術要素	製品	製品名
穴あけ	微細加工対応 CO2 レーザドリルマシン	μLAVIA1400TW
	グリーンシート加工用 CO2 ドリルマシン	GSD1400TW
マーキング	ガラス内マーキングシステム	IGM (Inner Glass Marking)
その他	エキシマレーザ加工システム	エキシマ加工システム

(住友重機械工業の HP　http://www.shi.co.jp/より)

2.6.3 技術要素と課題の分布

図 2.6.3-1 に、住友重機械工業の微細レーザ加工に関する技術要素と課題の分布を示す。

住友重機械工業は、技術要素では比較的幅広く開発がなされている。技術要素としては穴あけが特に多くマーキングがそれについで多い。表面処理・特定部品加工への応用がそれに続いて多い。課題としては加工効率の向上が非常に多く、加工品質の向上がそれについで多い。加工機能の向上・加工精度の向上についでも出願がある。一方装置の信頼性に関わるものも有った。

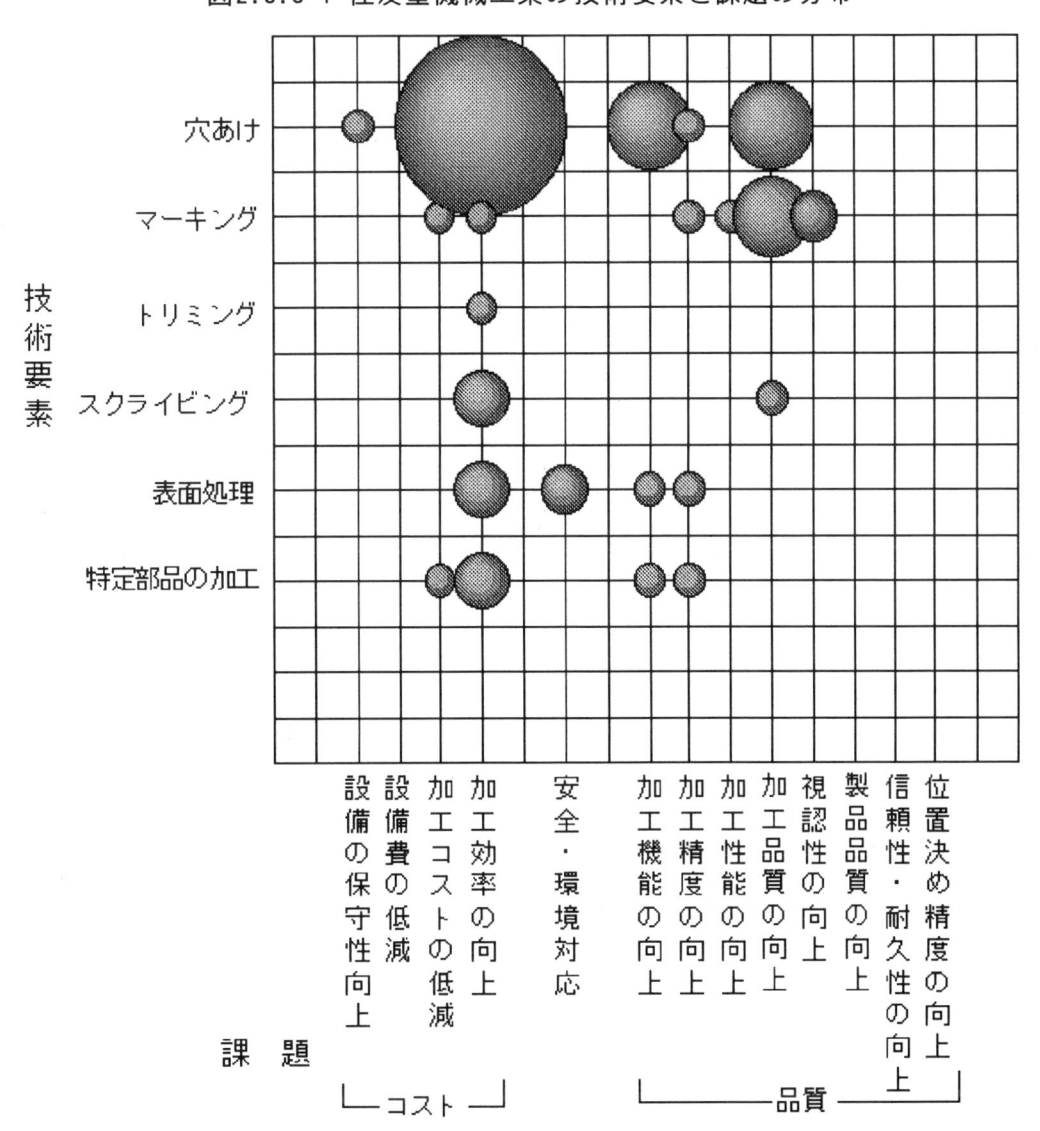

図2.6.3-1 住友重機械工業の技術要素と課題の分布

1991 年から 2001 年 10 月公開の出願
（権利存続中および係属中のもの）

2.6.4 保有特許の概要

住友重機械工業が保有する微細レーザ加工に関する特許について、表2.6.4-1に紹介する。

表2.6.4-1 住友重機械工業の微細レーザ加工に関する特許 (1/7)

技術要素			課題	公報番号 特許分類	発明の名称	解決手段 概要
基本技術						
	除去					
		穴あけ	加工効率の向上	特開2000-202679 B23K26/16 B23K26/00,330 B23K26/06 H05K3/00	レーザ穴あけ加工方法及び加工装置	ビーム特性の改良 レーザ加工機本体と、加工されたプリント配線基板を受け入れてドライデスミアを行うアンローダを備える。アンローダは、パルス幅100(nsec)以下の基本波又は高調波によるパルスレーザを出力するレーザ発生部と光学系と駆動機構を備える
				特開2000-271777 B23K26/06 B23K26/00,330 H05K3/00 H05K3/26 H05K3/42,610 H05K3/46	レーザ穴あけ加工装置用のデスミア方法及びデスミア装置	ビーム特性の改良 あらかじめ定められた波長ωを持つレーザ光から波長ωの成分と第2高調波2ωの成分とを生成し、生成された波長ωと2ωの成分を含むレーザ光をバイアホールに照射することによりデスミアを行う
				特許3114533	レーザ穴あけ加工装置及びレーザ穴あけ加工方法	加工装置の改良
				特許2879723	プリント配線基板におけるバイアホールの穴明け加工方法	ビーム伝送の改良
				特許3175006	レーザ加工装置及び加工方法	ビーム伝送の改良
				特開平10-323785	レーザ加工装置及び加工方法	ビーム伝送の改良
				特開平11-245070	レーザ加工装置	ビーム伝送の改良
				特開平11-245071	レーザ加工装置	ビーム特性の改良
				特開平11-277003	電子回路基板のビアホールのデスミア方法及び装置	加工方法の改良

表 2.6.4-1 住友重機械工業の微細レーザ加工に関する特許 (2/7)

技術要素			課題	公報番号 特許分類	発明の名称	解決手段 概要
基本技術						
	除去					
		穴あけ	加工効率の向上	特開平 11-340604	電子回路基板のビアホールのデスミア方法及び装置	加工方法の改良
				特開平 11-333585	レーザ穴あけ加工装置用のデスミア装置及びデスミア方法	付属装置の改良
				特開平 11-342484	レーザ加工における加工面の反射光検出装置及び方法	付属装置の改良
				特開平 11-342490	レーザ穴あけ加工装置用のデスミア装置及びデスミア方法	照射条件の改良
				特開平 11-342491	レーザ穴あけ加工装置用のデスミア装置及びデスミア方法	付属装置の改良
				特開平 11-347765	レーザドリル装置	付属装置の改良
				特開平 11-103149	バイアホール形成方法及びレーザ加工装置	加工方法の改良
				特開平 11-103150	レーザ加工装置	ビーム伝送の改良
				特開 2000-202663	レーザ穴あけ加工方法及び加工装置	照射条件の改良
				特開 2000-202664	レーザ穴あけ加工方法	ビーム特性の改良
				特開 2000-225482	レーザ穴あけ加工方法	ビーム特性の改良
				特開 2000-263263	レーザ穴あけ加工方法及び加工装置	照射条件の改良
				特開 2000-271774	レーザ穴あけ加工装置用のデスミア方法及びデスミア装置	ビーム特性の改良
				特開 2000-343261	レーザ穴あけ加工方法及び加工装置	ビーム特性の改良
				特開 2001-38483	レーザ穴あけ加工方法及び加工装置	ビーム伝送の改良
				特開 2001-79678	レーザ穴あけ加工方法及び加工装置	照射条件の改良
				特開 2001-195112	レーザドリリング経路決定方法	加工方法の改良
				特開 2000-301374	レーザ加工装置及びレーザ加工方法	ビーム伝送の改良
				特開 2001-162392	レーザ穴あけ加工方法及び加工装置	加工装置の改良

表 2.6.4-1 住友重機械工業の微細レーザ加工に関する特許（3/7）

技術要素			課題	公報番号 特許分類	発明の名称	解決手段 概要
基本技術						
	除去					
		穴あけ	加工品質の向上	特許 3175005 B23K26/06 B23K26/00,330 H05K3/00	レーザ加工装置	ビーム伝送の改良 レーザビームを被加工基板に照射して穴あけ加工を行うレーザ加工装置において、光軸に直交する断面内上下左右及び光軸方向にスライド可能としたカライド反射鏡を設けたことを特徴とする
				特開平 11-285872 B23K26/00 B23K26/00,330 B23K26/04 H01S3/00 H01S3/109 H05K3/00	レーザ加工方法及び装置	照射条件の改良 所定時間を超える休止時間の後、高調波固体レーザ発振器から射出されるレーザパルスのうち初めの少なくとも1ショットのレーザパルスの被加工物への照射を禁止するようにした
				特許 3082013	レーザ加工方法および装置	加工装置の改良
				特開平 11-277261	レーザ穴あけ加工装置	付属装置の改良
				特開平 11-277273	レーザドリル装置及びレーザ穴あけ加工方法	加工方法の改良
				特開 2000-280082	レーザによるミシン目加工方法及び装置	照射条件の改良
				特開 2000-280083	レーザによるミシン目加工方法及び装置	ビーム伝送の改良

表 2.6.4-1 住友重機械工業の微細レーザ加工に関する特許 (4/7)

技術要素			課題	公報番号 特許分類	発明の名称	解決手段 概要
基本技術						
	除去					
		穴あけ	加工精度の向上	特許 3194247 B23K26/00 B23K26/04 B23K26/08 G05B19/404 H05K3/00	レーザ加工用温度補償装置及び温度補償方法	照射条件の改良 周囲環境温度又は稼動に伴う装置自体の温度変化に応じて目標加工位置指令を補正して実際の加工位置指令を生成して、この加工位置指令に応じてレーザ光をスキャンするようにしたので、つまり、温度補償を行ったので高精度な加工が可能になった
			加工機能の向上	特開平 11-277276	結像光学系	ビーム伝送の改良
				特開平 11-333575	レーザ加工装置	加工装置の改良
				特許 3194248	レーザドリル装置及びレーザ穴あけ加工方法	ビーム伝送の改良
				特開 2000-170474	セラミック構造体のレーザ穿孔方法及び装置	レーザ加工の採用
				特開 2000-170475	セラミック構造体のレーザ穿孔方法及び装置	レーザ加工の採用
				特許 2742500	レーザ加工機	加工装置の改良
				特開平 11-188490	レーザ穴明け加工装置	ビーム伝送の改良
			加工コストの低減	特許 3194250	2軸レーザ加工機	照射条件の改良
			設備の保守性向上	特許 3205551	レーザ加工装置及び加工方法	加工装置の改良
		マーキング	加工品質の向上	特許 3208730 B23K26/00 B23K26/04 B41M5/26 C03C23/00 H01S3/00 H01S3/16	光透過性材料のマーキング方法	ビーム伝送の改良 レーザ光を透明ガラス基盤などの光透過性材料の内部に集光することにより内部においてレーザ光を吸収させ、なるべくクラックないし亀裂を生じさせずに光学的性質に変化を起こさせてマーキングし、光透過材料の破損、破片の防止

表2.6.4-1 住友重機械工業の微細レーザ加工に関する特許 (5/7)

技術要素			課題	公報番号 特許分類	発明の名称	解決手段 概要
基本技術						
	除去					
		マーキング	加工品質の向上	特開2000-135578 B23K26/00 B23K26/06	レーザ照射装置	加工装置の改良 レーザビームを照射しながら、レーザビームと処理基板とを相対的に移動させることにより、基板表面の広い領域に、ほぼ均一にレーザビームを照射することが可能になる
				特許3118203	レーザ加工方法	ビーム伝送の改良
				特開平11-138896	レーザを用いたマーキング方法、マーキング装置、及びマークの観察方法、観察装置	照射条件の改良
				特開2000-68571	透明容器へのマーキング方法	照射条件の改良
				特開2000-133859	レーザを用いたマーキング方法及びマーキング装置	加工装置の改良
			加工効率の向上	特開2001-62758	ぎ装品取り付け位置マーキング装置	加工装置の改良
			視認性の向上	特開平11-33752	レーザによる光学材料のマーキング方法及びマーキング装置	ビーム伝送の改良
				特許3178524	レーザマーキング方法と装置及びマーキングされた部材	ビーム伝送の改良
			加工性能の向上	特許2873670	レーザマーキング装置	加工方法の改良
			加工精度の向上	特開平11-156568	透明材料のマーキング方法	ビーム伝送の改良
			加工コストの低減	特開平9-122940	レーザマーキング方法	加工装置の改良

表 2.6.4-1 住友重機械工業の微細レーザ加工に関する特許 (6/7)

技術要素			課題	公報番号 特許分類	発明の名称	解決手段 概要
基本技術						
	除去					
		トリミング	加工効率の向上	特開 2000-52071 B23K26/00 B41M5/26	レーザ光を用いた薄膜除去方法	加工方法の改良 液晶パネルのガラス基板の片側に薄膜を形成させ、被加工基板の薄膜の形成されていない側からレーザー光を入射させて薄膜を除去する
		スクライビング	加工効率の向上	特開平 10-137953 B23K26/00 H05B33/10	透明薄膜除去装置、透明薄膜除去方法および薄膜エレクトロルミネッセント素子	加工方法の改良 下層部分に配置する材料がレーザ光をある程度の吸収率で吸収するとともに、この上層部に配置する材料がレーザ光に対して透明であるように各層の材料及びレーザ光を選択し、下層部分のアブレーションにより上層部分を一緒に吹き飛ばす
				特開平 8-187588	レーザ加工方法	加工方法の改良
				特開平 9-155851	ファインセラミックス加工装置	ビーム伝送の改良
			加工品質の向上	特開平 9-141480	アブレーション加工方法	付属装置の改良

表 2.6.4-1 住友重機械工業の微細レーザ加工に関する特許（7/7）

技術要素	課題	公報番号 特許分類	発明の名称	解決手段 概要
基本技術				
表面処理	加工効率の向上	特許 3138954 H05K3/00 B23K26/00,330 H05K3/46	バイアホール形成方法	レーザ加工の採用 CO2 レーザや YAG レーザで、多層プリント基板にバイアホールを形成方法において、赤外レーザ光で絶縁層に穴をあけ、穴の内部に可視から紫外域のレーザ光を照射することで、加工残物を取り除くので湿式後処理が省略できる。
		特許 3200588	レーザ歪加工方法及び装置	加工方法の改良
		特開 2001-44136	精密レーザ照射装置及び制御方法	加工装置の改良
	安全・環境対応	特開平 10-309516	レーザ塗装除去方法及びレーザ処理装置	レーザ加工の採用
		特開平 10-305376	レーザ処理装置と塗装除去方法	レーザ加工の採用
	加工精度の向上	特開 2000-42765	ステージの移動制御装置及び方法並びにこれを用いたレーザアニール装置及び方法	加工装置の改良
	加工機能の向上	特開 2000-275017	歪量判別方法及び判別装置	加工装置の改良
応用技術				
特定部品の加工	加工効率の向上	特開 2000-197987 B23K26/16 B08B7/00 B23K26/00 B23K26/08 H01L21/304,645 H05K3/00 H05K3/26 H05K3/46	バイアホールクリーニング方法	ビーム特性の改良 パルス幅とエネルギー密度を特定したレーザ光を樹脂基盤全面へ照射することによりバイアホールの加工残物を除去
		特開平 8-187588	レーザ加工方法	加工方法の改良
		特開平 11-5181	レーザによるガラス基板の加工方法及び加工装置	ビーム伝送の改良
	加工精度の向上	特開平 11-245059	レーザ微細加工装置	加工方法の改良
	加工機能の向上	特開 2000-275452	光ファイバ加工装置	加工装置の改良
	加工コストの低減	特開 2001-150162	レーザによるセラミック材料の加工方法及び加工装置	照射条件の改良

2.6.5 技術開発拠点

微細レーザ加工に関する出願から分かる、住友重機械工業の技術開発拠点を、下記に紹介する。

住友重機械工業の技術開発拠点：東京都品川区北品川 5-9-11　　　本社
東京都田無市谷戸町 2-1-1　　　システム技術研究所
神奈川県平塚市夕陽ケ丘 63-30　　　平塚事業所
札幌市中央区大通り西 7-1　　　北海道支社

2.6.6 研究開発者

図 2.6.6-1 は、微細レーザ加工に関する住友重機械工業の出願について、発明者人数と出願件数との関係を年次別に示したものである。この図に示されるように、最近、発明者人数の増加に伴う出願件数の増加が目立つ。

図2.6.6-1 微細レーザ加工に関する住友重機械工業の発明者数・出願件数推移

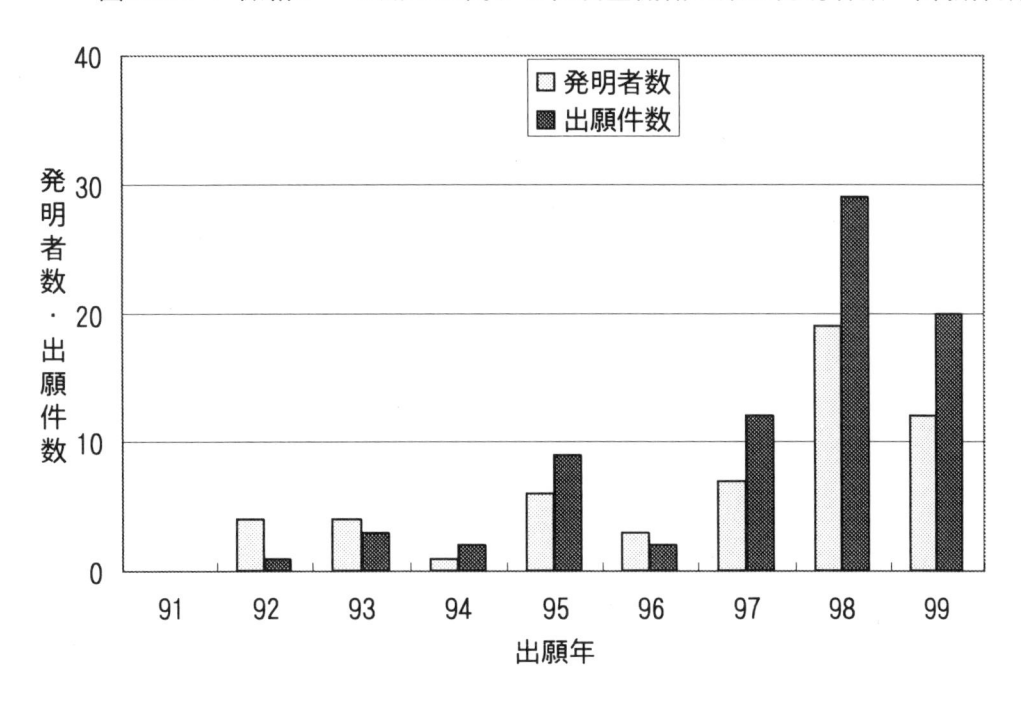

2.7 三菱電機

2.7.1 企業の概要

表2.7.1-1に、三菱電機の企業概要を示す。

表2.7.1-1 三菱電機の企業概要

1)	商号	三菱電機株式会社　(Mitsubishi Electric Corpration)
2)	本社所在地	東京都千代田区丸の内二丁目2番3号
3)	設立年月日	大正10年1月15日
4)	資本金	175,820,770,233円(平成13年3月31日現在)
5)	売上高	単独：2兆9,326億円（平成13年3月31日現在） 連結：4兆1,294億円
6)	従業員	単独：4,699名（平成13年3月31日現在） 連結：12,411名(平成13年3月31日現在)
7)	事業内容	重電システム（23%）、産業メカトロニクス（20%）、 情報通信システム（24%）、電子デバイス（21%）、 家庭電器（12%）
8)	事業所	本社：東京、主な事業統括所：北伊丹・相模・長野
9)	関連会社	会社数　153社（平成13年4月2日現在） うち　国内138社　海外45社
10)	主要製品	家電製品各種、住宅設備各種、コンピュータと周辺機器、ビル管理システム、ＦＡシステム、電子デバイスなど
11)	技術移転窓口	知的財産渉外部 　東京都千代田区丸の内二丁目2番3号

（三菱電機のHP　http://wwww.melco.co.jpより）

2.7.2 製品例

表2.7.2-1に、三菱電機の微細レーザ加工に関する特許技術と関連があると推定される製品を紹介する。

表2.7.2-1 三菱電機の製品例

技術要素	製品	製品名
穴あけ	高密度多層基盤窄孔用レーザ加工機	ML605GTX-5100U
複合	スラブYAGレーザ加工機	LZ・HD・LB/T・大型シリーズ
	炭酸ガスレーザ加工機	LZ・HD・LB/T・大型シリーズ

（三菱電機のHP　http://wwww.melco.co.jpより）

2.7.3 技術要素と課題の分布

図 2.7.3-1 に、三菱電機の微細レーザ加工に関する技術要素と課題の分布を示す。

三菱電機も技術要素・課題共に幅広い開発がなされている。技術要素としては穴あけが特に多く、マーキングがそれについで多い。課題は加工効率の向上・加工品質の向上など加工に関わるものが特に多く、加工機能の向上に関するものがそれに次いで多い。

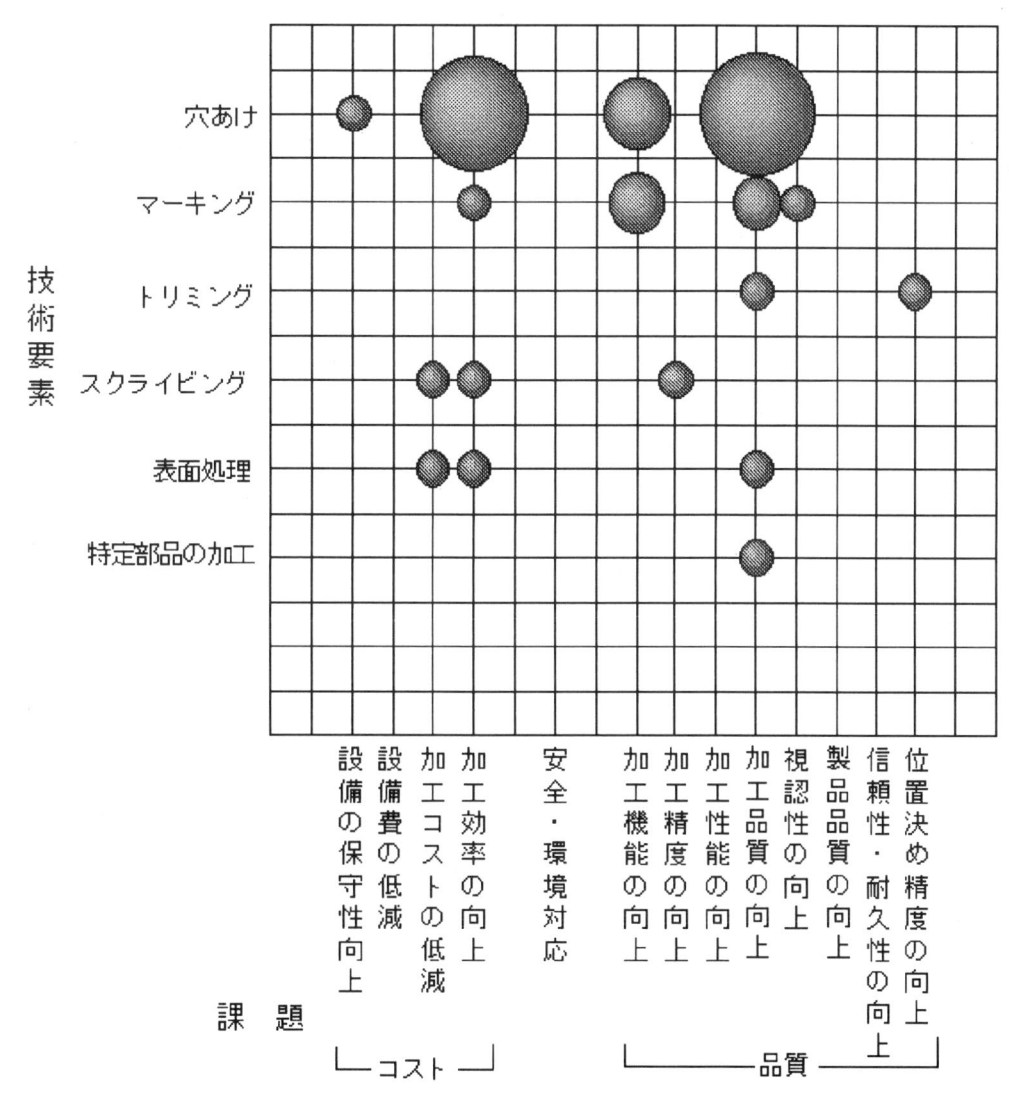

図2.7.3-1 三菱電機の技術要素と課題の分布

技術要素: 穴あけ、マーキング、トリミング、スクライビング、表面処理、特定部品の加工

課題:
- コスト: 設備の保守性向上、設備費の低減、加工コストの低減、加工効率の向上
- 安全・環境対応
- 品質: 加工機能の向上、加工精度の向上、加工性能の向上、加工品質の向上、視認性の向上、製品品質の向上、信頼性・耐久性の向上、位置決め精度の向上

1991年から2001年10月公開の出願
（権利存続中および係属中のもの）

2.7.4 保有特許の概要

三菱電機が保有する微細レーザ加工に関する特許について、表2.7.4-1に紹介する。

表2.7.4-1 三菱電機の微細レーザ加工に関する特許（1/5）

技術要素			課題	公報番号 特許分類	発明の名称	解決手段 概要
基本技術						
	除去					
		穴あけ	加工品質の向上	特開平9-107168 H05K3/00 B23K26/00,330 B23K26/14	配線基板のレーザ加工方法、配線基板のレーザ加工装置及び配線基板加工用の炭酸ガスレーザ発振器	ビーム特性の改良 配線基板のレーザ加工方法に最適なパルス幅を持つレーザビームの出力が可能な配線基板加工用の炭酸ガスレーザ発振器を採用することにより、ガラスクロスを含む配線基板を迅速かつ精度よく加工できる
				特開平11-77343 B23K26/00 H01S3/00 H05K3/00 H05K3/46	積層部材のレーザ加工方法及びレーザ加工装置	ビーム特性の改良 複数の導体層とこの複数の導体層間に設けられた樹脂層とからなる積層部材に孔部を形成する孔部形成工程と、レーザ光のビームON時間が短くピークパワーが高いレーザ光を孔部に照射し孔部形成工程において除去できなかった孔部の残留樹脂を除去する工程を含む
				特許2713498	エネルギビーム加工方法	照射条件の改良
				特許3175463	レーザ切断方法	加工方法の改良
				特開平8-206856	レーザ加工装置および加工方法	加工方法の改良
				特許3162255	レーザ加工方法及びその装置	照射条件の改良
				特許3131357	レーザ加工方法	加工方法の改良
				特開平9-216082	レーザ加工方法	加工装置の改良
				特開平11-97821	レーザ加工方法	ビーム特性の改良

表 2.7.4-1 三菱電機の微細レーザ加工に関する特許（2/5）

技術要素			課題	公報番号 特許分類	発明の名称	解決手段 概要
基本技術						
	除去					
		穴あけ	加工品質の向上	特開平 11-204916	プリント基板およびその穴あけ加工方法	レーザ加工の採用
				特開平 11-254171	配線基板加工用レーザ加工装置	ビーム特性の改良
				特開 2000-317664	ビーム加工装置	加工方法の改良
			加工効率の向上	特許 2723798 B23K26/06 B23K26/00,330 G03H1/22 H05K3/00	レーザ転写加工装置	ビーム伝送の改良 所望の加工形状のパターン形状を有するようにレーザビームを整形する整形手段と、整形されたレーザビームから、それぞれのパターン形状を有する複数のレーザビームを生成する生成手段を備えており、所望の加工形状を有したレーザビームから同時に複数のレーザビームを生成する
				特公平 7-87995	レーザ加工機	加工装置の改良
				特許 2953179	光処理装置	加工装置の改良
				特許 2809039	レーザ加工機およびレーザ加工方法	加工装置の改良
				特許 2658809	レーザ加工装置	照射条件の改良
				特開平 7-232292	光処理装置	加工装置の改良
				特開平 8-10976	ピアス加工完了判定方法，それを用いたレーザ加工機およびそのレーザ加工方法	付属装置の改良
				特許 3159633	レーザ加工機システム	加工装置の改良
				特許 3154964	プリント基板およびそのレーザ穴あけ方法	製品構造・材料の改良
				特開平 11-245068	レーザ加工装置	加工装置の改良

表2.7.4-1 三菱電機の微細レーザ加工に関する特許（3/5）

技術要素			課題	公報番号 特許分類	発明の名称	解決手段 概要
基本技術						
	除去					
		穴あけ	加工機能の向上	特許 2800551	光処理装置	加工装置の改良
				特開平 9-293946	レーザ加工装置	ビーム伝送の改良
				特開平 11-104870	レーザ加工装置	ビーム特性の改良
				特開平 10-109186	レーザ光による配線基板の加工方法及びその装置	ビーム伝送の改良
			設備の保守性向上	特開平 10-156572	レーザ加工装置	加工装置の改良
		マーキング	加工品質の向上	特開平 6-312281 B23K26/00 B23K26/08 H01L23/00	レーザマーキング装置及びそのレーザマーキング方法	付属装置の改良 被加工物を受部に詰め替え収納して垂直方向にも位置決めで搬送する搬送パレットを設けこの搬送パレットを移動させるための滑走路と搬送パレットを移動させてその受部に被加工物をマーキング位置に位置決めする搬送手段とを設ける
				特許 2646052	レーザマーキングされたプリント基板とレーザマーキング用下地塗料及びそのレーザマーキング方法	加工方法の改良
			加工機能の向上	特許 2823750	レーザマーキング装置	照射条件の改良
				特開平 7-227685	レーザーマーキング装置およびレーザーマーキング方法	加工方法の改良
				特開 2000-288752	レーザ加工方法及びレーザ加工装置	照射条件の改良
			視認性の向上	特開平 11-77340	マーキング方法	加工方法の改良
			加工効率の向上	特開平 11-156566	レーザマーキング装置及びその制御方法	付属装置の改良

表 2.7.4-1 三菱電機の微細レーザ加工に関する特許（4/5）

技術要素			課題	公報番号 特許分類	発明の名称	解決手段 概要
基本技術						
	除去					
		トリミング	加工品質の向上	特開 2001-44281 H01L21/768 B23K26/00 H01L21/82 H01L27/108 H01L21/8242	多層配線構造の半導体装置	製品構造・材料の改良 ヒューズの下側となる第1層目となる基板に設けられた導電層と第2層目となる基板に設けられた導電層とによってレーザ光を吸収する
			位置決め精度の向上	特開 2000-176666	レーザ加工装置	加工方法の改良
		スクライビング	加工精度の向上	特開 2000-281373 C03B33/033 B23K26/00 C03B33/037 C03B33/09	脆性材料の分割方法	レーザ加工の採用 分割予定線状に予め形成した溝の端部にレーザ光を照射しクラックを発生させた後一旦レーザ光を材料外に移動させた後再度溝に沿ってレーザ光を照射し材料を分割する
			加工効率の向上	特開平 11-207477	きさげ加工装置およびきさげ加工方法	ビーム特性の改良
			加工コストの低減	特許 3048815	レーザビームを用いた錠剤の分割線加工方法	レーザ加工の採用

表 2.7.4-1 三菱電機の微細レーザ加工に関する特許 (5/5)

技術要素	課題	公報番号 特許分類	発明の名称	解決手段 概要
基本技術				
表面処理	加工コストの低減	特許 2669261 B21D5/08 B21D53/00 B23K26/00 B66B7/02	フォーミングレールの製造装置	加工装置の改良 連続して搬送される帯板の表面を搬送方向に直線状にレーザビームで加熱し、帯板を所定断面形状に連続的に整形するダイスにより加熱部を湾曲させる
	加工効率の向上	特許 3159593	レーザ加工方法及びその装置	加工方法の改良
	加工品質の向上	特開平 7-308789	レーザ加工方法及び該方法を実施するためのレーザ加工装置	照射条件の改良
応用技術				
特定部品の加工	加工品質の向上	特開平 11-320142 B23K26/00 B23K26/00,320 B23K26/00,330 B23K26/06 B23K26/14	レーザ加工方法、被レーザ加工物の生産方法、被レーザ加工物、およびレーザ加工装置、並びに、レーザ加工または被レーザ加工物の生産方法をコンピュータに実行させるプログラムを格納したコンピュータが読取可能な記録媒体	加工方法の改良 被覆材の除去工程にて、穴開け開始部の被覆材のみを除去するようにする。穴開け開始部では、アシストガスの供給量が多くなるが、このようにすれば、穴開け開始部において被覆材の膨張や剥離を防止できる

2.7.5 技術開発拠点
微細レーザ加工に関する出願から分かる、三菱電機の技術開発拠点を、下記に紹介する。

三菱電機の技術開発拠点 :	東京都千代田区丸の内 2-2-3	本社
	神奈川県相模原市宮下 1-1-57	相模製作所
	愛知県名古屋市東区矢田南 5-1-14	名古屋製作所
	大阪府大阪市北区堂島 2-2-2	関西支社
	兵庫県尼崎市塚口本町 8-1-1	産業システム研究所
	兵庫県尼崎市塚口本町 8-1-1	生産技術研究所
	兵庫県尼崎市塚口本町 8-1-1	中央研究所
	兵庫県尼崎市塚口本町 8-1-1	伊丹製作所

2.7.6 研究開発者
図2.7.6-1は、三菱電機の微細レーザ加工に関する出願について、発明者人数と出願件数を年次別に示したものである。この図に示されるように、最近、10人前後の研究開発者によって5件程度の出願が行われている。

図2.7.6-1 微細レーザ加工に関する三菱電機の発明者数・出願件数推移

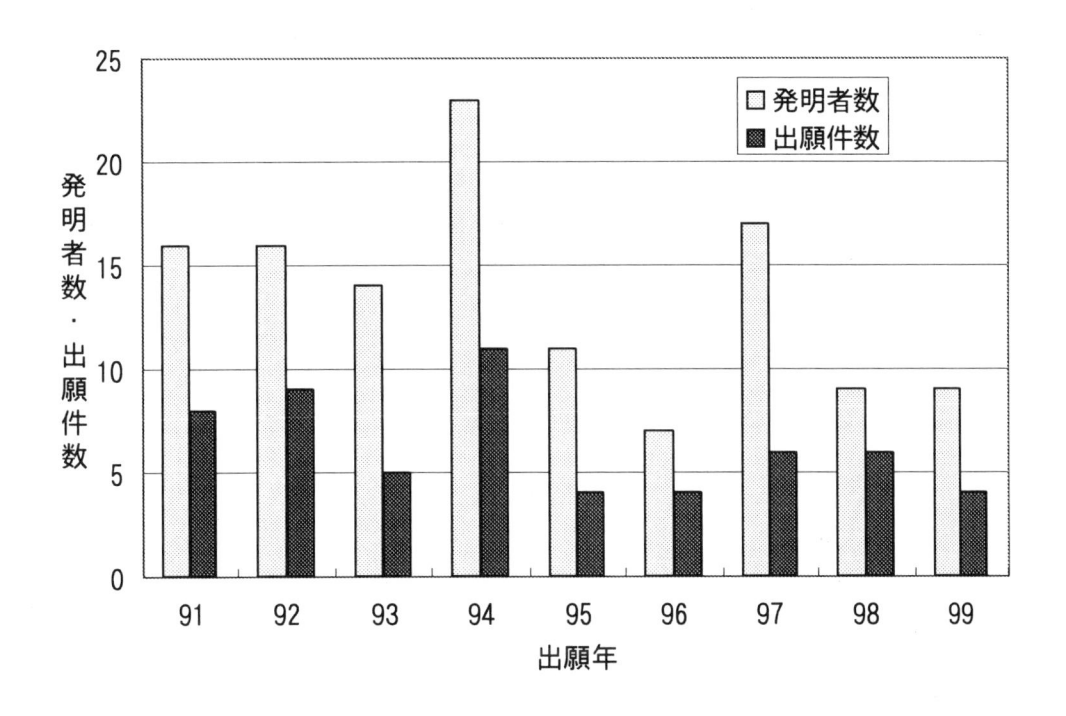

2.8 小松製作所

2.8.1 企業の概要
表 2.8.1-1 に、小松製作所の企業概要を示す。

表2.8.1-1 小松製作所の企業概要

1)	商号	株式会社 小松製作所 （Komatsu Ltd.）
2)	本社所在地	東京都港区赤坂二丁目3番6号（コマツビル）
3)	設立年月日	1921年（大正10年）5月13日
4)	資本金	単独：701億20百万円（米国会計基準による） 連結：678億70百万円（2001年3月末日現在）
5)	売上高	単独：4,302億円(2001年3月期) 連結：1兆963億円
6)	従業員	単独：6,179名 連結：32,002名(2001年3月末日現在)
7)	事業内容	建設・鉱山機械（65.5%）、 エレクトロニクス（10.7%）、 産業機械、環境関連システムなどの事業を中心に住宅関連、 運輸・物流機器などの事業を展開（23.8%）
8)	技術・資本提携関連	米ビサイラス・エリー社、米カミンズ社、独ハノマーグ社、独トルンプ社、独リンデグループ、ウシオ電機、米フェローテック社
9)	事業所	本社：東京、主な事業所：川崎・小山・平塚・大阪・粟津・小松・真岡
10)	関連会社	会社数 174社 連結子会社数 128社持分法適用会社数 45社
11)	主要製品	油圧ショベル、ブルドーザ、シリコンウェハ、エキシマレーザ、フォークリフト、熱電素子など

（小松製作所のHP http://wwww.komatsu.co.jp より）

2.8.2 製品例
表 2.8.2-1 に、小松製作所の微細レーザ加工に関する特許技術と関連があると推定される製品を紹介する。

表2.8.2-1 小松製作所の製品例

技術要素	製品	製品名
マーキング	レーザマーカ	レーザマーカ

（小松製作所のHP http://wwww.komatsu.co.jp より）

2.8.3 技術要素と課題の分布

図 2.8.3-1 に、小松製作所の微細レーザ加工に関する技術要素と課題の分布を示す。

小松製作所は技術要素ではマーキングに関するものが特に多く、穴あけと特定部品加工への応用がそれに続いて多い。課題としては、加工効率の向上に関するものが特に多く、加工品質の向上・加工機能の向上に関するものがそれに次いで多い。また、マーキングに関わる視認性の向上に関するものものが目立つ。

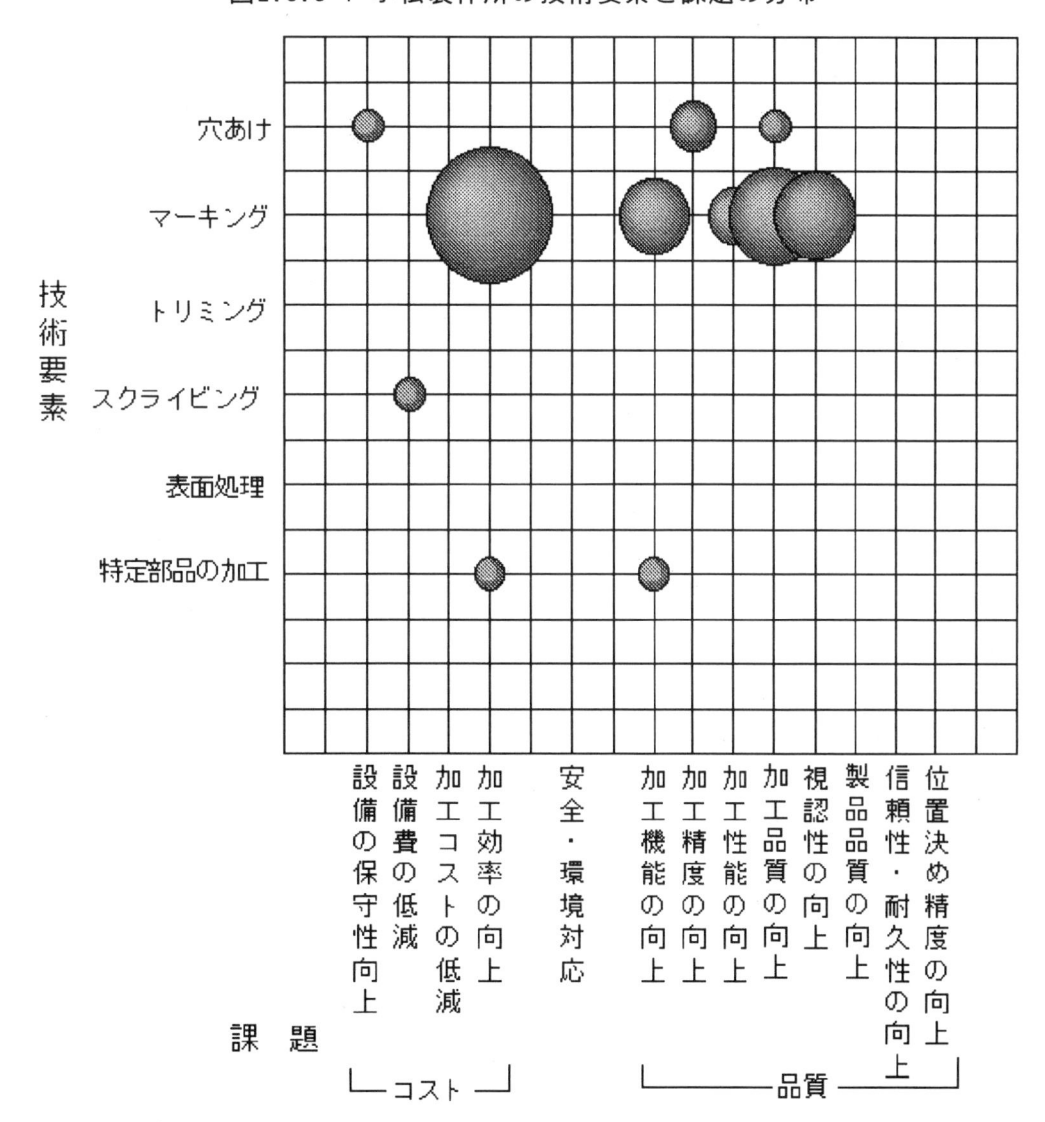

図2.8.3-1 小松製作所の技術要素と課題の分布

1991 年から 2001 年 10 月公開の出願
（権利存続中および係属中のもの）

2.8.4 保有特許の概要

小松製作所が保有する微細レーザ加工に関する特許について、表2.8.4-1に紹介する。

表2.8.4-1 小松製作所の微細レーザ加工に関する特許（1/5）

技術要素			課題	公報番号 特許分類	発明の名称	解決手段 概要
基本技術						
	除去					
				特開平 11-47965 B23K26/00 B23K26/00,320 B23K26/00,330 B23K26/06	レーザ加工装置	レーザ加工の採用 レーザ光がワーク上の複数の異なる加工個所に順次照射されるようにレーザ光を偏向するレーザ光スキャナ手段と、各加工個所への1回の加工の際のレーザ照射時間が、予め設定されている設定照射時間を超えないように加工個所を制御する手段を備える
				特開平 9-216021	小穴加工方法	加工方法の改良
			設備の保守性向上	特許 3175781	レーザ加工機のピアッシング方法	加工装置の改良
			加工品質の向上	特開平 8-174357	パンチ・レーザ複合加工機	加工装置の改良
	マーキング		加工効率の向上	特許 2701183 B23K26/00 B23K26/06 G02B26/10	液晶マスク式レーザマーカ	ビーム伝送の改良 レーザ光をXY方向に偏向する第1偏向器とラスタ走査される所定のパターンを表示する液晶マスクと透過したラスタ走査光をさらに所定のXY方向に偏向する第2偏向器とラスタ走査光が照射されて照射面上にパターンが印字されるワークと制御器とを備えている

表 2.8.4-1 小松製作所の微細レーザ加工に関する特許 (2/5)

技術要素			課題	公報番号 特許分類	発明の名称	解決手段 概要
基本技術						
	除去					
		マーキング	加工効率の向上	特開平 11-133320 G02B26/08 B23K26/00 H01L21/268 H01L21/302	光学装置、これを用いた光加工機及びその光ビーム照射制御方法	ビーム伝送の改良 光源からの光ビームによる像を所定の照射位置に形成する光学装置において光ビームを透過する所定のパターンを光軸上に有するマスクと光軸を中心に回転可能に設けられ、パターンを通過した光ビームの像を回転した角度に応じて回転させるイメージローテータとを備える
				特許 3195449	レーザマーカにおける液晶表示切換え装置	加工装置の改良
				特許 2811138	レーザマーキング装置及びレーザマーキング方法	加工装置の改良
				特開平 6-210468	レーザマーキング装置および方法	付属装置の改良
				特開平 6-226475	レーザマーキングシステム	加工装置の改良
				特許 2651995	透過型液晶マスクマーカ及びレーザ刻印方法	加工装置の改良
				特許 2601760	レーザ刻印方法及び透過形液晶マスクマーカ	加工装置の改良
				特開平 7-214350	マーキング装置の制御装置	照射条件の改良
				特開平 7-241691	レーザ光の偏向器	付属装置の改良
				特開平 7-214364	液晶マスクマーカの駆動方法	照射条件の改良
				特開平 8-57664	ワークの刻印方法	照射条件の改良
				特開平 8-257771	レーザ刻印装置における刻印位置補正装置	照射条件の改良
				特開平 9-47889	レーザマーカ	ビーム伝送の改良
				特開平 10-156561	レーザマーキング方法および装置および液晶素子の駆動方法	照射条件の改良
				実登 2588281	レーザマーキング装置	照射条件の改良

表 2.8.4-1 小松製作所の微細レーザ加工に関する特許（3/5）

技術要素			課題	公報番号 特許分類	発明の名称	解決手段 概要
基本技術						
	除去					
		マーキング	加工品質の向上	特開平 10-323772 B23K26/00 B23K26/06 G02B26/10	レーザマーカにおける刻印位置制御装置	照射条件の改良 液晶マスクに刻印パターンを縦方向に分割したブロックを順次表示させて所定のブロックを操作したときの透過レーザビームの刻印位置とこの所定のブロックに隣接する次のブロックを走査したときの透過レーザビームの刻印位置が重なるように制御している
				特公平 8-25044	レーザ印字装置	ビーム伝送の改良
				特許 2520041	レーザ印字装置	照射条件の改良
				特開平 5-196911	レーザマーカの液晶素子	加工方法の改良
				特許 2729451	レーザマーキング方法および装置	ビーム伝送の改良
				特開平 8-57666	レーザマーキング方法	照射条件の改良
				特開平 10-166167	レーザマーキング方法及び装置	照射条件の改良
				特開平 10-175084	ライン式レーザマーカ装置、その光学装置及びその刻印方法	照射条件の改良
			視認性の向上	特許 3191918 H01L21/02 B23K26/00 H01L21/68	微小ドットマークが刻印されてなる半導体ウエハ	ビーム特性の改良 ビームプロファイル変換手段を通過するレーザビームのエネルギー密度分布をドット単位で所望の形状に形成し形成された1ドットごとの各レーザビームをレンズユニットにより最大長さが1〜15μmとなるように縮小させて半導体ウェハのスクライブライン上に結像させる

106

表 2.8.4-1 小松製作所の微細レーザ加工に関する特許（4/5）

技術要素			課題	公報番号 特許分類	発明の名称	解決手段 概要
基本技術						
	除去					
		マーキング	視認性の向上	特開平 11-156563	レーザ光による微小マーキング装置とそのマーキング方法	ビーム特性の改良
				特開平 11-214299	ドットマークの読み取り装置と読み取り方法	ビーム特性の改良
				特開 2000-21696	レーザマーキング装置及びそれを用いたレーザマーキング方法	照射条件の改良
				特開 2000-42763	レーザビームによるドットマーク形態と、そのマーキング装置及びマーキング方法	ビーム特性の改良
				特開 2000-223382	レーザビームによる微小ドットマーク形態、そのマーキング方法	ビーム特性の改良
				特開 2001-180038	レーザマーキング方法及び同方法を実施するためのレーザマーカ	ビーム伝送の改良
			加工機能の向上	特開平 8-150485	レーザマーキング装置	加工装置の改良
				特開平 8-243765	レーザ刻印装置	ビーム伝送の改良
				特開平 9-277069	液晶マスク、液晶式レーザマーカ及びそれを用いた刻印方法	照射条件の改良
				特開 2000-252176	半導体ダイ	加工方法の改良
				特開平 7-164170	着色レーザマーキング装置	ビーム特性
			加工性能の向上	特許 2640321	液晶マスク式レーザマーカ及びレーザマーキング方法	ビーム特性の改良
				特開平 7-112285	レーザマスクマーカ	照射条件の改良
				特開平 7-214363	液晶マスクマーカの画像表示方法	加工装置の改良

表2.8.4-1 小松製作所の微細レーザ加工に関する特許 (5/5)

技術要素			課題	公報番号 特許分類	発明の名称	解決手段 概要
基本技術						
	除去					
		スクライビング	設備費の低減	特開平11-245076 B23K26/12 B23K26/00 H01L21/302	エキシマレーザ加工装置及びその加工方法	付属装置の改良 加工容器内部の圧力を大気近傍に保ちながら、内部の空気を雰囲気ガスまたは、反応ガスと置換して加工を行う
応用技術						
	特定部品の加工		加工効率の向上	特開平11-60376 C30B29/04 B23K26/00 B23K26/00,320 H01S3/00	ダイヤモンドの加工方法および装置	ビーム特性の改良 ダイヤモンドに照射される光の波長領域を3.9μm～7.0μmに設定したダイヤモンドの加工方法
			加工機能の向上	特開平7-164170	着色レーザマーキング装置	ビーム特性の改良

2.8.5 技術開発拠点

微細レーザ加工に関する出願から分かる、小松製作所の技術開発拠点を、下記に紹介する。

小松製作所の技術開発拠点　：　東京都港区赤坂 2-3-6　　　　　　本社
神奈川県平塚市万田 1200　　　　中央研究所
石川県小松市符津町ツ 23　　　　粟津工場

2.8.6 研究開発者

図 2.8.6-1 は、微細レーザ加工に関する小松製作所の出願について、発明者数と出願件数の年次推移を示したものである。この図に示されるように、1990 年代に 10 人前後の研究開発体制が敷かれていた。

図2.8.6-1 微細レーザ加工に関する小松製作所の発明者数・出願件数推移

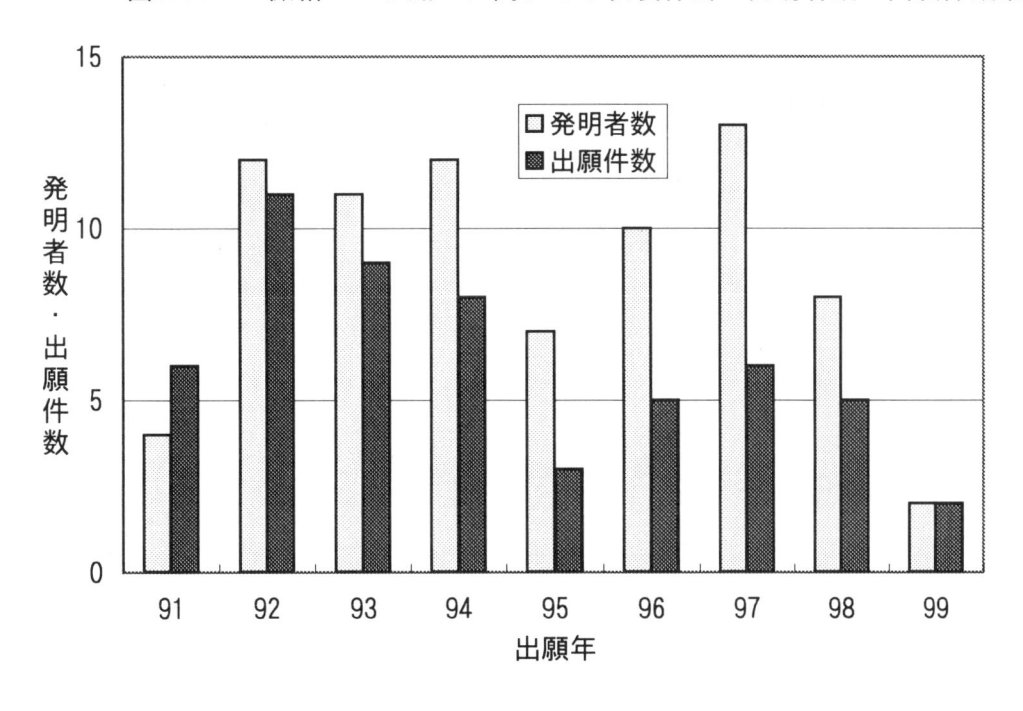

2.9 アマダ

2.9.1 企業の概要
表2.9.1-1に、アマダの企業概要を示す。

表2.9.1-1 アマダの企業概要

1)	商号	株式会社アマダ　（AMADA CO.,LTD.）
2)	本社所在地	神奈川県伊勢原市石田200番地
3)	設立年月日	1948年5月
4)	資本金	54,752百万円（2001年3月31日現在）
5)	売上高	単独 1,330億円 連結 1,912億円　（平成12年度実績）
6)	従業員	1,773人（2001年4月1日現在）
7)	事業内容	【連結事業】切削機械(5%)、鍛圧機械(22%)、板金機械(34%)、ソフト・ＦＡ機器(5%)、サービス(4%)、消耗品他(29%)、不動産賃貸(1%) 【海外】47(2001.3)
8)	事業所	本社：神奈川、工場：小田原・小野
9)	関連会社	会社数　146社 連結子会社数　44社 持分法適用会社数　17社 持分法非適用会社数　85社
10)	主要製品	● 鍛圧・板金加工機械　（金属板を切断し、穴をあけ、曲げる） ● 切削・構機機械　（鉄骨などを切断し、穴をあける）

（アマダのHP　http://www.amada.co.jp より）

2.9.2 製品例
表2.9.2-1に、アマダの微細レーザ加工に関する特許技術と関連があると推定される製品を紹介する。

表2.9.2-1 アマダの製品例

技術要素	製品	製品名
穴あけ	レーザ加工機	LCF-1212
複合	レーザ加工機	FOシリーズ
	レーザ加工機	LC-αIIIシリーズ
	レーザ加工機	LC-βIIIシリーズ
	レーザ加工機	LC-3015θIIシリーズ
	レーザ加工機	LCF-1212
	レーザ加工機	APELIOIII357V.258V
	レーザ加工機	APELIOIII255Eco

（アマダのHP　http://www.amada.co.jp より）

2.9.3 技術要素と課題の分布

図 2.9.3-1 に、アマダの微細レーザ加工に関する技術要素と課題の分布を示す。

アマダは技術要素・課題にまんべんなく開発がなされている。技術要素としては穴あけ・特定部品加工への応用が多いがマーキング・トリミングがそれに次いで多い。課題としては加工効率の向上・加工品質の向上が多く加工機能の向上がそれについで多いなど、加工に関わるものが多い。一方で安全・環境やコストに関わるものが目立つ。

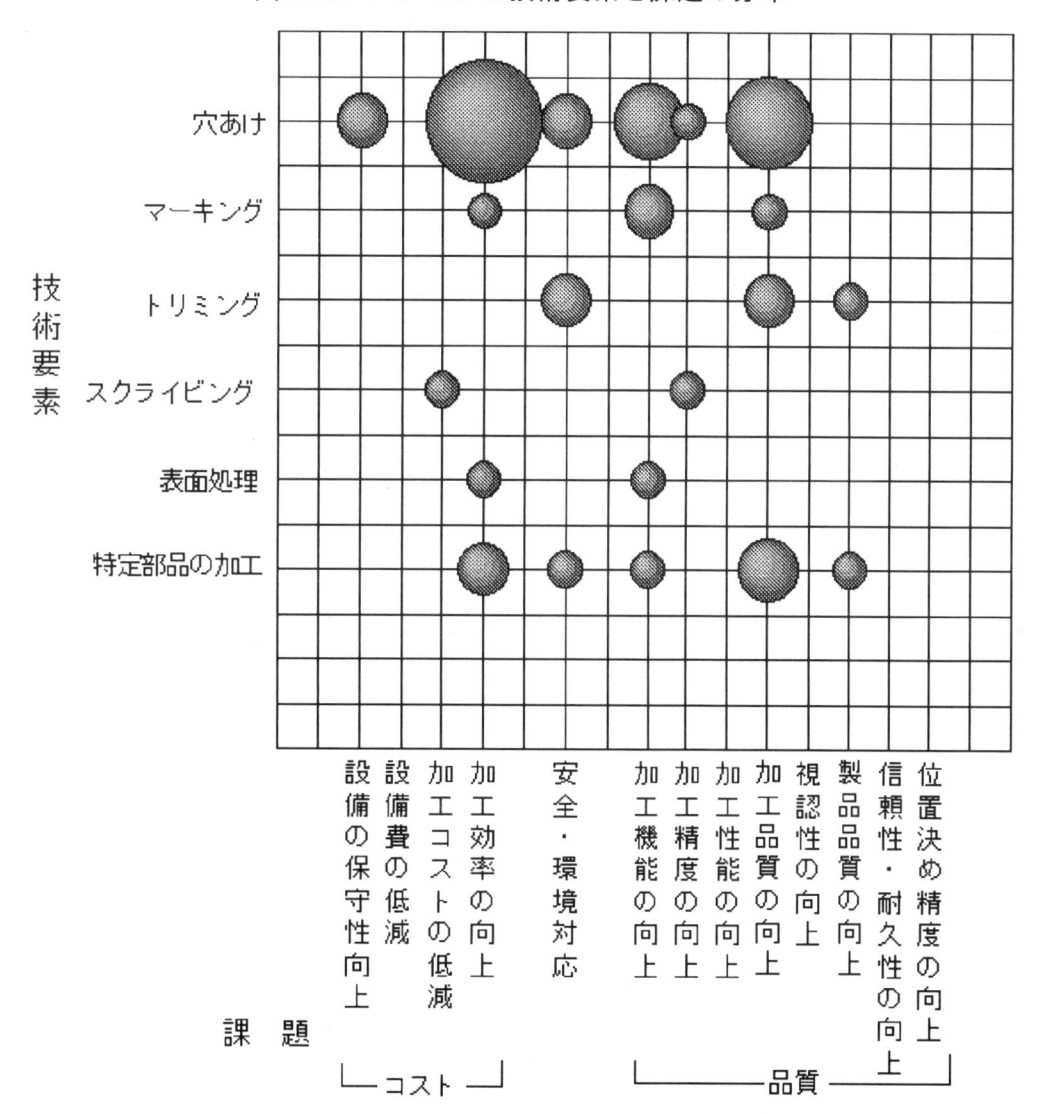

図2.9.3-1 アマダの技術要素と課題の分布

1991 年から 2001 年 10 月公開の出願
（権利存続中および係属中のもの）

2.9.4 保有特許の概要

アマダが保有する微細レーザ加工に関する特許について、表2.9.4-1に紹介する。

表2.9.4-1 アマダの微細レーザ加工に関する特許（1/5）

技術要素			課題	公報番号 特許分類	発明の名称	解決手段 概要
基本技術						
	除去					
		穴あけ	加工効率の向上	特開平 8-132265 B23K26/04 B23K26/00,320 B23K26/00,330 B23K26/14	レーザ加工ヘッドの焦点位置変更方法およびその装置	加工装置の改良 ストッパ部材を上下動自在に設け、最適焦点位置を自動的に選択可能とし、ストッパ部材の内部のシリンダに設けたピストンに焦点レンズを上下動自在に設けたので、アシストガス吐出中でも焦点位置の変更が可能で、ピアス加工時間の短縮が可能となる
				特開平 10-323781 B23K26/00,330	レーザ加工方法	ビーム特性の改良 ピアッシング開始時にレーザ出力を連続出力に設定し、ピアッシングの進行途中においてレーザ出力をパルス出力に変更してピアッシングを行う
				特許 2837748	レーザ加工機のピアス完了検出装置	加工装置の改良
				特開平 7-124773	加工機における製品とスクラップとの自動分別方法および装置	加工装置の改良
				特開平 7-171691	レーザ加工方法	加工装置の改良

表 2.9.4-1 アマダの微細レーザ加工に関する特許（2/5）

技術要素			課題	公報番号 特許分類	発明の名称	解決手段概要
基本技術						
	除去					
		穴あけ	加工効率の向上	特開平 10-258372	レーザ加工機における製品検査方法および加工プログラム修正方法並びにレーザ加工機	付属装置の改良
				特開平 10-296560	レーザー複合加工機の自動運転方法および装置	レーザ加工の採用
				特開 2000-79488	レーザ加工方法	加工装置の改良
				特開 2000-176665	レーザ加工機によるピアス加工方法	照射条件の改良
				特開 2001-18082	レーザ加工方法	付属装置の改良
				実登 2553308	レーザ加工機のレーザビームノズル装置	付属装置の改良
			安全・環境対応	特開平 10-29080 B23K26/00 B23K26/00,330 G05B19/4093	レーザビーム加工機械の自動プログラミング装置	加工方法の改良 自動プログラミング装置の複数穴加工経路を割り付ける段階で、その形状、位置、順序などの情報から、加工ノズルが加工済み穴の上部を通過しないように各加工穴の加工開始点を割付けるように構成する
				特開平 10-29081	レーザビーム加工機械の自動プログラミング装置	加工方法の改良
			加工品質の向上	特開平 9-220683	丸穴加工方法	加工方法の改良
				特開平 10-113784	レーザ加工装置	加工装置の改良
				特開平 10-277766	高速ピアス穴加工方法および同加工方法に使用するレーザ加工ヘッド	付属装置の改良
				特開平 10-305387	レーザ加工方法及びレーザ加工機	付属装置の改良
				特開平 11-77362	レーザ加工方法及びその装置	付属装置の改良
				特開平 11-90670	ピアス加工時の材料表面付着溶融物除去方法	ビーム特性の改良
			加工機能の向上	特開平 9-192871	表面被覆材のレーザ加工方法および同加工方法に使用するレーザ加工ヘッド	付属装置の改良
				特開平 10-263866	レーザー切断加工方法	加工装置の改良

表 2.9.4-1 アマダの微細レーザ加工に関する特許 (3/5)

技術要素			課題	公報番号 特許分類	発明の名称	解決手段 概要
基本技術						
	除去					
		穴あけ	加工機能の向上	特開2000-292125	ワークにおける加工可能範囲の検出方法	加工方法の改良
				特開平10-71484	レーザ加工装置	付属装置の改良
			設備の保守性向上	特開平8-197268	ピアシング完了検出装置を用いたレーザー加工ヘッドのノズル不良検出方法	加工装置の改良
				特開平11-192572	レーザ加工機におけるピアス加工方法およびピアス加工開始位置制御装置	加工装置の改良
			加工精度の向上	特開平7-136789	レーザによるスリット曲げ加工素材の加工法およびレーザ加工用自動プログラミング装置	加工方法の改良
		マーキング	加工品質の向上	特開平9-57472 B23K26/00 B21C51/00 B25H7/04	レーザマーキング方法	加工方法の改良 レーザ発振器から発振されたレーザビームをシリンドリカルレンズからなる集光レンズで集光させた後、この集光されたレーザビームをワークに照射せしめワークにマーキングを行う
			加工機能の向上	特開平8-168890	レーザーマーキング方法及びその方法に使用するレーザー加工装置	付属装置の改良
				特開2000-292125	ワークにおける加工可能範囲の検出方法	加工方法の改良
			加工効率の向上	特開平7-186011	板材加工におけるワークの管理方法	加工方法の改良
		トリミング	加工品質の向上	特開平11-90663 B23K26/04 B23K26/00	レーザによる溝加工方法	加工方法の改良 レーザ加工ヘッドが進行する方向に対してレーザビームの光軸をノズルの軸心よりも進行方向側に偏心した状態を維持させて溝加工する
				特開2000-127012	ワークのバリ取り方法およびその装置	その他の改良

表 2.9.4-1 アマダの微細レーザ加工に関する特許 (4/5)

技術要素	課題	公報番号 特許分類	発明の名称	解決手段 概要
基本技術				
除去				
トリミング	安全・環境対応	特開平 9-184237	建築構造用梁部材の接合部の製作方法および同方法で製作した建築構造用梁部材	レーザ加工の採用
		特開平 10-24380	レーザによる溝加工方法	レーザ加工の採用
	製品品質の向上	特開平 7-16667	ワーク加工方法	加工方法の改良
スクライビング	加工コストの低減	特開平 11-33754 B23K26/00 B23K26/04 B23K26/14 C23G5/00	レーザ加工機による酸化被膜除去方法	照射条件の改良 レーザ切断加工で切断片を分離する前に、レーザヘッドを微量オフセットし、レーザ被照射面に溶融金属が発生しないようレーザ光の熱量を調整すると共に、空気のアシストガスで酸化被膜を除去する
	加工精度の向上	特開平 10-85841	板材の曲げ加工方法及びこの曲げ方法を利用した板材加工機並びに曲げ金型	レーザ加工の採用
表面処理	加工効率の向上	特開平 9-314361 B23K26/00 B23K26/06	レーザーによる表面焼入れ方法	ビーム特性の改良 直線偏光レーザビームの P 偏光ビームのみを分離し、分離した P 偏光ビームを所定の角度でワークに照射する
	加工機能の向上	特開平 9-314362	レーザーによる表面焼入れ方法	加工方法の改良

表 2.9.4-1 アマダの微細レーザ加工に関する特許（5/5）

技術要素	課題	公報番号 特許分類	発明の名称	解決手段 概要
応用技術				
特定部品の加工	加工品質の向上	特開平11-277271 B23K26/00,330 B23K26/06 B23K26/14	表面被覆材のレーザ加工方法およびその方法に用いるレーザ加工ヘッド	加工装置の改良 レーザ加工ヘッド先端の非接触式センサ先端にノズルガイドを設け、このノズルガイドにレーザビームが通過可能な噴射口を備えた遊動ノズルを設けてなるレーザ加工ヘッドを用いて、表面被覆材に加工する際、遊動ノズルの先端を表面被覆材に接触状態に保持させてレーザ加工を行う
		特開平8-192281	レーザ加工方法	ビーム特性の改良
		特開平10-146626	パンチング用ダイにおけるカス上がり防止方法および同防止方法を用いたダイ並びに同ダイの製作方法および装置	加工装置の改良
	加工機能の向上	特開平5-43353	レーザによるセラミックスの曲げ加工方法	レーザ加工の採用
	加工効率の向上	特開平11-151585	極薄板材のレーザ加工方法および同方法に使用するレーザ加工装置	加工方法の改良
		特許3126173	型鋼加工機	加工装置の改良
	製品品質の向上	特開2001-66483	光ファイバーの端末装置	加工装置の改良
	安全・環境対応	特開平11-277258	レーザ加工方法およびその装置	加工装置の改良

2.9.5 技術開発拠点

微細レーザ加工に関する出願から分かる、アマダの技術開発拠点を、下記に紹介する。

アマダの技術開発拠点 ： 神奈川県伊勢原市石田 200　　　　　本社

2.9.6 研究開発者

図 2.9.6-1 は、微細レーザ加工に関するアマダの出願について、発明者人数と出願件数との関係を年次別に示したものである。この図に示されるように、アマダの研究開発体制は、1990 年代半ばに 7 人で 10 件前後の出願を行っていた。

図2.9.6-1 微細レーザ加工に関するアマダの発明者数・出願件数の推移

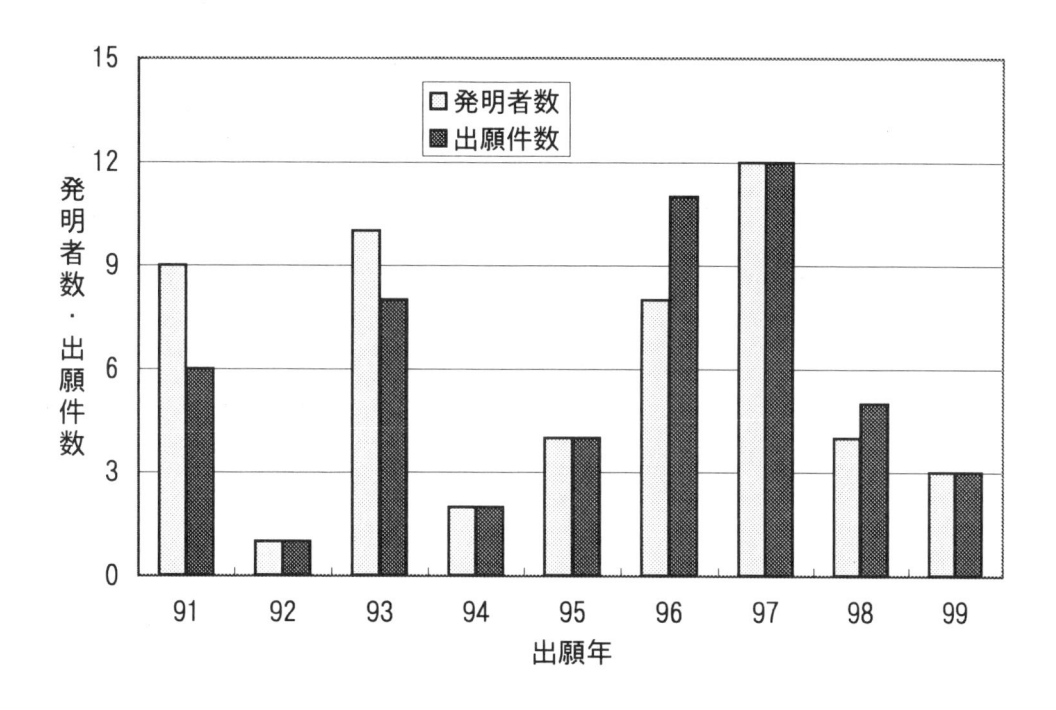

2.10 新日本製鉄

2.10.1 企業の概要
表 2.10.1-1 に、新日本製鉄の企業概要を示す。

表2.10.1-1 新日本製鉄の企業概要

1)	商号	新日本製鉄株式会社
2)	本社所在地	東京都千代田区大手町 2-6-3
3)	設立年月日	1970 年 3 月 31 日
4)	資本金	419、529 百万円(2001 年 3 月 31 日現在)
5)	売上高	2,750,418 百万円(2000 年 3 月期)
6)	従業員	26,333 人(2001 年 3 月 31 日現在)
7)	事業内容	製鉄事業を柱に化学・非鉄素材、エレクトロニクス、情報通信、都市開発、電力事業など多岐にわたる
8)	技術・資本提携関連	シリコンウエハー事業：ワーカー社（ドイツ） 連結子会社数 256 社　持ち分法適用子会社数 88 社
9)	事業所	本社：東京都千代田区大手町 2-6-3 八幡製鉄所　：福岡県北九州市戸畑区飛幡町 1　他
10)	関連会社	シリコンウエハー事業：ワーカー・エヌエヌシー(株)
11)	主要製品	鋼鈑をはじめ各種鋼材が主、その他化学・新素材、エレクトロニクス関連など

（新日本製鉄の HP　http://wwww.nsc.co.jp/より）

2.10.2 製品例
該当製品無し

2.10.3 技術要素と課題の分布

図 2.10.3-1 に、新日本製鉄の微細レーザ加工に関する技術要素と課題の分布を示す。

新日本製鉄は技術要素では穴あけが最も多く、表面処理がほぼ同じ程度多い。マーキングがそれに次いで多い。課題では加工効率の向上・加工品質の向上が多く、加工機能の向上がそれについで多い。製品性能の向上や製品品質の向上に付いても開発がなされている。

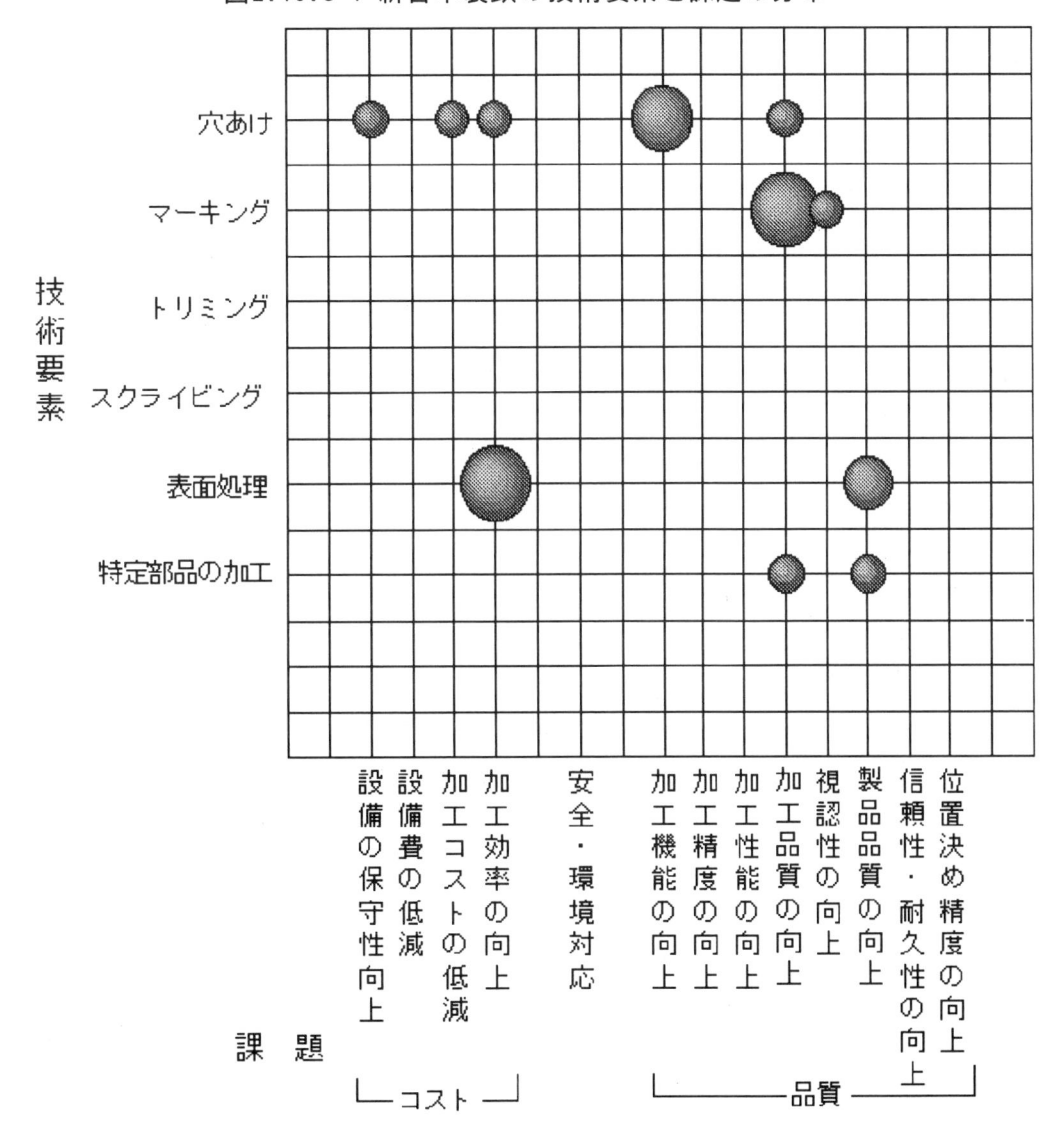

図2.10.3-1 新日本製鉄の技術要素と課題の分布

1991 年から 2001 年 10 月公開の出願
（権利存続中および係属中のもの）

2.10.4 保有特許の概要

新日本製鉄が保有する微細レーザ加工に関する特許について、表2.10.4-1に紹介する。

表2.10.4-1 新日本製鉄の微細レーザ加工に関する特許（1/2）

技術要素			課題	公報番号 特許分類	発明の名称	解決手段 概要
基本技術						
	除去					
		穴あけ	加工効率の向上	特許3103009 B23K26/00,330 B23K26/00,320 B23K26/06 H01S3/127	銅合金のレーザ加工方法	ビーム特性の改良 時間波形が、ピークパワーが相対的に高い初期スパイク成分とピークパワーが相対的に低いテール成分とからなるレーザパルスにて銅合金の加工を行うことによって加工効率を改善する
			加工機能の向上	特公平7-75787	セラミックスのレーザ穴加工法	加工方法の改良
				特開平10-263867	光カーテン発生装置	ビーム伝送の改良
				特開平11-287567	転炉観測用羽口の開口方法	レーザ加工の採用
			加工品質の向上	特開平8-309486	連続鋳造用鋳型及びその作製方法	加工装置の改良
			設備の保守性向上	特公平7-106370	圧延用ダルロールの製造方法	加工装置の改良
			加工コストの低減	特開平11-204586	TABテープの製造方法	加工方法の改良
		マーキング	加工品質の向上	特許2811270 B23K26/00	鋼板へのレーザマーキング方法	加工方法の改良 パルスレーザとレーザビームをスキャンする2軸のガルバノスキャンミラーからなるビームスキャニング系とミラーを駆動する系とビームを集光するレンズあるいはミラーとマーキング情報を処理する制御系と刻印を行わない部分においてレーザの発振停止するパルス制御系を備える

表 2.10.4-1 新日本製鉄の微細レーザ加工に関する特許 (2/2)

技術要素			課題	公報番号 特許分類	発明の名称	解決手段 概要
基本技術						
	除去					
		マーキング	加工品質の向上	特許 3027654	鋼板へのレーザマーキング方法	加工方法の改良
				特許 2938336	鋼板へのレーザ刻印装置および方法	加工方法の改良
				特開平 8-45801	半導体装置のマーキング方法	加工方法の改良
			視認性の向上	特許 2961289	金属材料レーザマーキング方法及び装置	加工方法の改良
	表面処理		製品品質の向上	特許 2708941	塗装鮮映性及びプレス加工性に優れた鋼板及び鋼板圧延用ダルロールの表面に凹凸パターンを形成する方法	加工方法の改良
				B21B1/22 B21B27/00 B23K26/00 C23F1/00 C23F1/00,102 G03F7/004 G03F7/24		パルスレーザとレーザビームをスキャンする2軸のガルバノスキャンミラーからなるビームスキャニング系とミラーを駆動する系とビームを集光するレンズあるいはミラーとマーキング情報を処理する制御系と刻印を行わない部分においてレーザの発振停止するパルス制御系を備える
				特公平 8-18111	薄肉鋳片の連続鋳造方法	その他の改良
			加工効率の向上	特許 3027695	冷延ロール表面のダル加工方法	ビーム特性の改良
				特開平 9-182905	冷間圧延用ワークロールおよびその加工方法	照射条件の改良
				特開平 9-234576	摩擦接合用鋼材の製造方法	レーザ加工の採用
				特開平 10-263676	デスケーリング装置	加工装置の改良
応用技術						
	特定部品への応用		加工品質の向上	特開平 7-188774	方向性電磁鋼板の鉄損改善処理装置	ビーム特性の改良
				C21D9/46,501 B23K26/00 B23K26/06 H01F1/16 H01S3/11		簡便なQスイッチCO2レーザと、ポリゴン鏡と法物面鏡からなる集光走査光学系により構成される鉄損改善処理装置
			製品品質の向上	特開 2000-336430	方向性電磁鋼板の磁区制御方法	加工装置の改良

2.10.5 技術開発拠点

微細レーザ加工に関する出願から分かる、新日本製鉄の技術開発拠点を、下記に紹介する。

新日本製鉄の技術開発拠点　：
東京都千代田区大手町 2-6-3　　　　　本社
千葉県君津市君津 1　　　　　　　　　君津製作所
千葉県富津市新富 20-1　　　　　　　 開発本部
神奈川県相模原市淵野辺 5-10-1　　　 エレクトロニクス研究所
神奈川県相模原市淵野辺 5-10-1　　　 第2研究所

2.10.6 研究開発者

図 2.10.6-1 は、微細レーザ加工に関する新日本製鉄の出願について、発明者数と出願件数の年次推移を示したものである。この図に示されるように、新日本製鉄には1990年初めに15人以上、多いときは30人の研究開発体制が敷かれていた。

図2.10.6-1 微細レーザ加工に関する新日本製鉄の発明者数・出願件数の推移

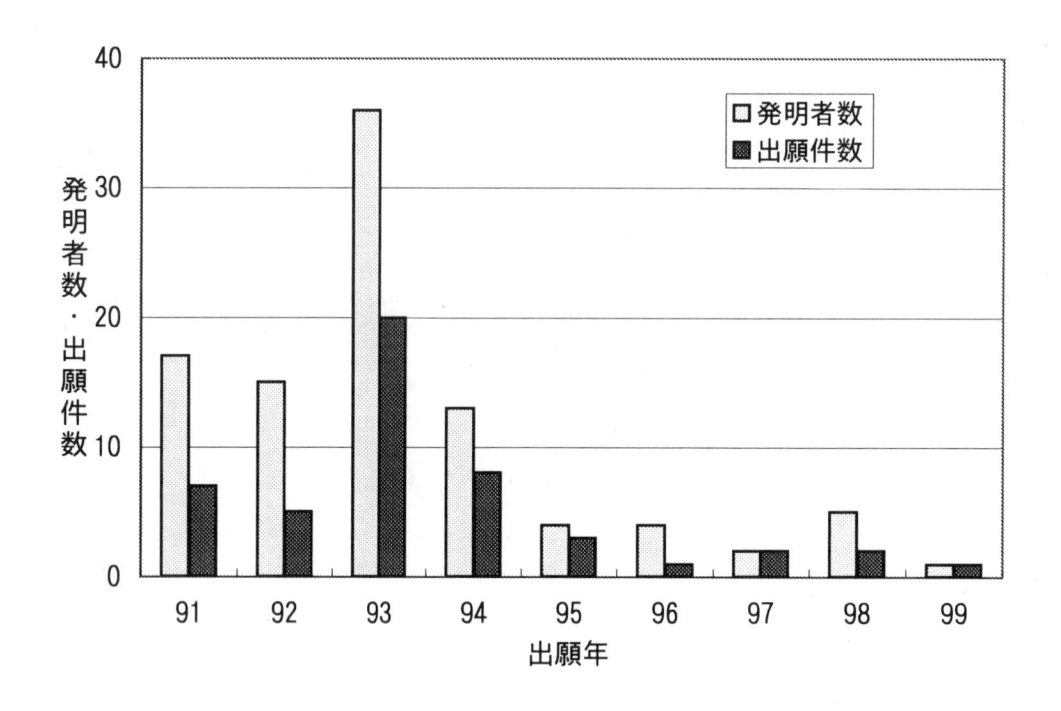

2.11 富士電機

2.11.1 企業の概要
表2.11.1-1に、富士電機の企業概要を示す。

表2.11.1-1 富士電機の企業概要

1)	商号	富士電機株式会社
2)	本社所在地	東京都品川区大崎一丁目11番2号
3)	設立年月日	1923年8月29日
4)	資本金	47,586,067,310円(2000年9月30日現在)
5)	売上高(百万円)	連結：851,830 単独：515,391(2001年3月31日)
6)	従業員(人)	連結：27,841 単独：9,963(2001年3月31日)
7)	事業内容	発電機、電動機、その他の回転電機機械製造業
8)	関連会社	R&D：(株)富士電機総合研究所 レーザ加工機の開発：エフ・エム・イー株式会社など
9)	技術移転窓口	法務・知的財産権部 東京都品川区大崎1-11-2

(富士電機のHP http://www.fujielectric.co.jp より)

2.11.2 製品例
表2.11.2-1に、富士電機の微細レーザ加工に関する特許技術と関連があると推定される製品を紹介する。

表2.11.2-1 富士電機の製品例

技術要素	製品	製品名	発売
穴あけ	微細加工YAGレーザ装置	FAL3000・4000/DW7100・8100	－
マーキング他	LD励起YAGレーザ	ドライライター5000・7000シリーズ	2001/1/17
	2次元コードマーキング&リードシステム	－	1999/1/28
	2次元コード対応型レーザマーカ	FAL50／QR	1997/9/1
	YAGレーザ加工機	ドライライター2000	1999/4/20
複合	マイクロレーザ加工機	FAL-F3100	－

(富士電機のHP http://www.fujielectric.co.jp より)

2.11.3 技術要素と課題の分布

図2.11.3-1に、富士電機の微細レーザ加工に関する技術要素と課題の分布を示す。

富士電機は、技術要素ではマーキングに関するものが多く、トリミングが次いで多い。表面処理や特定部品加工への応用についても出願がある。課題としては加工機能の向上についてが最も多く、加工効率の向上や加工品質の向上が次いで多い。加工精度の向上や安全・環境に関するものにも出願がある。

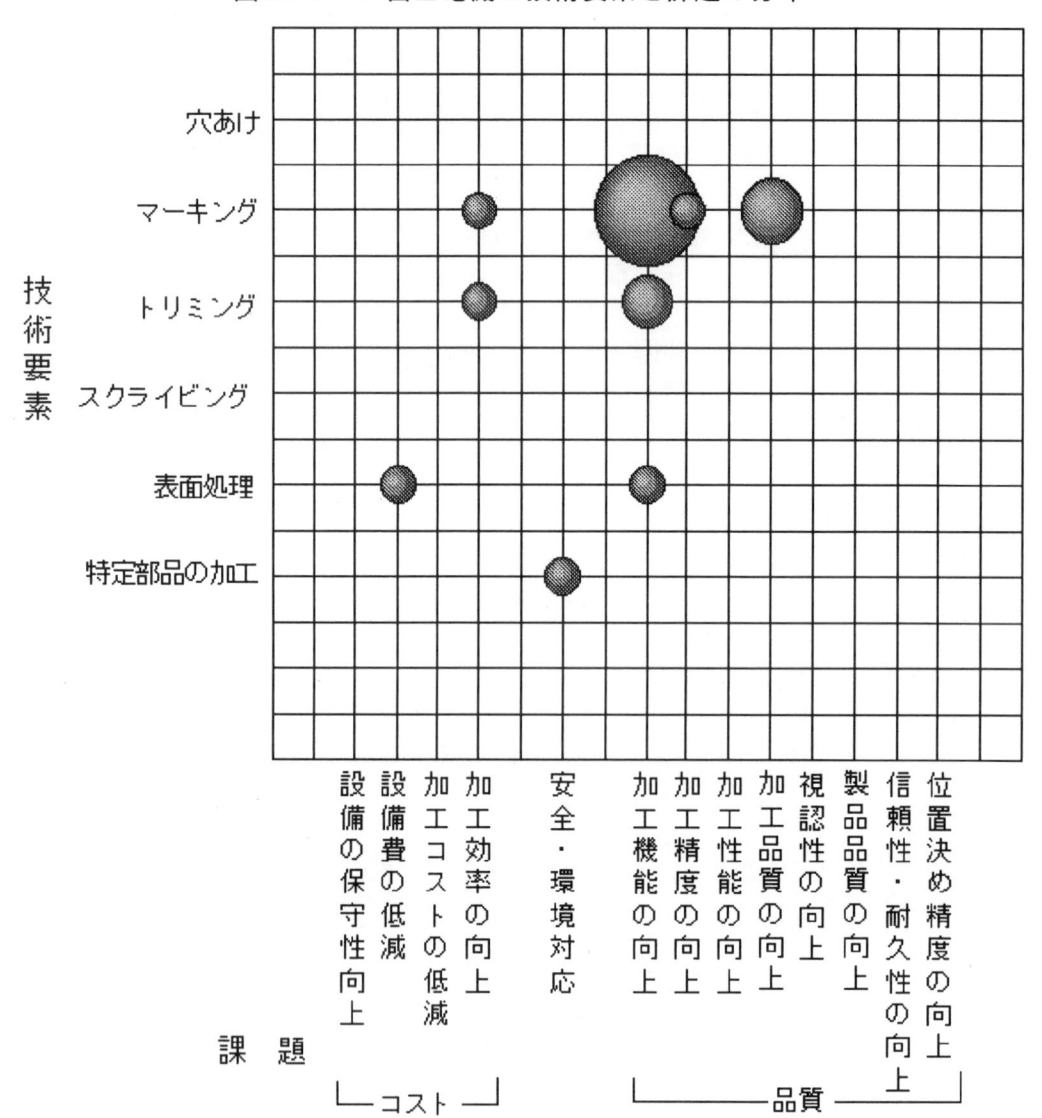

図2.11.3-1 富士電機の技術要素と課題の分布

1991年から2001年10月公開の出願
（権利存続中および係属中のもの）

2.11.4 保有特許の概要

富士電機が保有する微細レーザ加工に関する特許について、表2.11.4-1に紹介する。

表2.11.4-1 富士電機の微細レーザ加工に関する特許（1/2）

技術要素			課題	公報番号 特許分類	発明の名称	解決手段 概要
基本技術						
	除去					
		マーキング	加工機能の向上	特開2000-252571 H01S3/11 B23K26/00 B23K26/08 H01S3/00	レーザマーキング装置	加工装置の改良 制御装置はレーザ発振出力間隔を制御する発振周波数 f とその1サイクルにおける発振時間とQスイッチの励振波形の波尾が予め定められた減衰特性で減衰する減衰時間とを設定する設定手段を備え、この発振波形をQスイッチ励起周波数で変調した波形でQスイッチを励起する
				特許2967939	レーザマーキング装置	ビーム伝送の改良
				特許2836273	マスク形レーザー刻印装置	ビーム伝送の改良
				特開平8-25065	レーザマーキング装置	加工方法の改良
				特開平9-70678	レーザマーキング装置	加工方法の改良
				特開平10-318800	計器用目盛板作成方法及び計器用目盛板作成装置	加工方法の改良
				特開平11-156567	レーザ印字装置	ビーム伝送の改良
				特開2000-52069	レーザマーキング装置の起動方法およびその装置	加工装置の改良
			加工品質の向上	特許2794969 B23K26/00 B23K26/08	スキャナ式レーザマーカ	加工装置の改良 周期波形信号発生部において時間的正弦波及び時間的余弦波それぞれにおける振幅並びに周期がいずれも変更可能となる

表 2.11.4-1 富士電機の微細レーザ加工に関する特許（2/2）

技術要素			課題	公報番号 特許分類	発明の名称	解決手段 概要
基本技術						
	除去					
		マーキング	加工品質の向上	特許 2782637	レーザマーキング装置	加工装置の改良
				特開平 11-33753	レーザマーキング装置	加工装置の改良
			加工効率の向上	特開平 8-71772	レーザマーキング装置	加工装置の改良
			加工精度の向上	特開平 11-33763	レーザマーキング装置	加工装置の改良
		トリミング	加工機能の向上	特許 2510292 B41J2/44 B23K26/00 G11B5/84 H01S3/102	磁気記録媒体のレーザ印字方法	照射条件の改良 YAGレーザのパルス周波数を16〜20KH、ランプ電流を10〜14A、印字速度を100〜200mm/s の範囲に設定すると照射部分が溶解して平滑化し、目的を達成する
				特開平 8-264717	半導体装置	加工方法の改良
			加工効率の向上	特開 2000-153378	磁気記録媒体の製造方法	ビーム特性の改良
	表面処理		加工機能の向上	特開平 11-320135 B23K26/00 G11B5/84	磁気記録媒体のレーザテクスチャ加工方法	加工方法の改良 Ni-P メッキ層を表面に有する磁気記録媒体の少なくともテクスチャ形成領域を、予め所定温度の加熱してレーザ光を照射する
			設備費の低減	特開 2000-317668	レーザー加工方法およびその装置	ビーム伝送の改良
応用技術						
	特定部品の加工		安全・環境対応	特開平 11-10380	レーザー加工方法およびレーザー加工装置	加工装置の改良

2.11.5 技術開発拠点

微細レーザ加工に関する出願から分かる、富士電機の技術開発拠点を、下記に紹介する。

富士電機の技術開発拠点 ： 東京都品川区大崎 1-11-2　　　　　　本社
　　　　　　　　　　　　神奈川県川崎市川崎区田辺新田 1-1　　エネルギー製作所

2.11.6 研究開発者

図 2.11.6-1 は、微細レーザ加工に関する富士電機の出願について、発明者数と出願件数の年次推移を示したものである。この図に示されるように、富士電機の研究開発は4人程度で行われている。

図2.11.6-1 微細レーザ加工に関する富士電機の発明者数・出願件数の推移

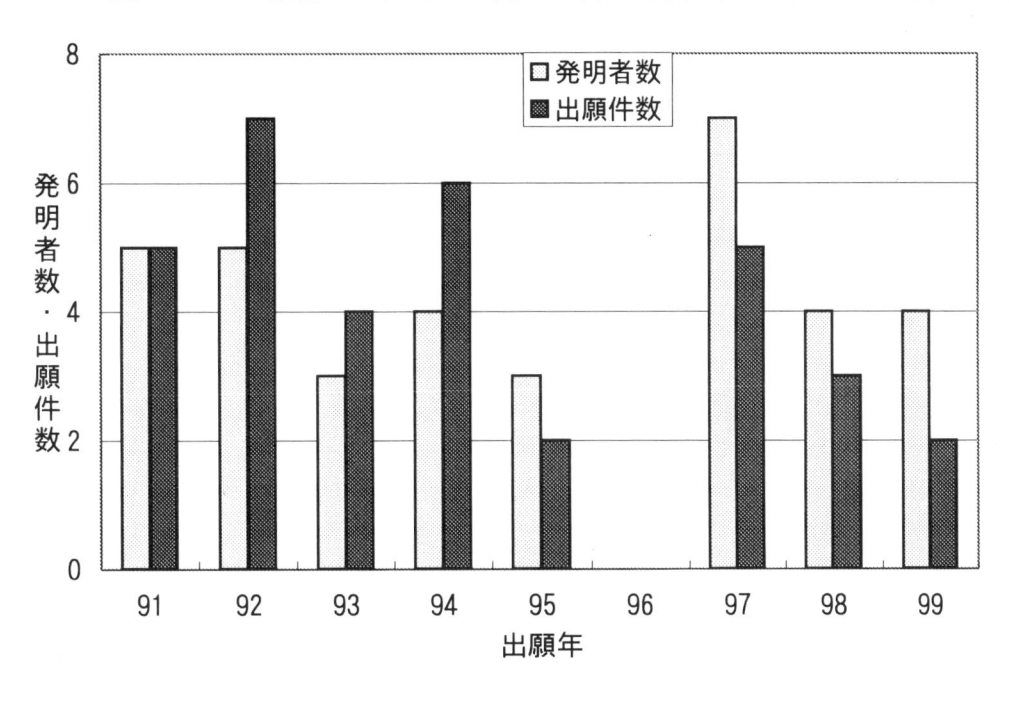

2.12 ブラザー工業

2.12.1 企業の概要
表2.12.1-1に、ブラザー工業の企業概要を示す。

表2.12.1-1 ブラザー工業の企業概要

1)	商号	ブラザー工業株式会社
2)	本社所在地	愛知県名古屋市瑞穂区苗代町15番1号
3)	設立年月日	1934年1月15日
4)	資本金	19,209百万円(2001年3月31日現在)
5)	売上高	連結：337,327百万円(2001年3月期) 単独：227,767百万円
6)	従業員	連結：17,036人(2001年3月31日現在) 単独：3,494人
7)	事業内容	3つの社内カンパニー（インフォメーション・アンドドキュメント、パーソナル・アンドホーム、マシナリー・アンドソリューション）
8)	関連会社	ブラザー販売株式会社他
9)	主要製品	ファックス、プリンタ、通信カラオケ、家庭用ミシン、工業用ミシン、電子文具
10)	技術移転窓口	戦略事業開発部 愛知県名古屋市瑞穂区苗代町15番1号

（ブラザー工業のHP http://www.brother.co.jp より）

2.12.2 製品例
表2.12.2-1に、ブラザー工業の微細レーザ加工に関する特許技術と関連があると推定される製品を紹介する。ブラザー工業は、HP等の製品リストからはレーザ加工機は外販しておらず、出願された特許を読むとインクジェットプリンタ用のノズルの加工のためのものばかりであったことから社内の生産設備用と推定される。

表2.12.2-1 ブラザー工業の製品例

技術要素	製品	製品名
穴あけ	ノズル	インクジェットプリンター

（ブラザー工業のHP http://www.brother.co.jp より）

2.12.3 技術要素と課題の分布

図 2.12.3-1 に、ブラザー工業の微細レーザ加工に関する技術要素と課題の分布を示す。

ブラザー工業は技術要素では穴あけと特定部品加工への応用が多く、次いでトリミングが多い。課題としては加工品質の向上・加工機能の向上が多く、製品品質の向上が多い。一方で装置の信頼性に関するものが目立つ。

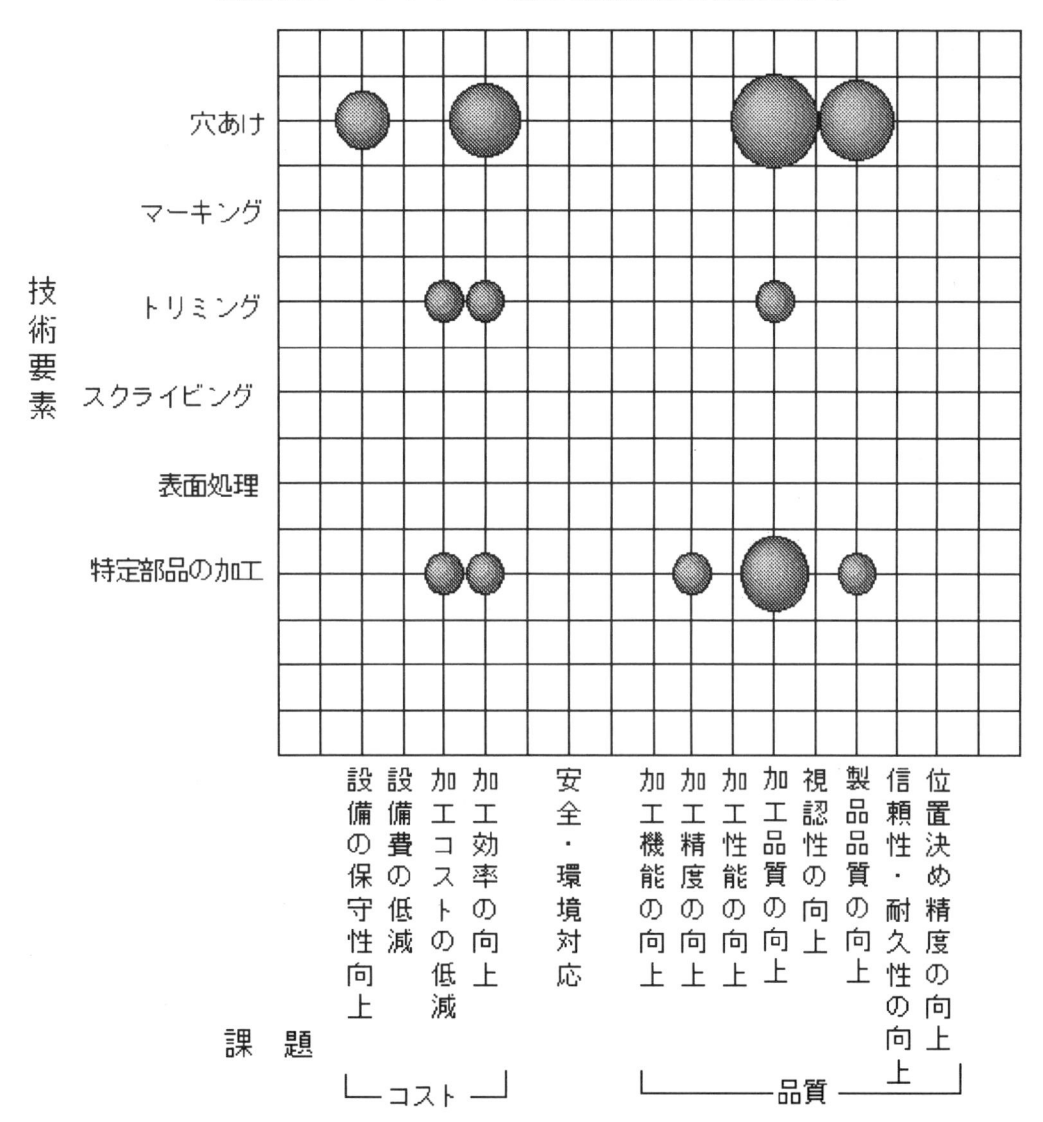

図2.12.3-1 ブラザー工業の技術要素と課題の分布

1991 年から 2001 年 10 月公開の出願
（権利存続中および係属中のもの）

2.12.4 保有特許の概要

ブラザー工業が保有する微細レーザ加工に関する特許について、表 2.12.4-1 に紹介する。

表 2.12.4-1 ブラザー工業の微細レーザ加工に関する特許（1/2）

技術要素			課題	公報番号 特許分類	発明の名称	解決手段 概要
基本技術						
	除去					
		穴あけ	加工品質の向上	特開平 9-323425 B41J2/135 B23K26/00,330	ノズルプレート及びその製造方法	ビーム伝送の改良 エキシマレーザで加工する際に、加工レンズのNAを0.13以上0.35以下とすることで、ダレを小さくする事ができる。従って、インクの噴射方向からレーザ加工でき、アクチエータとの接着が容易になり、綺麗なノズル孔が形成できる
				特許 3116690	インク噴射装置のノズルプレート製造方法	加工方法の改良
				特開平 8-90273	レーザ加工装置及びレーザ加工方法	付属装置の改良
				特開平 9-327923	ノズルプレート及びその製造方法	ビーム特性の改良
				特開平 10-146982	ノズルプレート及びその製造方法	加工方法の改良
			加工効率の向上	特許 2797684 B23K26/00,330 B41J2/135	ノズルの製造方法および製造装置	加工装置の改良 デフォーカス位置から加工ヘッドと被加工物の距離を順次変化させるとともに、加工する穴径に応じてレーザビームのパルスショット数を制御することを繰り返すので、オリフィス穴を先端方向に向けて徐々に小さくなるように加工でき、加工時間を短縮できる
				特開平 10-100472	記録用電極体の製造方法並びに記録用電極体	ビーム特性の改良
				特開平 11-170541	記録ヘッドのノズルプレート製造方法	照射条件の改良

表 2.12.4-1 ブラザー工業の微細レーザ加工に関する特許 (2/2)

技術要素			課題	公報番号 特許分類	発明の名称	解決手段 概要
基本技術						
	除去					
		穴あけ	製品品質の向上	特許 2914146	ノズルプレートの製造方法	加工方法の改良
				特開平 7-108683	ノズルプレート製造方法	加工方法の改良
				特開平 9-193403	ノズルプレートの製造方法	加工方法の改良
				特開 2000-246894	インクジェット記録装置およびノズル孔の加工方法	加工方法の改良
			設備の保守性向上	特開平 8-155668	レーザ加工装置	付属装置の改良
				特開 2000-84691	レーザ加工装置	照射条件の改良
		トリミング	加工コストの低減	特開平 9-131866 B41J2/045 B41J2/055 B23K26/00 B41J2/16	インクジェットヘッドの製造方法	レーザ加工の採用 分割前の電極に配線を接続し、配線接続位置を参考にしてレーザ加工等によって電極上に絶縁部を形成させ、配線ごとの独立した接続を得る
			加工効率の向上	特開平 9-10983	インクジェットヘッドの製造方法	加工方法の改良
			加工品質の向上	特開平 9-10976	レーザ加工装置およびレーザ加工方法	加工装置の改良
応用技術						
	特定部品の加工		加工品質の向上	特開平 7-90358	レーザ焼入れ装置	ビーム伝送の改良
				特開平 8-71776	レーザ加工方法	製品構造・材料の改良
				特開平 9-10976	レーザ加工装置およびレーザ加工方法	加工装置の改良
			製品品質の向上	特開平 8-25066	レーザ加工装置及びノズル加工方法	照射条件の改良
			加工効率の向上	特許 2985682	レーザ加工方法およびその装置	照射条件の改良
			加工コストの低減	特許 3183107	インクジェットヘッドの製造方法	加工方法の改良
			加工精度の向上	特開平 11-58748	インクジェットヘッドの製造方法および製造装置	照射条件の改良

2.12.5 技術開発拠点

微細レーザ加工に関する出願から分かる、ブラザー工業の技術開発拠点を、下記に紹介する。

　　ブラザー工業の技術開発拠点　：　　名古屋市瑞穂区苗代町 15-1　　　　　本社

2.12.6 研究開発者

図 2.12.6-1 は、微細レーザ加工に関するブラザー工業の出願について、発明者人数と出願件数との関係を年次別に示したものである。この図に示されるように、ブラザー工業では3人程度で研究開発を行っているが、1993年には7人による10件の出願がみられた。

図2.12.6-1 微細レーザ加工に関するブラザー工業の発明者数・出願件数の推移

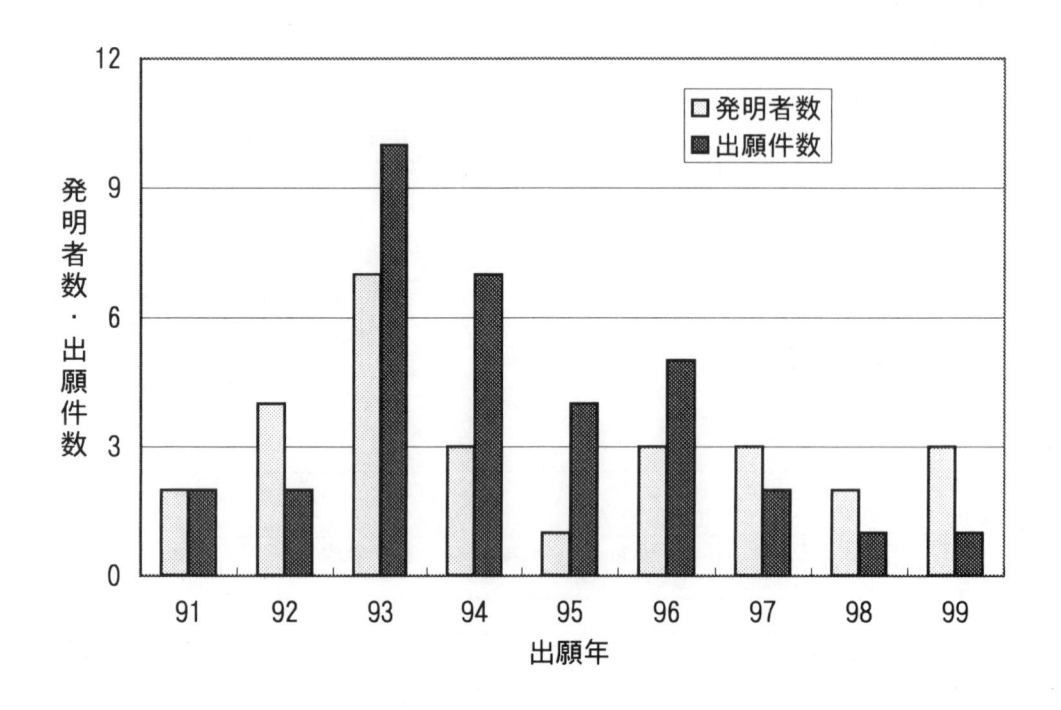

2.13 三菱瓦斯化学

2.13.1 企業の概要
表 2.13.1-1 に、三菱瓦斯化学の企業概要を示す。

表2.13.1-1 三菱瓦斯化学の企業概要

1)	商号	三菱瓦斯化学株式会社
2)	本社所在地	東京都千代田区丸の内 2-5-2 三菱ビル
3)	設立年月日	1951 年 4 月 20 日
4)	資本金	419.7 億円(2001 年 3 月 31 日現在)
5)	売上高	単独：2,288 億円(2001 年 3 月期) 連結：3,230 億円
6)	従業員	単独：3,444 人(2001 年 3 月 31 日現在)
7)	事業内容	化学製品、肥料・農薬、高分子製品、医薬品などの製造、販売
8)	関連会社	日本ヒドラジン工業（株）（株）、日本サーキット工業（株）、日本パイオニクス（株）他 連結子会社数 27 社　持分法適用関連会社数 11 社
9)	主要製品	化学品、機能製品（エンジニアリングプラスチックス、プリント配線板用材料他）など
10)	技術移転窓口	知的財産グループ 東京都千代田区丸の内 2-5-2

（三菱瓦斯化学のHP　http://www.mgc.co.jp より）

2.13.2 製品例
表 2.13.2-1 に、三菱瓦斯化学の微細レーザ加工に関する特許技術と関連があると推定される製品を紹介する。

表2.13.2-1 三菱瓦斯化学の製品例

技術要素	製品	製品名
穴あけ	プリント基板	プリント基板
	レーザシート	プリント基板

（三菱瓦斯化学のHP　http://wwww.mgc.co.jp より）

2.13.3 技術要素と課題の分布

図 2.13.3-1 に、三菱瓦斯化学の微細レーザ加工に関する技術要素と課題の分布を示す。

三菱瓦斯化学は技術要素としては穴あけに特化している。課題としては加工精度の向上・加工効率の向上・加工品質の向上などの加工に関わるものが多く、製品品質の向上がそれについで多い。

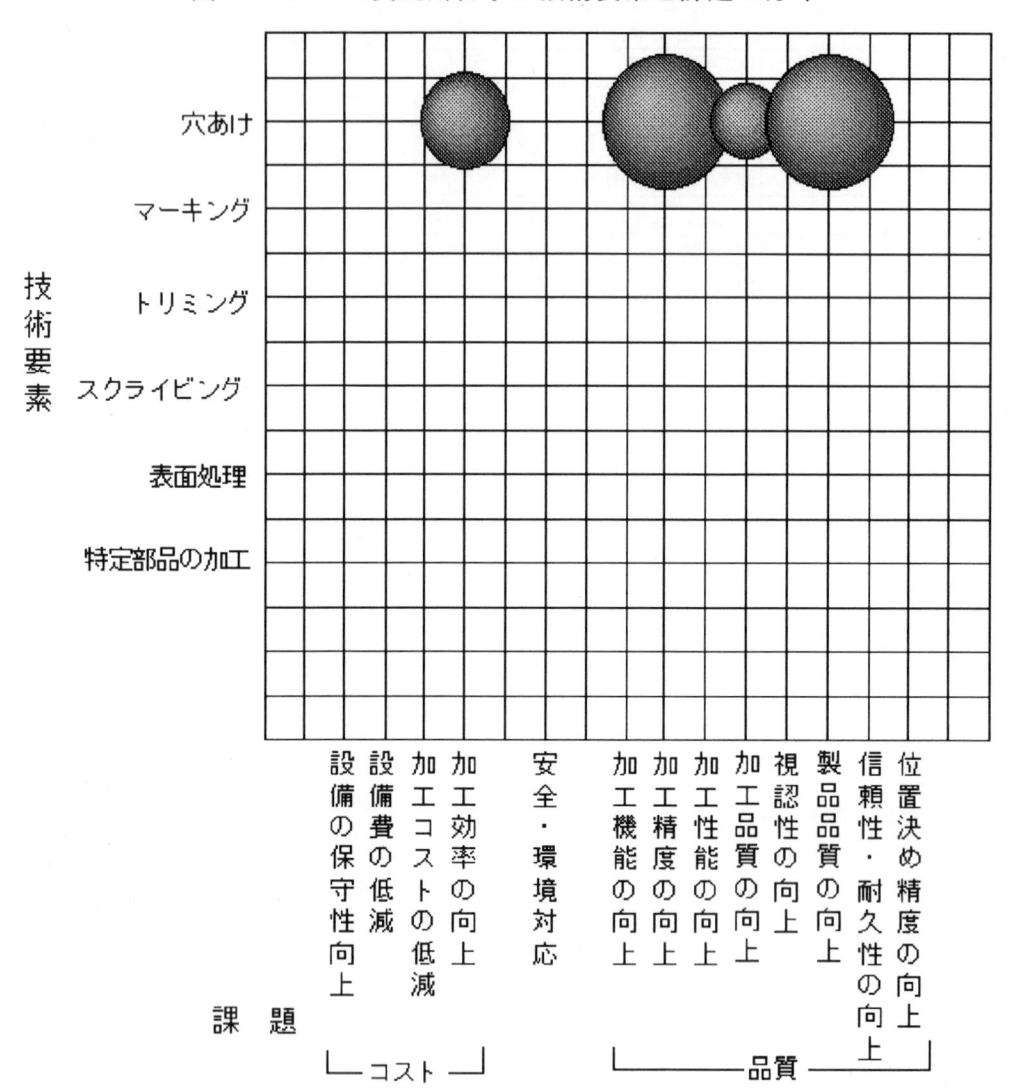

図2.13.3-1 三菱瓦斯化学の技術要素と課題の分布

1991 年から 2001 年 10 月公開の出願
（権利存続中および係属中のもの）

2.13.4 保有特許の概要

三菱瓦斯化学が保有する微細レーザ加工に関する特許について、表 2.13.4-1 に紹介する。

表 2.13.4-1 三菱瓦斯化学の微細レーザ加工に関する特許（1/3）

技術要素			課題	公報番号 特許分類	発明の名称	解決手段 概要
基本技術						
	除去					
		穴あけ	加工精度の向上	特開平 11-320174 B23K26/18 B23K26/00,330 B29D7/01 H05K3/00	炭酸ガスレーザー孔あけ用補助材料	レーザ加工の採用 少なくとも金属粉の１種或いは２種以上を3〜97容積％含む樹脂組成物からなる塗膜あるいはシート状の補助材料を銅張板の上に配置し、この上から、炭酸ガスレーザーを照射することにより、表面の銅箔に孔をあけるための補助材料
				特開平 11-346044 H05K3/00 B23K26/00 B23K26/00,330 B32B7/14	レーザーによる貫通孔あけ用バックアップシート	製品構造・材料の改良 銅張板の、炭酸ガスレーザーが照射される面とは反対側の最外層銅箔面に配置するレーザー用バックアップシートとして、少なくとも銅箔に接する面の樹脂層の厚さが50〜200μmで、これに接するように表面光沢を有する金属板を置き、ラミネートして密着させ孔あけを行う
				特開平 11-220243	炭酸ガスレーザーによるスルーホール用貫通孔の形成方法	加工方法の改良
				特開平 11-266067	スルーホール用貫通孔の形成方法	加工方法の改良
				特開平 11-289147	スルーホール用貫通孔の形成方法	レーザ加工の採用
				特開平 11-330310	レーザー孔あけ用銅張積層板	製品構造・材料の改良

表 2.13.4-1 三菱瓦斯化学の微細レーザ加工に関する特許（2/3）

技術要素			課題	公報番号 特許分類	発明の名称	解決手段 概要
基本技術						
	除去					
		穴あけ	加工精度の向上	特開平11-330667	炭酸ガスレーザー孔あけ用補助材料	ビーム特性の改良
				特開平11-342492	炭酸ガスレーザー孔あけ用補助シート	製品構造・材料の改良
				特開平11-347767	レーザーによる銅張板の貫通孔あけ方法	製品構造・材料の改良
				特開平11-346059	信頼性に優れたビア孔の形成されたプリント配線板	レーザ加工の採用
				特開平11-346045	信頼性に優れたビア孔の形成方法	レーザ加工の採用
				特開2000-61678	レーザーによる貫通孔の形成方法	製品構造・材料の改良
			製品品質の向上	特開2001-192536　C08L63/00　B23K26/00,330　B23K26/18　C08J5/24、CFC　H01G4/20　H05K1/03,610　H05K1/03,630　H05K1/16　H05K3/00　H05K3/42,610　H05K3/46　C08L63/00	高比誘電率Bステージシート、それを用いたプリント配線板	製品構造・材料の改良　エポキシ樹脂に対し、熱硬化触媒を必須成分とした樹脂組成物に、室温の比誘電率が500以上の絶縁性無機充填剤を80～99重量％となるように配合してなる組成物を用いて高比誘電率Bステージシートを作成し、これを使用して高密度のプリント配線板とする
				特開2000-183535	信頼性に優れたブラインドビア孔を有するプリント配線板用銅張板の製造方法	加工方法の改良
				特開2000-228582	信頼性に優れたスルーホールを有するプリント配線板の製造方法	加工方法の改良
				特開2001-7477	炭酸ガスレーザー加工によるスルーホールを有する多層プリント配線板の製造方法	加工方法の改良
				特開2001-7478	信頼性に優れたスルーホールを有する高密度多層プリント配線板	加工方法の改良
				特開2001-28475	ポリベンザゾール繊維布基材プリント配線板の製造方法	製品構造・材料の改良
				特開2001-53414	炭酸ガスレーザーによる銅張板の孔あけ方法	加工方法の改良

表 2.13.4-1 三菱瓦斯化学の微細レーザ加工に関する特許 (3/3)

技術要素			課題	公報番号 特許分類	発明の名称	解決手段 概要
基本技術						
	除去					
		穴あけ	製品品質の向上	特開2001-111186	ポリベンザゾール繊維布基材プリント配線板	製品構造・材料の改良
				特開2001-111228	フリップチップ搭載用高密度多層プリント配線板	加工方法の改良
				特開2001-111233	フリップチップ搭載用高密度多層プリント配線板	加工方法の改良
				特開2001-111235	フリップチップ搭載用高密度多層プリント配線板の製造方法	加工方法の改良
				特開2001-135911	炭酸ガスレーザーによる銅張板への孔形成方法	製品構造・材料の改良
			加工効率の向上	特開2001-135910 H05K3/00 B23K26/00,330 B23K26/02 H05K1/02 H05K3/42,610 H05K3/46	炭酸ガスレーザーによる銅張多層板の孔あけ方法	加工装置の改良 銅張多層板の内層板の上に複数個のターゲットマークを形成し、その上の多層板の上全面にCCDカメラで認識可能な金属化合物粉と樹脂層を配置し、その上からCCDカメラでターゲットマークを読み取りながら炭酸ガスレーザを照射してスルーホール及びブラインドビアホールを形成する
				特開平11-340605	スルーホール用貫通孔の形成方法	製品構造・材料の改良
				特開2000-31622	スルーホール用貫通孔の形成方法	製品構造・材料の改良
				特開2000-61679	レーザーによる貫通孔の形成方法	製品構造・材料の改良
				特開2001-44597	炭酸ガスレーザー孔あけ性に優れた銅張板	製品構造・材料の改良
				特開2001-156424	炭酸ガスレーザーによる銅張板の孔あけ方法	加工装置の改良
			加工品質の向上	特開2000-49464	信頼性に優れたビア孔の形成方法	加工方法の改良
				特開2001-230517	炭酸ガスレーザーによる孔形成方法	加工装置の改良
				特開2001-230518	炭酸ガスレーザーによる孔あけ方法及びその後処理方法	加工装置の改良
				特開2001-230519	炭酸ガスレーザーによる孔形成方法及びその後処理方法	加工装置の改良

2.13.5 技術開発拠点

微細レーザ加工に関する出願から分かる、三菱瓦斯化学の技術開発拠点を、下記に紹介する。

三菱瓦斯化学の技術開発拠点　：　東京都千代田区丸の内 2-5-2　　　本社
東京都葛飾区新宿 6-1-1　　　　東京工場

2.13.6 研究開発者

図 2.13.6-1 は、微細レーザ加工に関する三菱瓦斯化学の出願について、発明者数と出願件数の年次推移を示したものである。この図に示されるように、三菱瓦斯化学は、最近、10 人規模の研究開発体制を整え始めた。

図2.13.6-1 微細レーザ加工に関する三菱瓦斯化学の発明者数・出願件数の推移

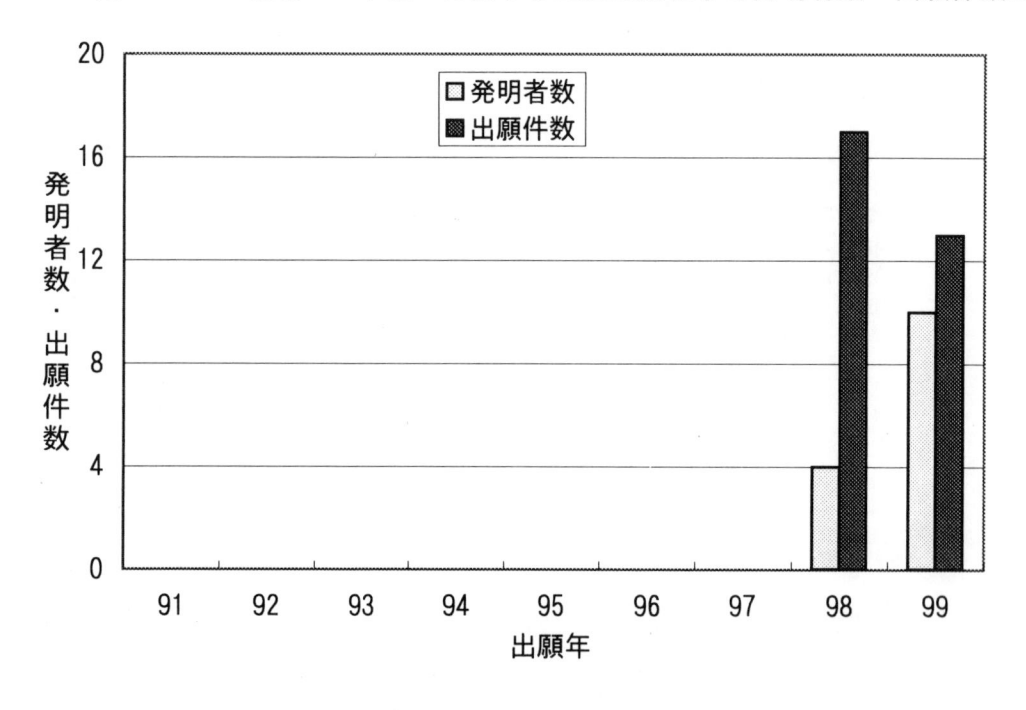

2.14 富士通

2.14.1 企業の概要
表 2.14.1-1 に、富士通の企業概要を示す。

表2.14.1-1 富士通の企業概要

1)	商号	富士通株式会社
2)	本社所在地	東京都千代田区丸の内一丁目6番1号(丸の内センタービル)
3)	設立年月日	1935年6月20日
4)	資本金	314,924,081,536円(2001年12月31日現在)
5)	売上高	連結：54,844億円(2000年度) 単独：33,822億円
6)	従業員	連結：187,399人(2001年3月20日現在) 単独：42,010人
7)	事業内容	通信システム、情報処理システムおよび電子デバイスの製造・販売ならびにこれらに関するサービスの提供
10)	関連会社	Fujitsu Siemenns Computers
12)	主要製品	各種サーバ、パーソナルコンピュータなど

(富士通のHP http://jp.fujitsu.com/より)

2.14.2 製品例
表 2.14.2-1 に、富士通の微細レーザ加工に関する特許技術と関連があると推定される製品を紹介する。富士通のＨＰからは下記のキーボード以外には記載が無かった。出願されている特許を見るとプリント基板の配線パターンの製造や電子デバイスの製造に係わるものが多いことから内部の生産設備用で外販はしていない。

表2.14.2-1 富士通の製品例

技術要素	製品	製品名
マーキング	キーボード	キーボード

(富士通のHP http://www.fujitsu.co.jpより)

2.14.3 技術要素と課題の分布

図 2.14.3-1 に、富士通の微細レーザ加工に関する技術要素と課題の分布を示す。

富士通は、技術要素・課題共に幅広い開発がなされている。技術要素はトリミングが多く、穴あけ・マーキングがそれに次いで多い。課題としては加工品質の向上・製品品質の向上などの品質に関するものがが多いものの加工機能の向上や加工効率の向上なども開発がなされている。

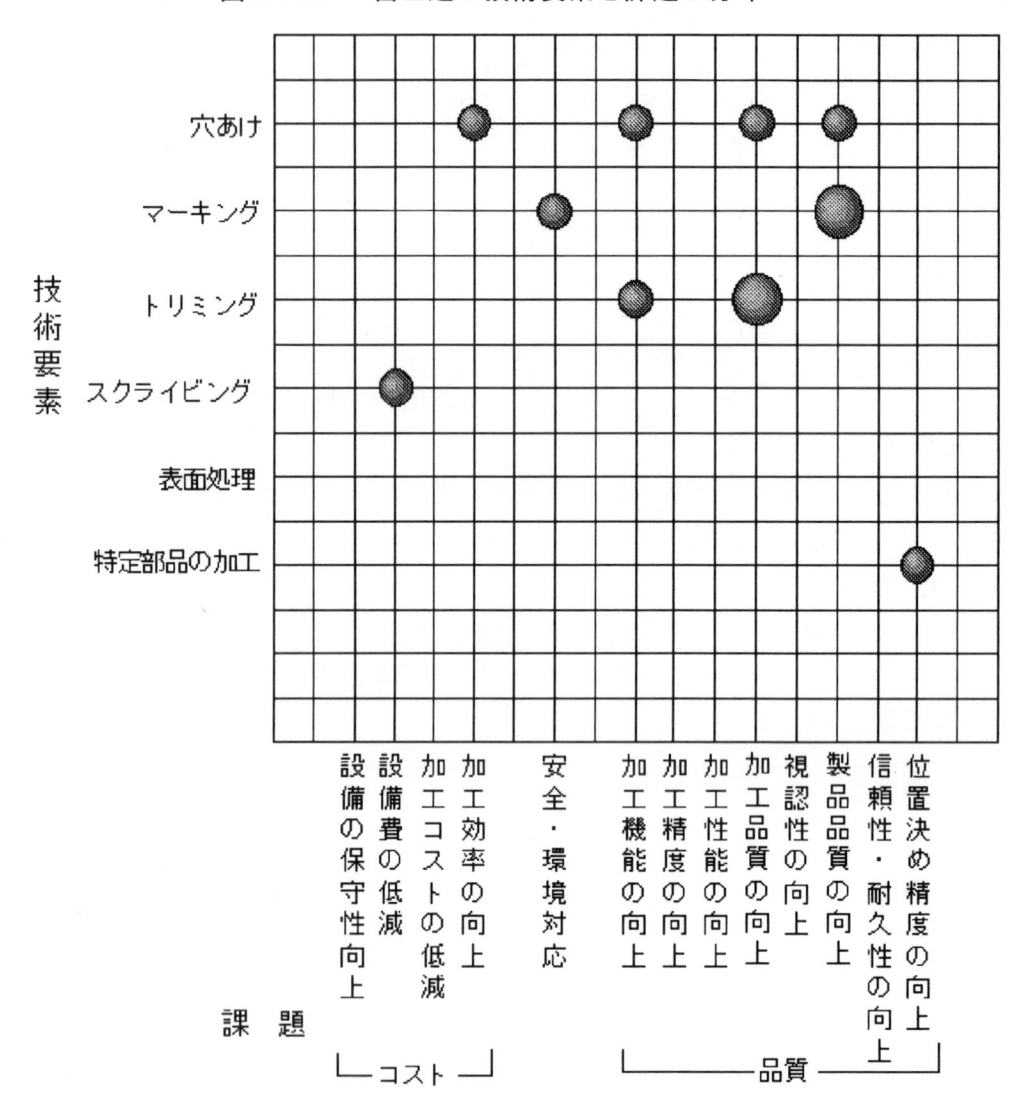

図2.14.3-1 富士通の技術要素と課題の分布

1991年から2001年10月公開の出願
（権利存続中および係属中のもの）

2.14.4 保有特許の概要

富士通が保有する微細レーザ加工に関する特許について、表2.14.4-1に紹介する。

表2.14.4-1 富士通の微細レーザ加工に関する特許（1/3）

技術要素			課題	公報番号 特許分類	発明の名称	解決手段 概要
基本技術						
	除去					
		穴あけ	加工効率の向上	特開平 8-90268 B23K26/06 B23K26/00,330	レーザ加工方法	ビーム伝送の改良 レーザ遮蔽マスクの代わりに色々なサイズやピッチの微細な凹面鏡を表面に有する一枚の反射鏡を用いてレーザ光束を全反射することができ、レーザエネルギの利用効率を向上できると同時に、波長選択性がないので、どんな種類のレーザにも適用できる
			加工品質の向上	特許 3212405	エキシマレーザ加工方法及び装置	加工装置の改良
			加工機能の向上	特開平 11-147317	ノズル板の製造方法	レーザ加工の採用
			製品品質の向上	特開 2000-43274	ノズルプレート及びその製造方法	加工方法の改良
		マーキング	安全・環境対応	特開平 8-139215 H01L23/00 B23K26/00	半導体装置の捺印方法及び捺印装置	加工装置の改良 半導体装置の捺印面に付着する異物を除去するとともに半導体装置に所定極性の電荷を帯電させる前処理工程とその捺印面に所定表示を行う捺印工程とその際に付着する捺印面の異物を除去するともに前記工程で帯電された電荷に対して同等な大きさで逆極性の電荷を帯電させる後処理工程とを順次行う
			製品品質の向上	特許 2882420	セラミックへの捺印方法及び半導体装置	ビーム特性の改良
				特開 2000-40775	半導体装置及びその製造方法	製品構造・材料の改良

表2.14.4-1 富士通の微細レーザ加工に関する特許（2/3）

技術要素			課題	公報番号 特許分類	発明の名称	解決手段 概要
基本技術						
	除去					
		トリミング	加工機能の向上	特許3064628 H05K3/46 H05K3/22	内層パターン切断方法及びその装置	加工装置の改良 画像処理によって樹脂からパターンを構成する金属が露出したことを認識し、内層パターンの幅を認識してレーザー光を調整し、パターンの切断を認識して投射を終了する
			加工品質の向上	特開2000-200051	配線の断線修復方法及び多層配線構造	加工方法の改良
				特開2001-147649	表示装置及びその欠陥修復方法	加工方法の改良
		スクライビング	設備費の低減	特開2001-144037 H01L21/301 B23K26/00	半導体装置の製造方法及び製造装置	加工装置の改良 貫通穴を持つ平板上に両面粘着テープでウェハを貼りつけ、上方からウェハをレーザによりフルカット後上面に片面粘着テープを貼りチップを固定する。平板の貫通穴にピンを挿入し平板からウェハを平板から剥す

142

表2.14.4-1 富士通の微細レーザ加工に関する特許 (3/3)

技術要素	課題	公報番号 特許分類	発明の名称	解決手段 概要
応用技術				
特定部品の加工	位置決め精度の向上	特開平6-292987 B23K26/02 B23K26/00 B23K26/00,310 H01L31/02 H01L33/00	高エネルギビーム溶接における円柱状部材の位置決め方法ならびに該方法を用いた溶接装置および該方法を適用して位置決め溶接された光素子パッケージ	加工装置の改良 円柱状部材の端面を相手部材に高エネルギビーム溶接するとき、位置会わせ用光ビームと部材を相対回転させて位置ずれを計測・補正する円柱状部材の位置決め方法、装置

2.14.5 技術開発拠点

微細レーザ加工に関する出願から分かる、富士通の技術開発拠点を、下記に紹介する。

富士通の技術開発拠点　：　東京都千代田区丸の内 1-6-1　　　　　　　　本社
　　　　　　　　　　　　神奈川県川崎市中原区上小田中 4-1-1　　　　本店

2.14.6 研究開発者

図 2.14.6-1 は、微細レーザ加工に関する富士通の出願について、発明者数と出願件数の年次推移を示したものである。この図に示されるように、最近は、5～10人によって研究開発が行われている。

図2.14.6-1 微細レーザ加工に関する富士通の発明者数・出願件数の推移

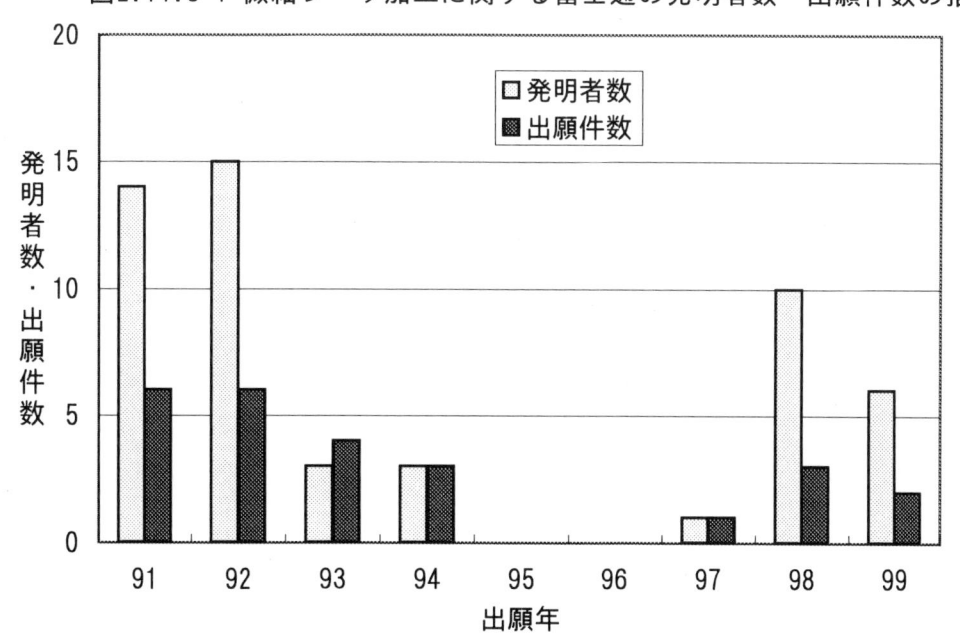

2.15 三菱重工業

2.15.1 企業の概要
表 2.15.1-1 に、三菱重工業の企業概要を示す。

表2.15.1-1 三菱重工業の企業概要

1)	商号	三菱重工業株式会社
2)	本社所在地	東京都千代田区丸の内二町目5番1号
3)	設立年月日	1950年1月11日
4)	資本金	2,654億円(2001年3月31日現在)
5)	売上高	連結:3,045,023百万円 単独:2,637,733百万円(2001年3月期)
6)	従業員	連結:63,996人 単独:37,934人(2001年3月31日現在)
7)	事業内容	船舶・海洋、原動機、機械・鉄構、航空・宇宙、などの製品の製造、販売
8)	関連会社	三菱自動車工業株式会社など
9)	主要製品	船舶・海洋、原動機、機械・鉄構、航空・宇宙、などの製品

（三菱重工業のHP http://wwww.mhi.co.jpより）

2.15.2 製品例
表 2.15.2-1 に、三菱重工業の微細レーザ加工に関する特許技術と関連があると推定される製品を紹介する。

表2.15.2-1 三菱重工業の製品例

技術要素	製品	製品名
穴あけ	エンジン噴射穴	宇宙機器用推力可変噴射器
溶接・表面処理	アーク&レーザ・ハイブリッド溶接	－
溶接・表面処理	テーラードブランクレーザ溶接装置	－

（三菱重工業のHP http://wwww.mhi.co.jpより）

2.15.3 技術要素と課題の分布

図 2.15.3-1 に、三菱重工業の微細レーザ加工に関する技術要素と課題の分布を示す。

三菱重工は技術要素は穴あけが最も多く表面処理・特定部品加工への応用が次いで多い。スクライビングやトリミングに付いても開発がなされている。課題としては加工品質の向上が最も多く、加工機能の向上・加工効率の向上が次いで多いものの加工品質の向上に関するものもある。

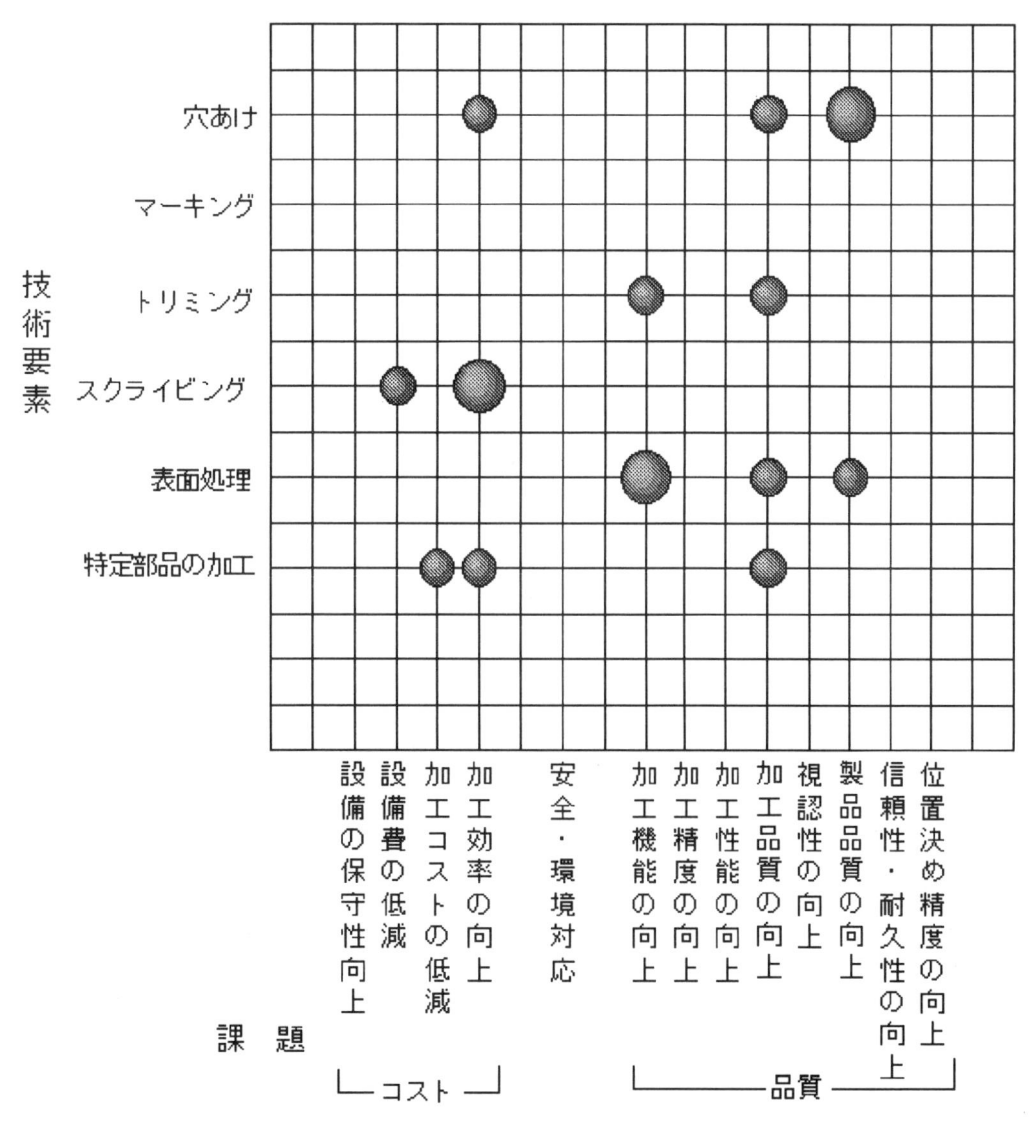

図2.15.3-1 三菱重工業の技術要素と課題の分布

1991 年から 2001 年 10 月公開の出願
（権利存続中および係属中のもの）

2.15.4 保有特許の概要

　三菱重工業が保有する微細レーザ加工に関する特許について、表2.15.4-1に紹介する。

表2.15.4-1 三菱重工業の微細レーザに関する特許（1/3）

技術要素			課題	公報番号 特許分類	発明の名称	解決手段 概要
基本技術						
	除去					
		穴あけ	製品品質の向上	特開平10-6059 B23K26/00,330 F01D5/18	シェイプド冷却穴加工方法	照射条件の改良 焦点をずらしてプロファイル部の表面に斜め方向からレーザ光を照射し、斜め穴加工を行ってシェイプド穴を形成した後、表面に直角にレーザ光を照射し、ストレート穴加工を行うことによって、従来見られたストレート穴の壁面のレーザ光による傷の発生を防止できる
				特許 2960998	水素ガス分離膜	レーザ加工の採用
			加工品質の向上	特開平7-136792	レーザ加工用バックプロテクタ	製品構造・材料の改良
			加工効率の向上	特開平8-132263	異形穴レーザー加工方法	加工方法の改良
		トリミング	加工品質の向上	特許 2831215 B23K26/00,320 B23K26/00,330	レーザによる切断、穴あけ加工方法	レーザ加工の採用 CO2レーザを照射して切断または穴あけを行ってから、切断面にエキシマレーザビームを照射して切断時に生起した炭化層等を除去することによって、プラスチック材またはFRP材の切断面の品質を高める
			加工機能の向上	特開平9-220689	分岐管部補修装置	加工装置の改良

146

表 2.15.4-1 三菱重工業の微細レーザに関する特許 (2/3)

技術要素			課題	公報番号 特許分類	発明の名称	解決手段 概要
基本技術						
	除去					
		スクライビング	加工効率の向上	特開平 10-258383 B23K26/06 B23K26/00 H01L21/268 H01L21/302 H01L31/04	線状レーザビーム光学系	ビーム特性の改良 一本のレーザビームを数本のビームに分割して、一列の並列ビームを作り、さらにこの並列ビームを集光し、その内部を通過したビームを多重反射させ、且つ1 本の線状ビームにした後、縮小結像し、ビーム断面が長方形でエネルギー分布が均一な線状ビームを作る
				特開平 10-277760	レーザエッチング装置	照射条件の改良
			設備費の低減	特許 3021330	液晶カラーフィルタの溝加工方法	レーザ加工の採用
	表面処理		加工機能の向上	特許 3160467 B23K26/00 B23K26/06 B23K26/08 C21D1/34 C21D9/08 G02B27/09	管状体加熱用のレーザ装置	加工装置の改良 レーザ光スポット径を可変調整する凸レンズおよび凹レンズを備え、スポット径を調整されたレーザ光を円錐レンズによりロート状に変換し所定角度で照射する
				特開平 11-333584	レーザ加工ヘッド	加工装置の改良
			製品品質の向上	特開平 9-327779	セラミック皮膜の割れ形成方法及び同方法によるセラミック皮膜部品	加工方法の改良
			加工品質の向上	特開 2001-138080	レーザクラッド溶接法	加工方法の改良

表 2.15.4-1 三菱重工業の微細レーザに関する特許（3/3）

技術要素	課題	公報番号 特許分類	発明の名称	解決手段 概要
応用技術				
特定部品の加工	加工効率の向上	実登 2583434 B23K26/00 B23K26/00,310 B23K26/08 B23K31/00	レーザ補修装置	加工装置の改良 フランジに取付けられ、半径軸、前後軸、旋回軸により移動されるレーザトーチにより弁座の欠陥を補修する構造
	加工品質の向上	特開平 9-155580	コンタクトマスク	加工装置の改良
	加工コストの低減	特開平 11-118971	原子炉燃料集合体のグリッド組立体及びその製造方法	レーザ加工の採用

2.15.5 技術開発拠点

微細レーザ加工に関する出願から分かる、三菱重工業の技術開発拠点を、下記に紹介する。

　　三菱重工業の技術開発拠点　：　東京都千代田区丸の内 2-5-1　　　　本社
　　兵庫県高砂市新居町新浜 2-1-1　　　高砂研究所
　　長崎市深堀町 5-717-1　　　　　　長崎研究所
　　愛知県名古屋市港区大江町 10　　　名古屋航空宇宙システム
　　京都府京都市右京区太秦巽町 11　　京都精機製作所
　　広島県広島市西区観音新町 4-6-22　　広島研究所

2.15.6 研究開発者

図 2.15.6-1 は、微細レーザ加工に関する三菱重工業の出願について、発明者数と出願件数を年次別に示したものである。この図に示されるように、研究開発は、最近、5人以下で行われている。

図2.15.6-1 微細レーザ加工に関する三菱重工業の発明者数・出願件数の推移

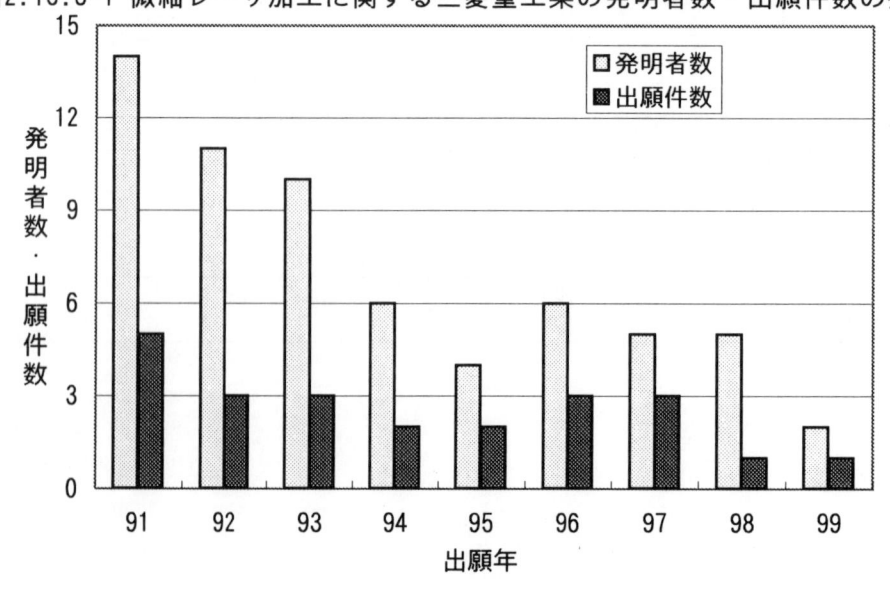

2.16 石川島播磨重工業

2.16.1 企業の概要
表2.16.1は、石川島播磨重工業の企業概要を示したものである。

表2.16.1-1 石川島播磨重工業の企業概要

1)	商号	石川島播磨重工業株式会社
2)	本社所在地	東京都千代田区大手町2丁目2番1号(新大手町ビル)
3)	設立年月日	1889年1月17日
4)	資本金	64,924百円（2001年3月31日現在）
5)	売上高	単独： 8,410億円 連結：11,148億円（2001年3月31日現在）
6)	従業員	単独：11,842人（2001年3月31日現在）
7)	事業内容	航空・宇宙・防衛をはじめ重機械の製造、販売
8)	関連会社	(株)ＩＨＩエアロスペース、(株)ＩＨＩアムテックなど
9)	主要製品	ターボジェットエンジン、貨物船・タンカー、高炉・プレス機械など
10)	技術移転窓口	技術企画部 知的財産グループ 東京都江東区豊洲3-2-16

（石川島播磨重工業のHP　http://www.ihi.co.jp より）

2.16.2 製品例
表2.16.2-1に、石川島播磨重工業の微細レーザ加工に関する特許技術と関連があると推定される製品を紹介する。なお、石川島播磨技報には表面処理について紹介したものもあったが製品としては発売されていない。

表2.16.2-1 石川島播磨重工業の製品例

技術要素	製品	製品名	発売
溶接・切断	IHI レーザー加工機 （YAG レーザー装置）	iL-YC B シリーズ	−
	IHI レーザー加工機 （YAG レーザー装置）	iL-YC D シリーズ	−
	YAG レーザー装置	iLS-YC 50D YAG	平成12年度

（石川島播磨重工業のHP　http://www.ihi.co.jp より）

2.16.3 技術要素と課題の分布

図 2.16.3-1 に、石川島播磨重工業の微細レーザ加工に関する技術要素と課題の分布を示す。

石川島播磨重工業は技術要素は表面処理が最も多く特定部品加工への応用が次いで多い。穴あけやスクライビングに付いても開発がなされている。課題としては加工機能の向上が最も多く、加工効率の向上が次いで多いものの加工品質の向上や製品品質の向上など品質に関するものもある。

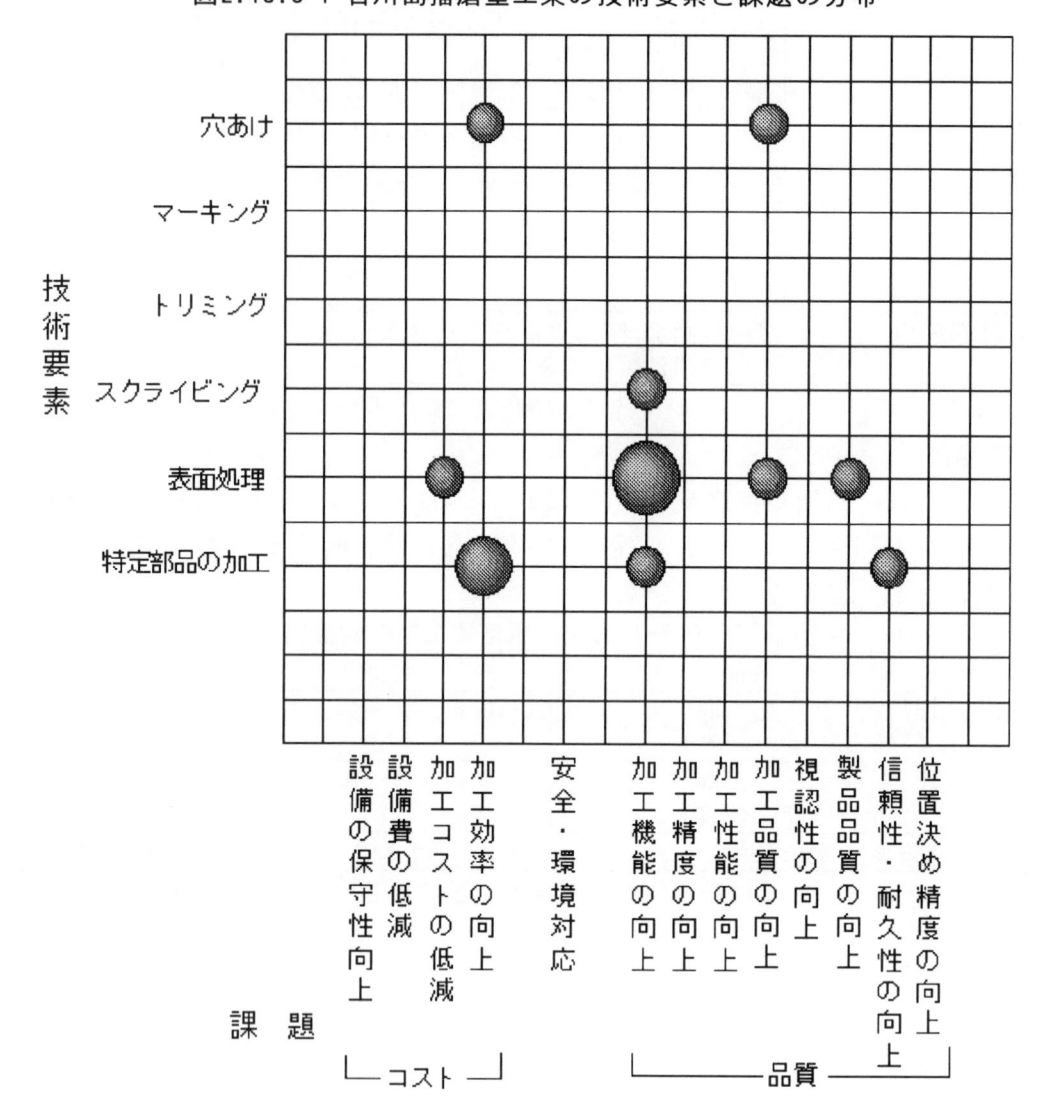

図2.16.3-1 石川島播磨重工業の技術要素と課題の分布

1991年から2001年10月公開の出願
（権利存続中および係属中のもの）

2.16.4 保有特許の概要

石川島播磨重工業が保有する微細レーザ加工に関する特許について、表 2.16.4-1 に紹介する。

表 2.16.4-1 石川島播磨重工業の微細レーザに関する特許（1/2）

技術要素			課題	公報番号 特許分類	発明の名称	解決手段 概要
基本技術						
	除去					
		穴あけ	加工品質の向上	特許 3147459 B23K26/16 B23K26/00 B23K26/00,330	レーザ加工機の加工ヘッド	加工装置の改良 集光レンズとレーザの貫通を検知する貫通検知装置とを備え、集光レンズの加工側には集光レンズを加工スパッタから保護する板状の保護ガラスを水平より5度前後傾斜して取り付けるため、保護ガラスからの反射が少なくなり、穿孔の貫通の検知が正確となる
			加工効率の向上	特開平 10-249565	中子を用いた鋳造品の穴加工法	加工方法の改良
		スクライビング	加工機能の向上	特開平 8-112683 B23K26/00 B23K26/06 C21D1/09 C23F4/04 C23G5/00	レーザーによる表面改質処理方法及び装置	ビーム伝送の改良 一台のレーザー発生装置からのレーザーを分岐して表面除去用レーザー光と改質用レーザー光として母材に照射すると共に母材又はレーザー光を移動することで表面層の除去に続いて改質処理を連続して行える

151

表 2.16.4-1 石川島播磨重工業の微細レーザに関する特許（2/2）

技術要素		課題	公報番号 特許分類	発明の名称	解決手段 概要
基本技術					
	表面処理	製品品質の向上	特開平 9-136172 B23K26/00 C21D1/09 C22F1/10 C23F15/00	金属表面の応力腐食割れ改善方法	レーザ加工の採用 被処理材表面をレーザビームによりスポット状に照射して小さな溶融池を形成し、加熱点をずらしながら溶融池を急冷して固化状態とする
		加工機能の向上	特開平 8-1361	レーザクラッド装置とその照射位置制御方法	加工装置の改良
			特開平 8-165515	レーザ照射トーチ	ビーム伝送の改良
			特開平 9-38790	配管内面レーザ照射装置	ビーム伝送の改良
		加工品質の向上	特開平 9-57474	レーザクラッド部の改質方法及びレーザクラッド層の形成方法	レーザ加工の採用
		加工コストの低減	特開平 7-278768	水素脆化低減方法	レーザ加工の採用
応用技術					
	特定部品の加工	加工効率の向上	特開平 10-85964 B23K26/00 G21F9/06	配管内面のレーザ照射方法及び装置	加工方法の改良 レーザ発振器から断面円環状のレーザ光を出力し、配管内を軸方向に移動自在に設けた円錐状反射鏡により管内の全周方向を照射する
			特開平 10-26692	原子炉圧力容器内の補修溶接方法及びそれに用いる補修溶接装置	加工装置の改良
		加工機能の向上	特開平 7-100673	水中レーザー照射装置	加工条件の改良
		信頼性・耐久性の向上	実登 2587895	回転式レーザトーチ	加工装置の改良

2.16.5 研究開発拠点

微細レーザ加工に関する出願から分かる、石川島播磨重工業の技術開発拠点を、下記に紹介する。

石川島播磨重工業の技術開発拠点 ：
東京都千代田区大手町 2-2-1　　　　　　　本社
東京都江東区豊洲 3-1-15　　　　　　　　　東二テクニカルセンタ
東京都西多摩郡瑞穂町殿ヶ谷 229　　　　　瑞穂工場
神奈川県横浜市磯子区新中原町 1　　　　　横浜エンジニアリングセンタ、技術研究所
東京都西多摩郡瑞穂町殿ヶ谷 229　　　　　瑞穂工場
東京都田無市向台町 3-5-1　　　　　　　　田無工場

2.16.6 研究開発者

図 2.16.6-1 は、微細レーザ加工に関する石川島播磨重工業の出願について、発明者数と出願件数を年次別に示したものである。この図に示されるように、研究開発は1990年代半ばに盛んに行われたが、最近、出願はみられない。

図2.16.6-1 微細レーザ加工に関する石川島播磨重工業の発明者数・出願件数の推移

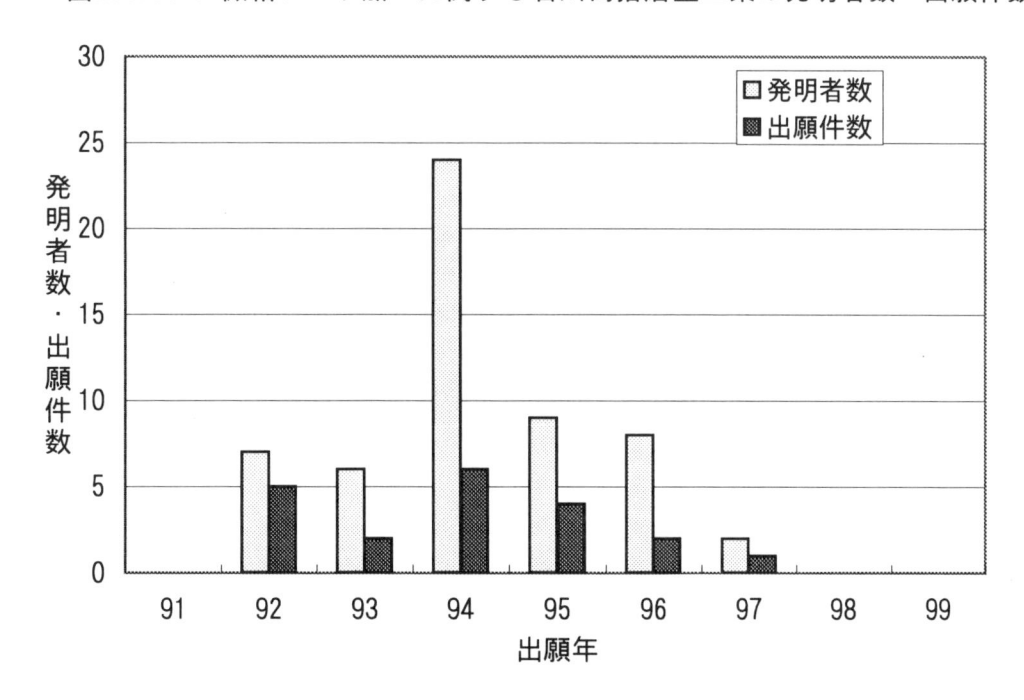

2.17 シャープ

2.17.1 企業の概要
表 2.17.1-1 に、シャープの企業概要を示す。

表2.17.1-1 シャープの企業概要

1)	商号	シャープ株式会社
2)	本社所在地	大阪市阿倍野区長池町 22 番 22 号
3)	設立年	1935 年
4)	資本金	204,156 百万円(2001 年 3 月 31 日現在)
5)	売上高	単独:1,602,974 百万円 連結:2,012,858 百万円(2001 年 3 月期)
6)	従業員	単独:22,900 人 連結:47,800 人(2001 年 9 月 30 日現在)
7)	事業内容	エレクトロニクス機器、電子部品の製造、販売
8)	関連会社	シャープエレクトロニクスマーケティング株式会社他
9)	主要製品	映像機器、TFT液晶、情報機器、家庭電化製品など
10)	技術移転窓口	知的財産権本部 第2ライセンス部 大阪府阿倍野区長池町 22-22

(シャープのHP http://wwww.sharp.co.jp より)

2.17.2 製品例
表 2.17.2-1 に、シャープの微細レーザ加工に関する特許技術と関連があると推定される製品を紹介する。シャープは HP 等の製品情報を見るとレーザ加工機の外販はない。だが出願された特許を見ると液晶の製造方法や半導体の製造に係わるものが多いことから内製の生産設備用と考えられる。

表2.17.2-1 シャープの製品例

技術要素	製品	製品名
アニール	液晶	液晶
レーザ	液晶	液晶

(シャープのHP http://wwww.sharp.co.jp より)

2.17.3 技術要素と課題の分布

図 2.17.3-1 に、シャープの微細レーザ加工に関する技術要素と課題の分布を示す。

シャープは技術要素はスクライビングが最も多く、マーキングや特定部品加工への応用が次いで多い。課題としては加工品質の向上が最も多く、加工機能の向上・加工精度の向上が次いで多い。一方で製品性能の向上に付いても目立つ。

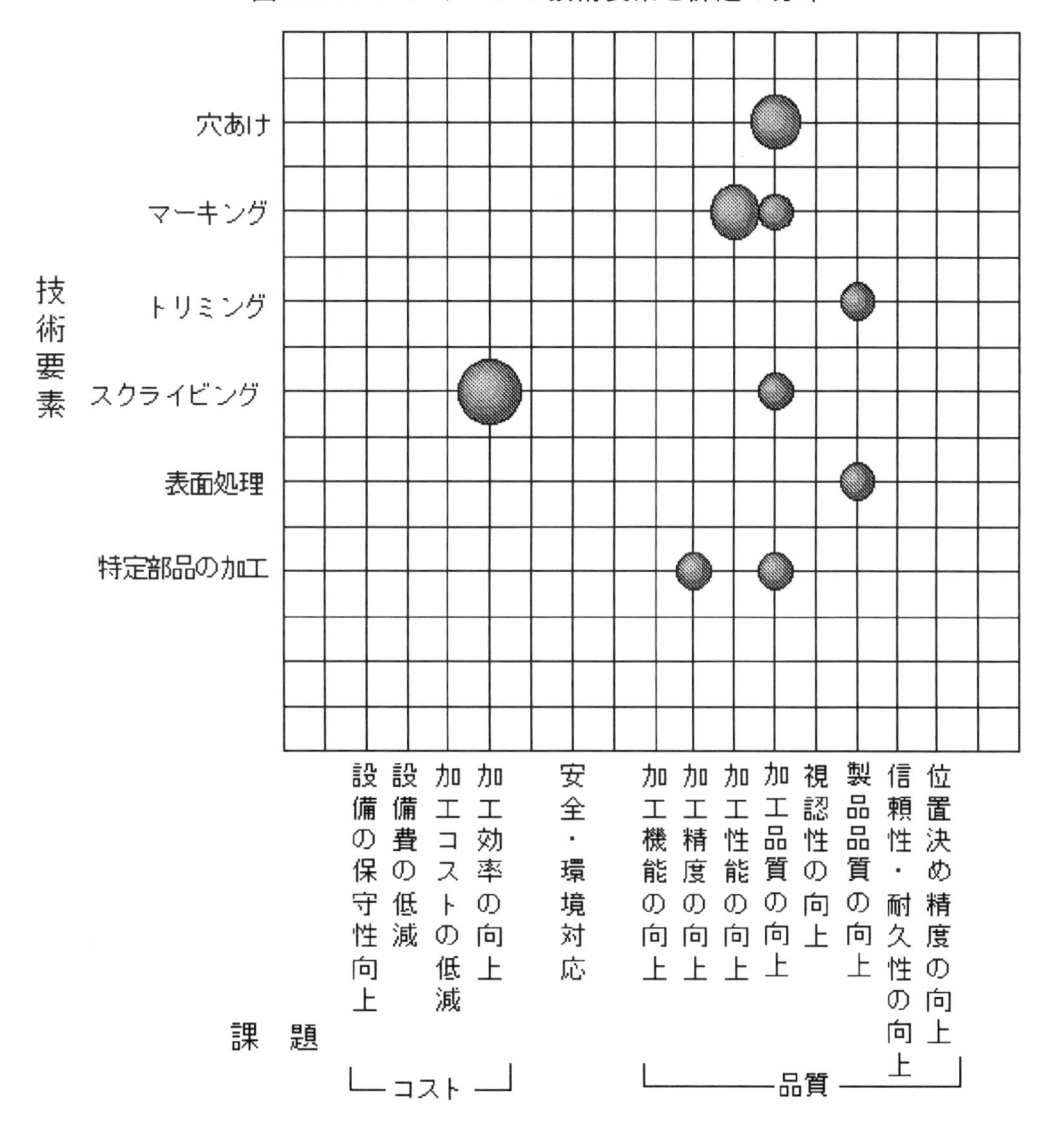

図2.17.3-1 シャープの技術要素と課題の分布

1991 年から 2001 年 10 月公開の出願
（権利存続中および係属中のもの）

2.17.4 保有特許の概要

シャープが保有する微細レーザ加工に関する特許について、表 2.17.4-1 に紹介する。

表 2.17.4-1 シャープの微細レーザ加工に関する特許（1/3）

技術要素			課題	公報番号 特許分類	発明の名称	解決手段 概要
基本技術						
	除去					
		穴あけ	加工品質の向上	特許 3210251 H01L31/04 B23K26/00,330 H01L21/027	レーザーパターニング装置	付属装置の改良 基板支持手段を誘電体層と光吸収層との２重構造としたので、基板を透過して基板支持手段に到達したレーザ光が基板側に反射されることがなくなり、極めて精度よくスクライブを形成してパターニングすることが可能になる
				特開平 8-187586	インクジェット記録ヘッド及びその製造方法及びその製造装置	付属装置の改良
		マーキング	加工性能の向上	特許 3188158 G02F1/13,101 B23K26/00 B41M5/24	透明体の処理工程における管理システム	加工方法の改良 透明体を複数の処理工程にて順次処理するに際し処理開始前に金属板を合わせた状態で透明体を介してレーザビーム照射し、金属板の金属成分を透明体に付着させることにより各処理工程に関する情報を有するマーキングを形成する工程と各処理を終えたあとに透明体に形成されたマーキングにビーム照射して消去する工程を包含する
				特許 2675699	マーキング方法	加工方法の改良
			加工品質の向上	特開 2000-135578	レーザ照射装置	加工装置の改良

表 2.17.4-1 シャープの微細レーザ加工に関する特許（2/3）

技術要素			課題	公報番号 特許分類	発明の名称	解決手段 概要
基本技術						
	除去					
		トリミング	製品品質の向上	特許 2771067 H01L21/82 B23K26/00 H01L21/822 H01L27/04	半導体集積回路	製品構造・材料の改良 ヒューズが接続される共通線がガードリング内の領域に形成され、複数のヒューズの共通電位部がガードリングの領域で共通線に接続される構成とする
		スクライビング	加工効率の向上	特開平 10-137953 B23K26/00 H05B33/10	透明薄膜除去装置、透明薄膜除去方法および薄膜エレクトロルミネッセント素子	加工方法の改良 下層部分に配置する材料がレーザ光をある程度の吸収率で吸収するとともに、この上層部に配置する材料がレーザ光に対して透明であるように各層の材料及びレーザ光を選択し、下層部分のアブレーションにより上層部分を一緒に吹き飛ばす
				特許 2810435	レーザ加工方法	レーザ加工の採用
				特開平 11-183927	液晶表示装置の製造方法	ビーム特性の改良
			加工品質の向上	特開平 10-305375	レーザ加工装置および方法	照射条件の改良

表 2.17.4-1 シャープの微細レーザ加工に関する特許 (3/3)

技術要素	課題	公報番号 特許分類	発明の名称	解決手段 概要
基本技術				
表面処理	製品品質の向上	特開平 10-144606 H01L21/20 B23K26/00 H01L29/786 H01L21/336	半導体薄膜及びその製造方法	製品構造・材料の改良 高分子剤材料基盤上に形成される半導体薄膜の主成分をゲルマニュウムとし、所定強度以下のレーザ光により、少なくともその一部を結晶化または再結晶化する
応用技術				
特定部品の加工	加工精度の向上	特開 2000-162418 G02B5/18 B23K26/00 B23K26/06 G02B5/32	光学部品及びその加工方法	加工方法の改良 光透過性基板に、三角形ないしは扇状のエキシマレーザビームを照射し、ビームと光透過性基板を相対的に移動させる
	加工品質の向上	特開 2000-117465	加工方法および光学部品	加工方法の改良

2.17.5 技術開発拠点
微細レーザ加工に関する出願から分かる、シャープの技術開発拠点を、下記に紹介する。

シャープの技術開発拠点　：　大阪市阿倍野区長池町 22-22　　本社

2.17.6 研究開発者
図 2.17.6-1 は、微細レーザ加工に関するシャープの出願について、発明者数と出願件数を年次別に示したものである。この図に示されるように、研究開発は５人前後で行われていたが、最近、出願はみられない。

図2.17.6-1 微細レーザ加工に関するシャープの発明者数・出願件数の推移

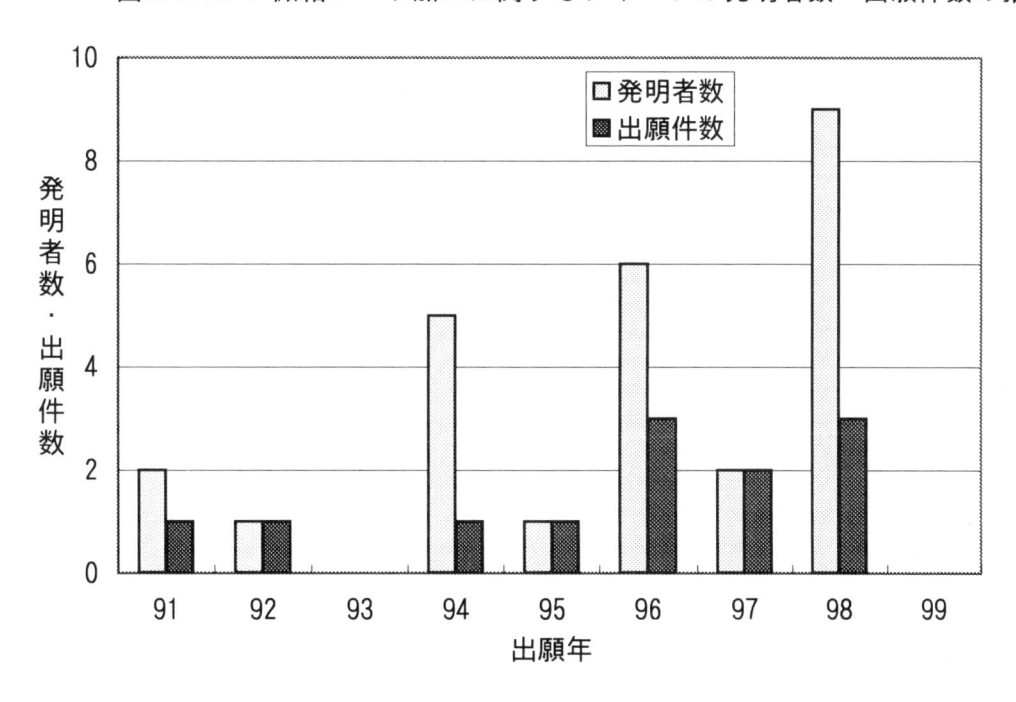

2.18 ゼネラル・エレクトリック(GE)

2.18.1 企業の概要
表 2.18.1-1 に、ゼネラル・エレクトリック(GE)の企業概要を示す。

表2.18.1-1 ゼネラル・エレクトリック(GE)の企業概要

1)	商号	GENERAL ELECTORIC CONPANY
2)	本社所在地	USA コネティカット州フェアフィールド
3)	設立年	1892年
4)	売上高	1,299億ドル(2,000年度)
5)	従業員	313,000人（全世界）
6)	事業内容	航空機エンジン、電力システム、メディカルシステム、家電などの製造、販売
7)	事業所	世界26ヶ国、270の製造拠点他
8)	主要製品	航空機エンジン、電力システム、メディカルシステム、家電などの製品

（ゼネラル・エレクトリック(GE)のHP http://www.gejapan.com/corporate より）

2.18.2 製品例
表 2.18.2-1 に、ゼネラル・エレクトリック(GE)の微細レーザ加工に関する特許技術と関連があると推定される製品を紹介する。

表2.18.2-1 ゼネラル・エレクトリック(GE)の製品例

技術要素	製品	製品名
切断	Traditional CNCs for Laser Cutting	Series 16i-L
		Series 160i-L
	high_speed	－
	CO2 Lasers Cutting Capabilities	－

（ゼネラル・エレクトリック(GE)のHP http://www.gefanac.co.jp より）

2.18.3 技術要素と課題の分布

図 2.18.3-1 に、ゼネラル・エレクトリック(GE)の微細レーザ加工に関する技術要素と課題の分布を示す。

ゼネラル・エレクトリック(GE)は技術要素は表面処理が最も多く穴あけと特定部品加工への応用がそれに次いでいる。課題としてはコストに関わるものが最も多いが加工機能の向上・加工効率の向上・加工品質の向上や製品品質の向上・製品性能の向上などにも開発がなされている。

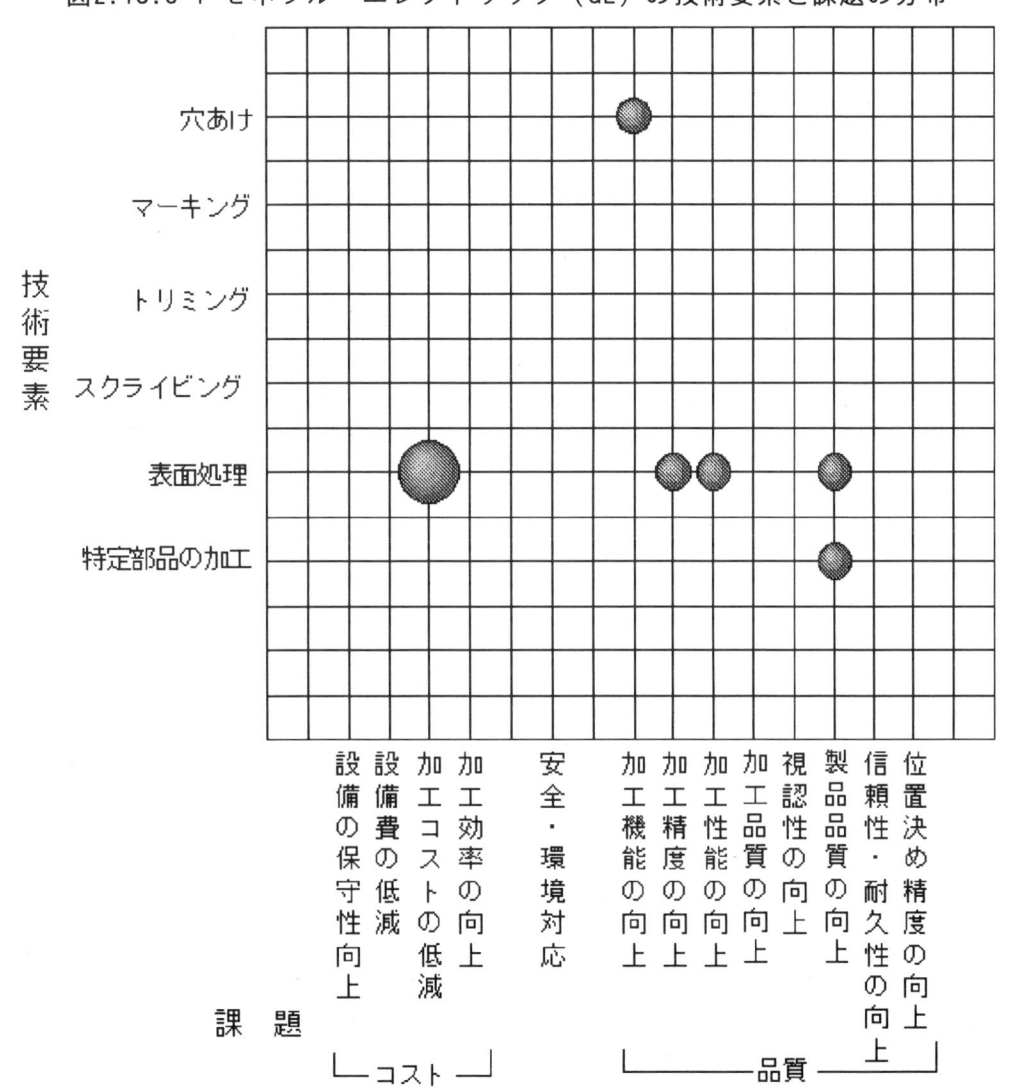

図2.18.3-1 ゼネラル・エレクトリック（GE）の技術要素と課題の分布

1991年から2001年10月公開の出願
（権利存続中および係属中のもの）

2.18.4 保有特許の概要

ゼネラル・エレクトリック(GE)が保有する微細レーザ加工に関する特許について、表2.18.4-1 に紹介する。

表 2.18.4-1 ゼネラル・エレクトリック（GE）の微細レーザ加工に関する特許（1/2）

技術要素			課題	公報番号 特許分類	発明の名称	解決手段 概要
基本技術						
	除去					
		穴あけ	加工機能の向上	特開平 10-85977 B23K26/00,330 B23K26/08 F02C7/00	非円形開口のレーザー加工	ビーム特性の改良 金属が蒸発するに十分なパルス繰り返し率及び出力を有するレーザービームを用いて壁を加工し、ディフューザーの予定の第一側縁に向けてディフューザーの中心線から始め、各ビームパルスがレーザースポットの所で金属を蒸発させて、連続した溝が表面より下に形成されるようにする
		表面処理	加工コストの低減	特開 2000-246468 B23K26/00 H01S3/00	レーザ衝撃ピーニング方法	加工方法の改良 被加工面の黒色ペイントからなる被膜（または水または透明弾性媒質の薄膜を施す）に、所定のレーザパルスを照射して残留圧縮応力部を形成する

表 2.18.4-1 ゼネラル・エレクトリック (GE) の微細レーザ加工に関する特許 (2/2)

技術要素	課題	公報番号 特許分類	発明の名称	解決手段 概要
基本技術				
表面処理	加工コストの低減	特開平11-254156	低エネルギ・レーザを用いるレーザ衝撃ピーニング方法	加工方法の改良
		特開2001-124697	経時プラズマ光スペクトル解析を用いたレーザー衝撃ピーニングの監視及び制御方法	その他の改良
	製品品質の向上	特開2000-274259	レーザーショック加工されたガスタービンエンジンシール歯	加工方法の改良
	加工性能の向上	特開平11-254157	亀裂防止レーザ衝撃ピーニング	加工方法の改良
	加工精度の向上	特開2001-174245	レーザ衝撃ピーニングにおいて閉込め媒質の流れの条件設定及び制御を行うための方法	加工装置の改良
応用技術				
特定部品の加工	製品品質の向上	特開平8-326502 F01D5/14 B23K26/00 F01D25/00	ガスタービン機関の部品	加工方法の改良　圧縮機ブレード前縁を、少なくとも一つのレーザ衝撃ピーニング面が半径方向に沿って伸び、形成された深い残留圧縮応力領域がブレード内に入り込んだ構造とする

2.18.5 技術開発拠点

微細レーザ加工に関する出願から分かる、ゼネラル・エレクトリック(GE)の技術開発拠点を、下記に紹介する。

ゼネラル・エレクトリック(GE)の技術開発拠点　：
米国　ニューヨーク州　スケネクタディリバーロード　1
ゼネラルエレクトリックカンパニィ

2.18.6 研究開発者

図 2.18.6-1 は、微細レーザ加工に関するゼネラル・エレクトリック(GE)の出願について、発明者数と出願件数を年次別に示したものである。この図に示されるように、ゼネラル・エレクトリック(GE)は、1990年代後半から5人程度の体制で研究開発に注力し始めた。

図2.18.6-1 微細レーザ加工に関するゼネラル・エレクトリック（GE）の
発明者数・出願件数推移

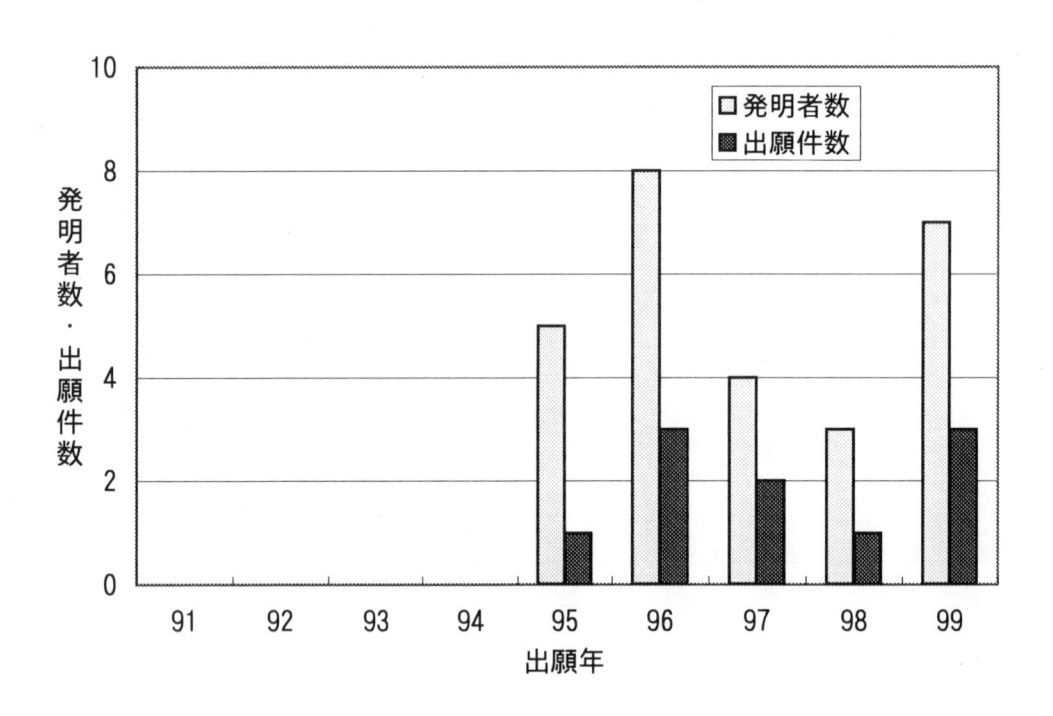

2.19 大阪富士工業

2.19.1 企業の概要
表2.19.1-1に、大阪富士工業の企業概要を示す。

表2.19.1-1 大阪富士工業の企業概要

1)	商号	大阪富士工業株式会社
2)	本社所在地	兵庫県尼崎市常光寺1丁目 9-1
3)	設立年月日	1955年3月19日
4)	資本金	9,200万円
5)	従業員	1,185人
6)	事業内容	高炉メーカーの鉄鋼工程作業・特殊溶接溶射・機械加工・産業機械製作・アルミ建材加工販売 他
7)	主要製品	鉄鋼ライン管理、溶接・溶射加工、マグネシウム圧延材など
8)	主な取引き先	住友金属工業、川崎製鉄、神戸製鋼所など

(大阪富士工業のHP http://village.infoweb.ne.jp より)

なお、ここで紹介する大阪富士工業の出願した特許は、平成11年に移転登録されている。現在は保有していないので注意を要する。

2.19.2 製品例
該当製品無し

2.19.3 技術要素と課題の分布
図2.19.3-1に、大阪富士工業の微細レーザ加工に関する技術要素と課題の分布を示す。

大阪富士工業は技術要素では表面処理に特化している。課題としてはコストに関わるものが多い。加工機能の向上・加工効率の向上といったものにも出願がある。

図2.19.3-1 大阪富士工業の技術要素と課題の分布

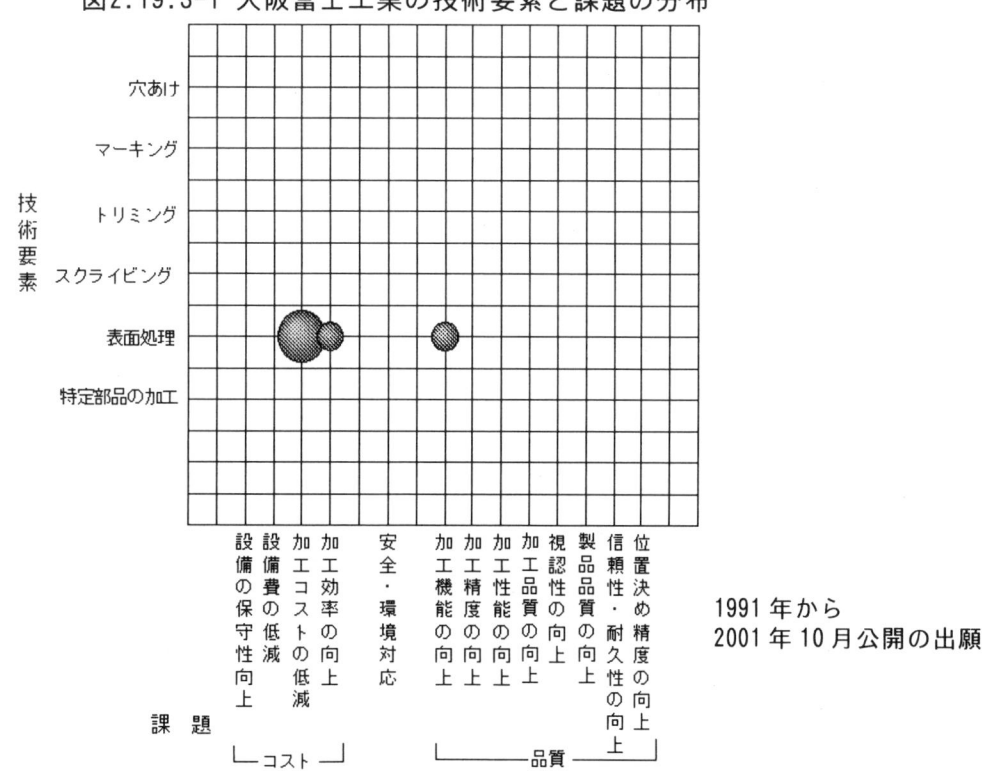

1991年から
2001年10月公開の出願

2.19.4 保有特許の概要

大阪富士工業の微細レーザ加工に関する特許について、表2.19.4-1に紹介する。

表2.19.4-1 大阪富士工業の微細レーザ加工に関する特許

技術要素	課題	公報番号 特許分類	発明の名称	解決手段 概要
基本技術				
表面処理	加工効率の向上	特許2815240 B23K26/00 B23K26/06 B23K26/08 G02B27/00	金属表面のレーザー加工方法	照射条件の改良 空気中で直線偏光または楕円率0.3以下のパルスレーザ光を金属表面の照射面での照射回数が複数回となるように照射し、干渉縞の強度分布に対応した微小凹凸を形成する
	加工コストの低減	特公平7-51400	虹色発色加工物の製造方法	加工方法の改良
		特公平8-25045	虹色発色加工方法	加工方法の改良
		特公平8-11309	虹色発色加工方法	加工方法の改良
	加工機能の向上	特公平7-4675	金属表面の虹色発色加工方法	加工方法の改良

2.19.5 技術開発拠点

微細レーザ加工に関する出願から分かる、大阪冨士工業の技術開発拠点を紹介する。

大阪冨士工業の技術開発拠点 ： 兵庫県尼崎市常光寺1-9-1 本社

2.19.6 研究開発者

図2.19.6-1は、微細レーザ加工に関する大阪富士工業の出願について、発明者数と出願件数を年次別に示したものである。この図に示されるように、大阪富士工業は1990年代初めに5人ほどで研究開発を行っていた。

図2.19.6-1 微細レーザ加工に関する大阪富士工業の発明者数・出願件数の推移

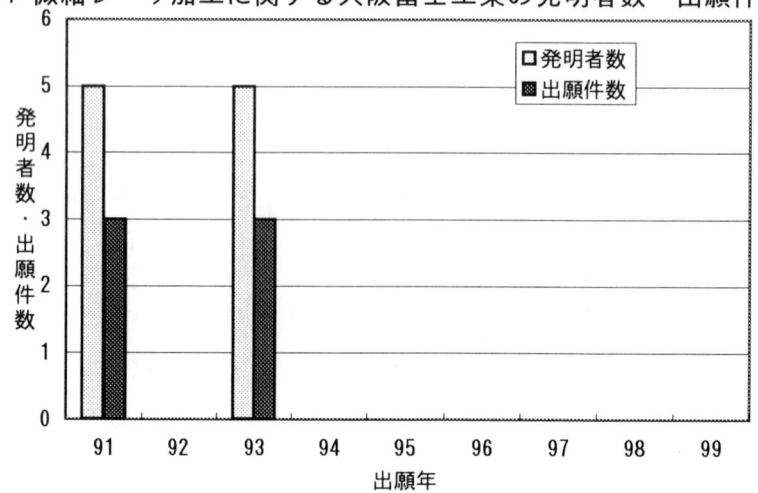

2.20 鐘淵化学工業

2.20.1 企業の概要

表 2.20.1-1 に、鐘淵化学工業の企業概要を示す。

表2.20.1-1 鐘淵化学工業の企業概要

1)	商号	鐘淵化学工業株式会社
2)	本社所在地	大阪本社:大阪市北区中之島 3-2-4(朝日新聞ビル) 東京本社:東京都港区赤坂 1-12-32(アーク森ビル)
3)	設立年月日	1949 年 9 月 1 日
4)	資本金	33,046 百万円(2001 年 3 月 31 日現在)
5)	売上高	単独:247,507 百万円 連結:367,339 百万円(2001 年 3 月期)
6)	従業員	単独:3,283 人(2001 年 3 月 31 日現在)
7)	事業内容	合成樹脂、化成品、樹脂加工製品、食品、医薬品、医療機器、電子材料、合成繊維の製造及び販売
8)	関連会社	サンポリマー(株)、栃木カネカ(株)他
9)	主要製品	MSポリマー(樹脂)、HPGKANEKA(医薬) カネカロン(繊維) など

(鐘淵化学工業のHP http://wwww.kaneka.co.jp より)

2.20.2 製品例

表 2.20.2-1 に、鐘淵化学工業の微細レーザ加工に関する特許技術と関連があると推定される製品を紹介する。鐘淵化学工業はレーザ加工機をHPの製品情報などで調べると外販はしていない。出願された特許の内容を読むと太陽電池セルの製造に関する出願がほとんどのため、内部で太陽電池の生産設備用と考えられる。

表2.20.2-1 鐘淵化学工業の製品例

技術要素	製品	製品名
スクライビング	太陽電池セル	太陽電池

(鐘淵化学工業のHP http://wwww.kaneka.co.jp より)

2.20.3 技術要素と課題の分布

図 2.20.3-1 に、鐘淵化学工業の微細レーザ加工に関する技術要素と課題の分布を示す。

鐘淵化学工業は技術要素ではスクライビングが特に多い。課題としては、加工機能の向上・加工効率の向上・加工精度の向上・加工品質の向上などの加工に関するものが出願されている。

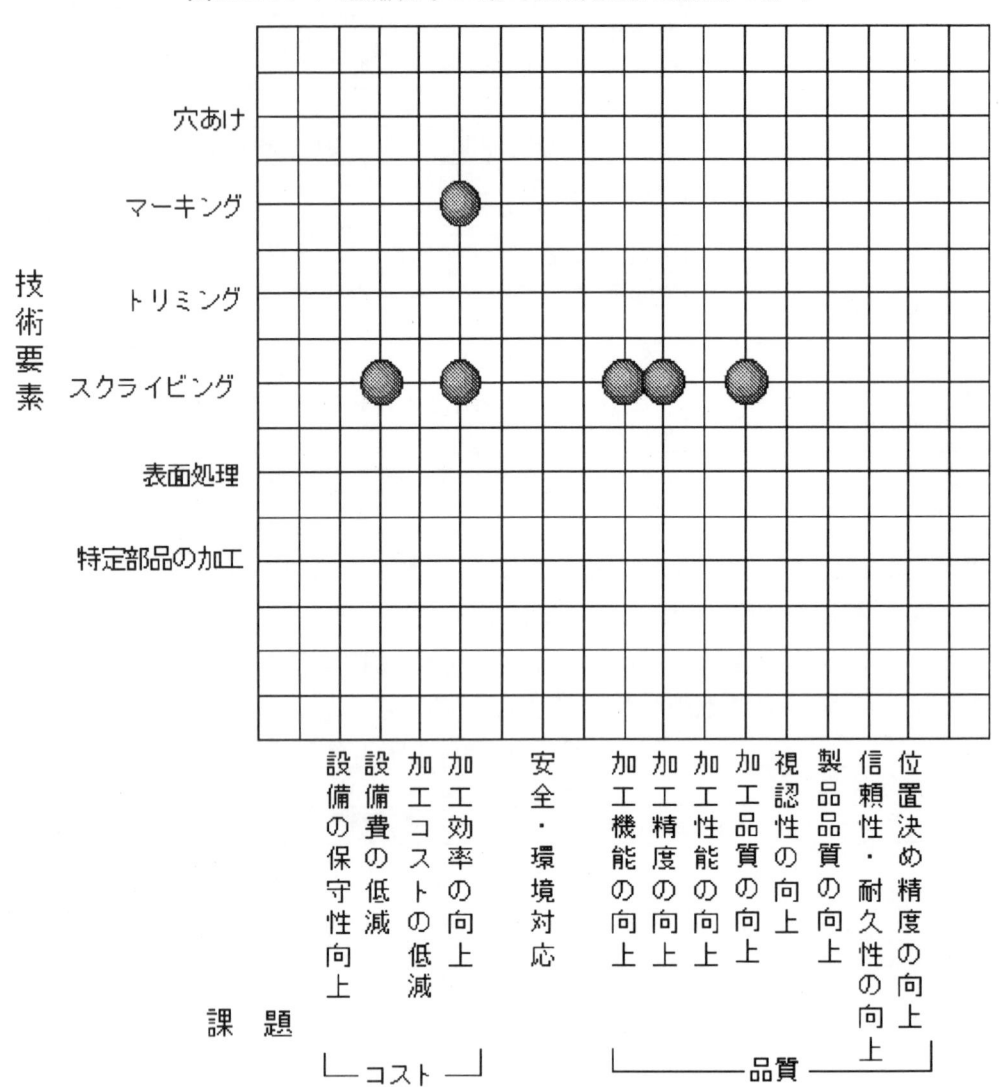

図2.20.3-1 鐘淵化学工業の技術要素と課題の分布

1991年から2001年10月公開の出願
（権利存続中および係属中のもの）

2.20.4 保有特許の概要

鐘淵化学工業が保有する微細レーザ加工に関する特許について、表 2.20.4-1 に紹介する。

表 2.20.4-1 鐘淵化学工業の微細レーザ加工に関する特許

技術要素			課題	公報番号 特許分類	発明の名称	解決手段 概要
基本技術						
	除去					
		マーキング	加工効率の向上	特開 2001-135836	薄膜のスクライブ方法、その装置及び太陽電池モジュール	加工方法の改良
		スクライビング	加工効率の向上	特開 2001-111079 H01L31/04 B23K26/00 H01L21/301	光電変換装置の製造方法	ビーム特性の改良 透明電極層、半導体層、裏面電極層、周辺分離のスクライビング加工に対し基本波、第2高調波、第3高調波の使い分けを行い、精度の高い加工を行う
			加工精度の向上	特開 2000-353816	薄膜太陽電池モジュールの製造方法	加工条件の改良
			加工品質の向上	特開 2001-53309	薄膜太陽電池パネルの製造方法および薄膜太陽電池パネルの洗浄水の水切り装置	付属装置の改良
			加工機能の向上	特開 2001-15786	集積型薄膜太陽電池の製造のためのレーザスクライブ法	ビーム特性の改良
			設備費の低減	特開 2001-150161	膜体のレーザ加工装置及びその方法	加工装置の改良

2.20.5 技術開発拠点

　微細レーザ加工に関する出願から分かる、鐘淵化学工業の技術開発拠点を、下記に紹介する。

　鐘淵化学工業の技術開発拠点　：　大阪市北区中之島 3-2-4　　大阪本社

2.20.6 研究開発者

　図 2.20.6-1 は、微細レーザ加工に関する鐘淵化学工業の出願について、発明者数と出願件数を年次別に示したものである。この図に示されるように、鐘淵化学工業は、最近、研究開発に注力し始めた。

　　　図2.20.6-1 微細レーザ加工に関する鐘淵化学工業の発明者数・出願件数の推移

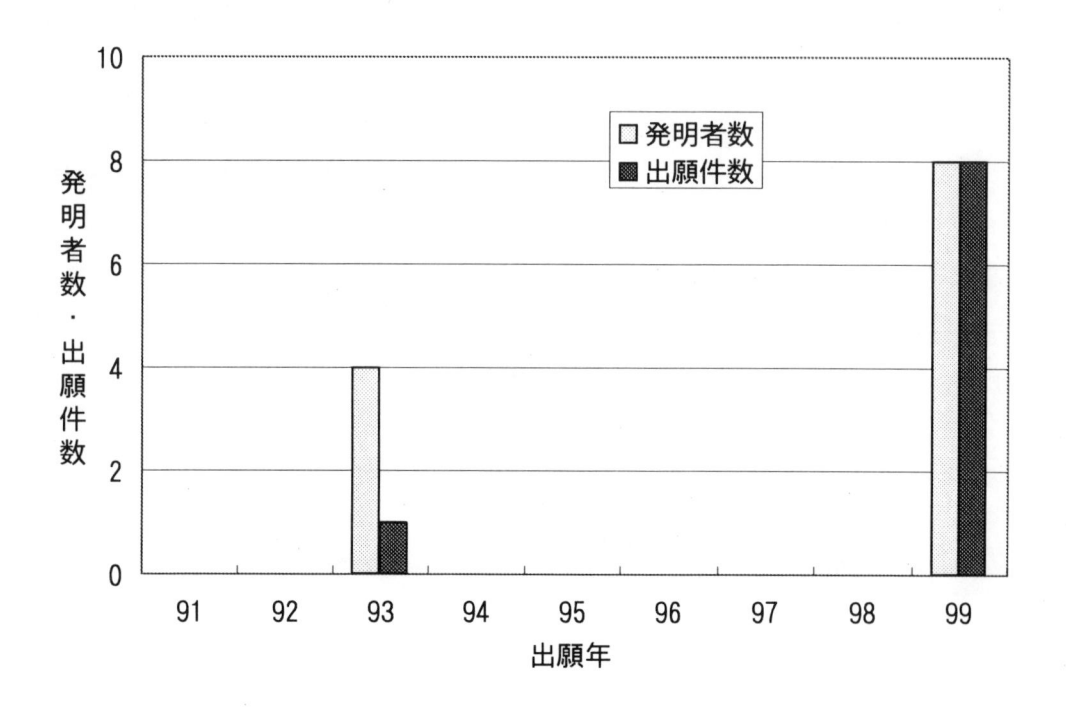

3．主要企業の技術開発拠点

3.1 微細レーザ加工の技術開発拠点

> 特許流通
> 支援チャート

3．主要企業の技術開発拠点

微細レーザ加工の技術開発拠点は、京浜地区に
集中している。

3.1 微細レーザ加工の技術開発拠点

　図3.1-1に、微細レーザ加工の主要企業の技術開発拠点を示す。また、表3.1-1に、技術開発拠点住所一覧を示す。この図表は、主要企業が保有している特許公報から発明者の住所を集計したものである。

　集計の結果は、神奈川県が10拠点、東京都が8拠点、大阪府が4拠点であり、以下愛知県、兵庫県が3拠点、北海道、茨城県、千葉県、石川県、三重県、京都府、広島県、山口県、長崎県および米国が1拠点である。
　京浜地区に技術開発拠点が集中している。

図3.1-1に、微細レーザ加工に関する主要企業の開発拠点を示す。

図 3.1-1 微細レーザ加工技術の開発拠点一覧

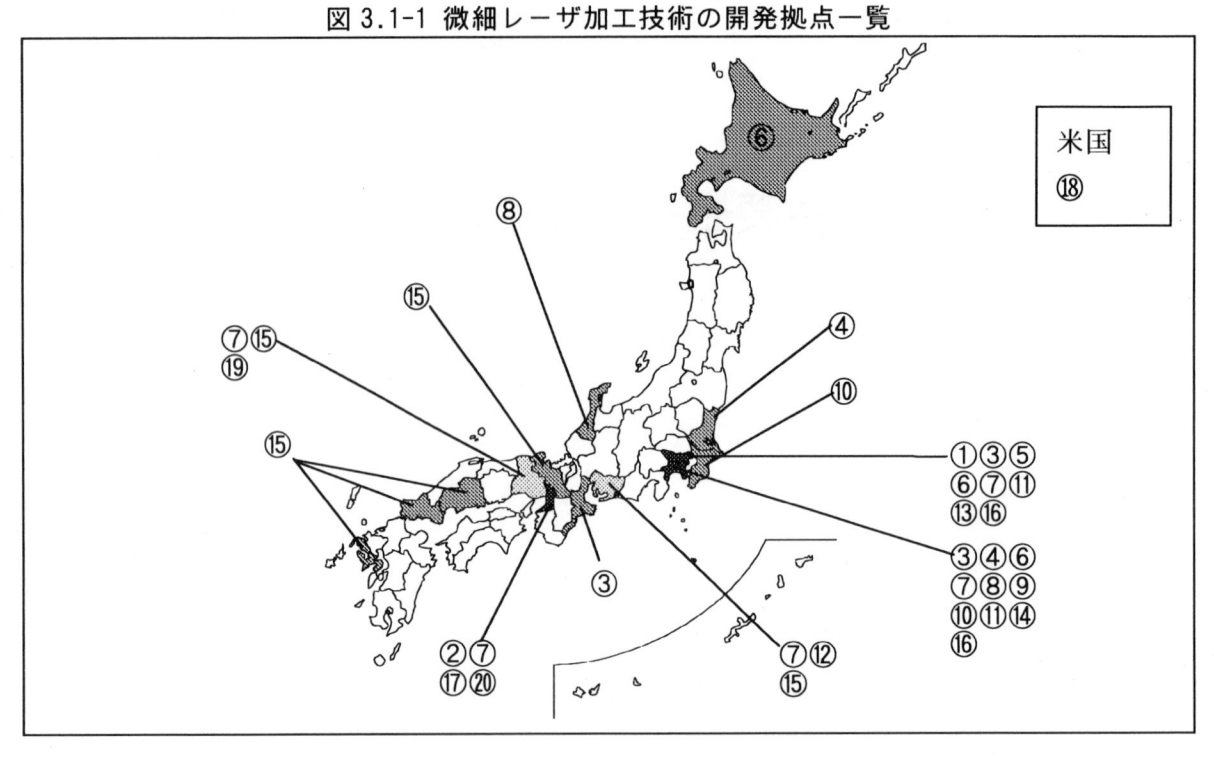

表3.1-1に、微細レーザ加工に関する主要出願人の出願件数、開発拠点を示す。

表 3.1-1 微細レーザ加工技術に関する主要企業の開発拠点一覧（1/2）

No.	企業名	特許	所属	住所	発明者数
1	日本電気	152	本社	東京都港区芝	81
2	松下電器産業	280	本社	大阪府門真市大字門真	150
3	東芝	199	府中工場	東京都府中市東芝町	119
			浜川崎工場	神奈川県川崎市川崎区浮島町	
			東芝生技センタ	神奈川県横浜市磯子区新磯子町	
			多摩川工場	神奈川県川崎市幸区小向東芝町	
			生産技術研究所	神奈川県横浜市磯子区新磯子町	
			三重工場	三重県三重郡朝日町大字縄生	
			京浜事業所	神奈川県横浜市鶴見区末広町	
			横浜事業所	神奈川県横浜市磯子区新杉田町	
4	日立製作所	285	汎用コンピュータ事業部	神奈川県秦野市堀山下	97
			日立工場	茨城県日立市幸町	
			日立研究所	茨城県日立市大みか町	
			電化機器事業部	茨城県日立市東多賀町	
			生産技術研究所	神奈川県横浜市戸塚区吉田町	
			佐和工場	茨城県勝田市大字高場	
			機械研究所	茨城県土浦市神立町	
			エンタープライズ事業部	神奈川県秦野市堀山下	
5	キヤノン	241	本社	東京都大田区下丸子	64
6	住友重機械工業	117	北海道	札幌市中央区大通り西	33
			平塚事業所	神奈川県平塚市夕陽ケ丘	
			システム技術研究所	東京都田無市谷戸町	

表3.1-1 微細レーザ加工技術に関する主要企業の開発拠点一覧（2/2）

No.	企業名	特許	所属	住所	発明者数
7	三菱電機	163	名古屋製作所	愛知県名古屋市東区矢田南	88
			本社	東京都千代田区丸の	
			中央研究所	兵庫県尼崎市塚口本町	
			相模製作所	神奈川県相模原市宮下	
			生産技術研究所	兵庫県尼崎市塚口本町	
			産業システム研究所	兵庫県尼崎市塚口本町	
			関西支社	大阪府大阪市北区堂島	
			伊丹製作所	兵庫県尼崎市塚口本町	
8	小松製作所	135	中央研究所	神奈川県平塚市万田	36
			粟津工場	石川県小松市符津町ツ	
9	アマダ	65	本社	神奈川県伊勢原市石田	40
10	新日本製鉄	153	第2研究所	神奈川県相模原市淵野辺	63
			君津製鉄所	千葉県君津市君津	
			開発本部	千葉県富津市新富	
			エレクトロニクス研究所	神奈川県相模原市淵野辺	
11	富士電機	64	本社	東京都品川区大崎	26
			エネルギー製作所	神奈川県川崎市川崎区田辺新田	
12	ブラザー工業	50	本社	愛知県名古屋市瑞穂区苗代町	16
13	三菱瓦斯化学	94	本社	東京都千代田区丸の内	11
			東京工場	東京都葛飾区新宿	
14	富士通	67	本店	神奈川県川崎市中原区上小田中	56
15	三菱重工業	69	名古屋航空宇宙システム	愛知県名古屋市港区大江町	45
			長崎研究所	長崎県長崎市深堀町	
			高砂研究所	兵庫県高砂市新居町新浜	
			広島研究所	広島県広島市西区観音新町	
			京都精機製作所	京都府京都市右京区太秦巽町	
			下関造船所	山口県下関市彦島江の浦町	
16	石川島播磨重工業	68	東二テクニカルセンタ	東京都江東区豊洲	40
			田無工場	東京都田無市向台町	
			瑞穂工場	東京都西多摩郡瑞穂町殿ヶ谷	
			技術研究所	神奈川県横浜市磯子区新中原町	
			横浜エンジニアリング	神奈川県横浜市磯子区新中原町	
17	シャープ	22	本社	大阪市阿倍野区長池町	21
18	ゼネラル エレクトリック（米国）	34	本社	ニューヨーク州スケネクタディ	30
19	大阪富士工業	71	本社	兵庫県尼崎市常光寺	7
20	鐘淵化学工業	13	本社	大阪市北区中之島	8

資料

1. 工業所有権総合情報館と特許流通促進事業
2. 特許流通アドバイザー一覧
3. 特許電子図書館情報検索指導アドバイザー一覧
4. 知的所有権センター一覧
5. 平成13年度25技術テーマの特許流通の概要
6. 特許番号一覧

資料1．工業所有権総合情報館と特許流通促進事業

　特許庁工業所有権総合情報館は、明治20年に特許局官制が施行され、農商務省特許局庶務部内に図書館を置き、図書等の保管・閲覧を開始したことにより、組織上のスタートを切りました。
　その後、我が国が明治32年に「工業所有権の保護等に関するパリ同盟条約」に加入することにより、同条約に基づく公報等の閲覧を行う中央資料館として、国際的な地位を獲得しました。
　平成9年からは、工業所有権相談業務と情報流通業務を新たに加え、総合的な情報提供機関として、その役割を果たしております。さらに平成13年4月以降は、独立行政法人工業所有権総合情報館として生まれ変わり、より一層の利用者ニーズに機敏に対応する業務運営を目指し、特許公報等の情報提供及び工業所有権に関する相談等による出願人支援、審査審判協力のための図書等の提供、開放特許活用等の特許流通促進事業を推進しております。

1　事業の概要
（1）内外国公報類の収集・閲覧
　下記の公報閲覧室でどなたでも内外国公報等の調査を行うことができる環境と体制を整備しています。

閲覧室	所在地	TEL
札幌閲覧室	北海道札幌市北区北7条西2-8　北ビル7F	011-747-3061
仙台閲覧室	宮城県仙台市青葉区本町3-4-18　太陽生命仙台本町ビル7F	022-711-1339
第一公報閲覧室	東京都千代田区霞が関3-4-3　特許庁2F	03-3580-7947
第二公報閲覧室	東京都千代田区霞が関1-3-1　経済産業省別館1F	03-3581-1101 （内線3819）
名古屋閲覧室	愛知県名古屋市中区栄2-10-19　名古屋商工会議所ビルB2F	052-223-5764
大阪閲覧室	大阪府大阪市天王寺区伶人町2-7　関西特許情報センター1F	06-4305-0211
広島閲覧室	広島県広島市中区上八丁堀6-30　広島合同庁舎3号館	082-222-4595
高松閲覧室	香川県高松市林町2217-15　香川産業頭脳化センタービル2F	087-869-0661
福岡閲覧室	福岡県福岡市博多区博多駅東2-6-23　住友博多駅前第2ビル2F	092-414-7101
那覇閲覧室	沖縄県那覇市前島3-1-15　大同生命那覇ビル5F	098-867-9610

（2）審査審判用図書等の収集・閲覧
　審査に利用する図書等を収集・整理し、特許庁の審査に提供すると同時に、「図書閲覧室（特許庁2F）」において、調査を希望する方々へ提供しています。【TEL：03-3592-2920】

（3）工業所有権に関する相談
　相談窓口（特許庁　2F）を開設し、工業所有権に関する一般的な相談に応じています。

手紙、電話、e-mail等による相談も受け付けています。
【TEL:03-3581-1101(内線2121〜2123)】【FAX:03-3502-8916】
【e-mail:PA8102@ncipi.jpo.go.jp】

(4) 特許流通の促進
　特許権の活用を促進するための特許流通市場の整備に向け、各種事業を行っています。（詳細は2項参照）【TEL:03-3580-6949】

2　特許流通促進事業
　先行き不透明な経済情勢の中、企業が生き残り、発展して行くためには、新しいビジネスの創造が重要であり、その際、知的資産の活用、とりわけ技術情報の宝庫である特許の活用がキーポイントとなりつつあります。
　また、企業が技術開発を行う場合、まず自社で開発を行うことが考えられますが、商品のライフサイクルの短縮化、技術開発のスピードアップ化が求められている今日、外部からの技術を積極的に導入することも必要になってきています。
　このような状況下、特許庁では、特許の流通を通じた技術移転・新規事業の創出を促進するため、特許流通促進事業を展開していますが、2001年4月から、これらの事業は、特許庁から独立をした「独立行政法人　工業所有権総合情報館」が引き継いでいます。

(1) 特許流通の促進
① 特許流通アドバイザー
　全国の知的所有権センター・TLO等からの要請に応じて、知的所有権や技術移転についての豊富な知識・経験を有する専門家を特許流通アドバイザーとして派遣しています。
　知的所有権センターでは、地域の活用可能な特許の調査、当該特許の提供支援及び大学・研究機関が保有する特許と地域企業との橋渡しを行っています。（資料2参照）

② 特許流通促進説明会
　地域特性に合った特許情報の有効活用の普及・啓発を図るため、技術移転の実例を紹介しながら特許流通のプロセスや特許電子図書館を利用した特許情報検索方法等を内容とした説明会を開催しています。

(2) 開放特許情報等の提供
① 特許流通データベース
　活用可能な開放特許を産業界、特に中小・ベンチャー企業に円滑に流通させ実用化を推進していくため、企業や研究機関・大学等が保有する提供意思のある特許をデータベース化し、インターネットを通じて公開しています。（http://www.ncipi.go.jp）

② 開放特許活用例集
　特許流通データベースに登録されている開放特許の中から製品化ポテンシャルが高い案

件を選定し、これら有用な開放特許を有効に使ってもらうためのビジネスアイデア集を作成しています。

③ 特許流通支援チャート

　企業が新規事業創出時の技術導入・技術移転を図る上で指標となりうる国内特許の動向を技術テーマごとに、分析したものです。出願上位企業の特許取得状況、技術開発課題に対応した特許保有状況、技術開発拠点等を紹介しています。

④ 特許電子図書館情報検索指導アドバイザー

　知的財産権及びその情報に関する専門的知識を有するアドバイザーを全国の知的所有権センターに派遣し、特許情報の検索に必要な基礎知識から特許情報の活用の仕方まで、無料でアドバイス・相談を行っています。(資料3参照)

(3) 知的財産権取引業の育成

① 知的財産権取引業者データベース

　特許を始めとする知的財産権の取引や技術移転の促進には、欧米の技術移転先進国に見られるように、民間の仲介事業者の存在が不可欠です。こうした民間ビジネスが質・量ともに不足し、社会的認知度も低いことから、事業者の情報を収集してデータベース化し、インターネットを通じて公開しています。

② 国際セミナー・研修会等

　著名海外取引業者と我が国取引業者との情報交換、議論の場(国際セミナー)を開催しています。また、産学官の技術移転を促進して、企業の新商品開発や技術力向上を促進するために不可欠な、技術移転に携わる人材の育成を目的とした研修事業を開催しています。

資料2. 特許流通アドバイザー一覧 （平成14年3月1日現在）

○経済産業局特許室および知的所有権センターへの派遣

派遣先	氏名	所在地	TEL
北海道経済産業局特許室	杉谷 克彦	〒060-0807 札幌市北区北7条西2丁目8番地1北ビル7階	011-708-5783
北海道知的所有権センター（北海道立工業試験場）	宮本 剛汎	〒060-0819 札幌市北区北19条西11丁目 北海道立工業試験場内	011-747-2211
東北経済産業局特許室	三澤 輝起	〒980-0014 仙台市青葉区本町3-4-18 太陽生命仙台本町ビル7階	022-223-9761
青森県知的所有権センター（(社)発明協会青森県支部）	内藤 規雄	〒030-0112 青森市大字八ツ役字芦谷202-4 青森県産業技術開発センター内	017-762-3912
岩手県知的所有権センター（岩手県工業技術センター）	阿部 新喜司	〒020-0852 盛岡市飯岡新田3-35-2 岩手県工業技術センター内	019-635-8182
宮城県知的所有権センター（宮城県産業技術総合センター）	小野 賢悟	〒981-3206 仙台市泉区明通二丁目2番地 宮城県産業技術総合センター内	022-377-8725
秋田県知的所有権センター（秋田県工業技術センター）	石川 順三	〒010-1623 秋田市新屋町字砂奴寄4-11 秋田県工業技術センター内	018-862-3417
山形県知的所有権センター（山形県工業技術センター）	冨樫 富雄	〒990-2473 山形市松栄1-3-8 山形県産業創造支援センター内	023-647-8130
福島県知的所有権センター（(社)発明協会福島県支部）	相澤 正彬	〒963-0215 郡山市待池台1-12 福島県ハイテクプラザ内	024-959-3351
関東経済産業局特許室	村上 義英	〒330-9715 さいたま市上落合2-11 さいたま新都心合同庁舎1号館	048-600-0501
茨城県知的所有権センター（(財)茨城県中小企業振興公社）	齋藤 幸一	〒312-0005 ひたちなか市新光町38 ひたちなかテクノセンタービル内	029-264-2077
栃木県知的所有権センター（(社)発明協会栃木県支部）	坂本 武	〒322-0011 鹿沼市白桑田516-1 栃木県工業技術センター内	0289-60-1811
群馬県知的所有権センター（(社)発明協会群馬県支部）	三田 隆志	〒371-0845 前橋市鳥羽町190 群馬県工業試験場内	027-280-4416
	金井 澄雄	〒371-0845 前橋市鳥羽町190 群馬県工業試験場内	027-280-4416
埼玉県知的所有権センター（埼玉県工業技術センター）	野口 満	〒333-0848 川口市芝下1-1-56 埼玉県工業技術センター内	048-269-3108
	清水 修	〒333-0848 川口市芝下1-1-56 埼玉県工業技術センター内	048-269-3108
千葉県知的所有権センター（(社)発明協会千葉県支部）	稲谷 稔宏	〒260-0854 千葉市中央区長洲1-9-1 千葉県庁南庁舎内	043-223-6536
	阿草 一男	〒260-0854 千葉市中央区長洲1-9-1 千葉県庁南庁舎内	043-223-6536
東京都知的所有権センター（東京都城南地域中小企業振興センター）	鷹見 紀彦	〒144-0035 大田区南蒲田1-20-20 城南地域中小企業振興センター内	03-3737-1435
神奈川県知的所有権センター支部（(財)神奈川高度技術支援財団）	小森 幹雄	〒213-0012 川崎市高津区坂戸3-2-1 かながわサイエンスパーク内	044-819-2100
新潟県知的所有権センター（(財)信濃川テクノポリス開発機構）	小林 靖幸	〒940-2127 長岡市新産4-1-9 長岡地域技術開発振興センター内	0258-46-9711
山梨県知的所有権センター（山梨県工業技術センター）	廣川 幸生	〒400-0055 甲府市大津町2094 山梨県工業技術センター内	055-220-2409
長野県知的所有権センター（(社)発明協会長野県支部）	徳永 正明	〒380-0928 長野市若里1-18-1 長野県工業試験場内	026-229-7688
静岡県知的所有権センター（(社)発明協会静岡県支部）	神長 邦雄	〒421-1221 静岡市牧ヶ谷2078 静岡工業技術センター内	054-276-1516
	山田 修寧	〒421-1221 静岡市牧ヶ谷2078 静岡工業技術センター内	054-276-1516
中部経済産業局特許室	原口 邦弘	〒460-0008 名古屋市中区栄2-10-19 名古屋商工会議所ビルB2F	052-223-6549
富山県知的所有権センター（富山県工業技術センター）	小坂 郁雄	〒933-0981 高岡市二上町150 富山県工業技術センター内	0766-29-2081
石川県知的所有権センター（財)石川県産業創出支援機構	一丸 義次	〒920-0223 金沢市戸水町イ65番地 石川県地場産業振興センター新館1階	076-267-8117
岐阜県知的所有権センター（岐阜県科学技術振興センター）	松永 孝義	〒509-0108 各務原市須衛町4-179-1 テクノプラザ5F	0583-79-2250
	木下 裕雄	〒509-0108 各務原市須衛町4-179-1 テクノプラザ5F	0583-79-2250
愛知県知的所有権センター（愛知県工業技術センター）	森 孝和	〒448-0003 刈谷市一ツ木町西新割 愛知県工業技術センター内	0566-24-1841
	三浦 元久	〒448-0003 刈谷市一ツ木町西新割 愛知県工業技術センター内	0566-24-1841

派遣先	氏名	所在地	TEL
三重県知的所有権センター (三重県工業技術総合研究所)	馬渡 建一	〒514-0819 津市高茶屋5-5-45 三重県科学振興センター工業研究部内	059-234-4150
近畿経済産業局特許室	下田 英宣	〒543-0061 大阪市天王寺区伶人町2-7 関西特許情報センター1階	06-6776-8491
福井県知的所有権センター (福井県工業技術センター)	上坂 旭	〒910-0102 福井市川合鷲塚町61字北稲田10 福井県工業技術センター内	0776-55-2100
滋賀県知的所有権センター (滋賀県工業技術センター)	新屋 正男	〒520-3004 栗東市上砥山232 滋賀県工業技術総合センター別館内	077-558-4040
京都府知的所有権センター ((社)発明協会京都支部)	衣川 清彦	〒600-8813 京都市下京区中堂寺南町17番地 京都リサーチパーク京都高度技術研究所ビル4階	075-326-0066
大阪府知的所有権センター (大阪府立特許情報センター)	大空 一博	〒543-0061 大阪市天王寺区伶人町2-7 関西特許情報センター内	06-6772-0704
	梶原 淳治	〒577-0809 東大阪市永和1-11-10	06-6722-1151
兵庫県知的所有権センター ((財)新産業創造研究機構)	園田 憲一	〒650-0047 神戸市中央区港島南町1-5-2 神戸キメックセンタービル6F	078-306-6808
	島田 一男	〒650-0047 神戸市中央区港島南町1-5-2 神戸キメックセンタービル6F	078-306-6808
和歌山県知的所有権センター ((社)発明協会和歌山県支部)	北澤 宏造	〒640-8214 和歌山県寄合町25 和歌山市発明館4階	073-432-0087
中国経済産業局特許室	木村 郁男	〒730-8531 広島市中区上八丁堀6-30 広島合同庁舎3号館1階	082-502-6828
鳥取県知的所有権センター ((社)発明協会鳥取県支部)	五十嵐 善司	〒689-1112 鳥取市若葉台南7-5-1 新産業創造センター1階	0857-52-6728
島根県知的所有権センター ((社)発明協会島根県支部)	佐野 馨	〒690-0816 島根県松江市北陵町1 テクノアークしまね内	0852-60-5146
岡山県知的所有権センター ((社)発明協会岡山県支部)	横田 悦造	〒701-1221 岡山市芳賀5301 テクノサポート岡山内	086-286-9102
広島県知的所有権センター ((社)発明協会広島県支部)	壹岐 正弘	〒730-0052 広島市中区千田町3-13-11 広島発明会館2階	082-544-2066
山口県知的所有権センター ((社)発明協会山口県支部)	滝川 尚久	〒753-0077 山口市熊野町1-10 NPYビル10階 (財)山口県産業技術開発機構内	083-922-9927
四国経済産業局特許室	鶴野 弘章	〒761-0301 香川県高松市林町2217-15 香川産業頭脳化センタービル2階	087-869-3790
徳島県知的所有権センター ((社)発明協会徳島県支部)	武岡 明夫	〒770-8021 徳島市雑賀町西開11-2 徳島県立工業技術センター内	088-669-0117
香川県知的所有権センター ((社)発明協会香川県支部)	谷田 吉成	〒761-0301 香川県高松市林町2217-15 香川産業頭脳化センタービル2階	087-869-9004
	福家 康矩	〒761-0301 香川県高松市林町2217-15 香川産業頭脳化センタービル2階	087-869-9004
愛媛県知的所有権センター ((社)発明協会愛媛県支部)	川野 辰己	〒791-1101 松山市久米窪田町337-1 テクノプラザ愛媛	089-960-1489
高知県知的所有権センター ((財)高知県産業振興センター)	吉本 忠男	〒781-5101 高知市布師田3992-2 高知県中小企業会館2階	0888-46-7087
九州経済産業局特許室	簗田 克志	〒812-8546 福岡市博多区博多駅東2-11-1 福岡合同庁舎内	092-436-7260
福岡県知的所有権センター ((社)発明協会福岡県支部)	道津 毅	〒812-0013 福岡市博多区博多駅東2-6-23 住友博多駅前第2ビル1階	092-415-6777
福岡県知的所有権センター北九州支部 ((株)北九州テクノセンター)	沖 宏治	〒804-0003 北九州市戸畑区中原新町2-1 (株)北九州テクノセンター内	093-873-1432
佐賀県知的所有権センター (佐賀県工業技術センター)	光武 章二	〒849-0932 佐賀市鍋島町大字八戸溝114 佐賀県工業技術センター内	0952-30-8161
	村上 忠郎	〒849-0932 佐賀市鍋島町大字八戸溝114 佐賀県工業技術センター内	0952-30-8161
長崎県知的所有権センター ((社)発明協会長崎県支部)	嶋北 正俊	〒856-0026 大村市池田2-1303-8 長崎県工業技術センター内	0957-52-1138
熊本県知的所有権センター ((社)発明協会熊本県支部)	深見 毅	〒862-0901 熊本市東町3-11-38 熊本県工業技術センター内	096-331-7023
大分県知的所有権センター (大分県産業科学技術センター)	古崎 宣	〒870-1117 大分市高江西1-4361-10 大分県産業科学技術センター内	097-596-7121
宮崎県知的所有権センター ((社)発明協会宮崎県支部)	久保田 英世	〒880-0303 宮崎県宮崎郡佐土原町東上那珂16500-2 宮崎県工業技術センター内	0985-74-2953
鹿児島県知的所有権センター (鹿児島県工業技術センター)	山田 式典	〒899-5105 鹿児島県姶良郡隼人町小田1445-1 鹿児島県工業技術センター内	0995-64-2056
沖縄総合事務局特許室	下司 義雄	〒900-0016 那覇市前島3-1-15 大同生命那覇ビル5階	098-867-3293
沖縄県知的所有権センター (沖縄県工業技術センター)	木村 薫	〒904-2234 具志川市州崎12-2 沖縄県工業技術センター内1階	098-939-2372

○技術移転機関(TLO)への派遣

派遣先	氏名	所在地	TEL
北海道ティー・エル・オー(株)	山田 邦重	〒060-0808 札幌市北区北8条西5丁目 北海道大学事務局分館2館	011-708-3633
	岩城 全紀	〒060-0808 札幌市北区北8条西5丁目 北海道大学事務局分館2館	011-708-3633
(株)東北テクノアーチ	井硲 弘	〒980-0845 仙台市青葉区荒巻字青葉468番地 東北大学未来科学技術共同センター	022-222-3049
(株)筑波リエゾン研究所	関 淳次	〒305-8577 茨城県つくば市天王台1-1-1 筑波大学共同研究棟A303	0298-50-0195
	綾 紀元	〒305-8577 茨城県つくば市天王台1-1-1 筑波大学共同研究棟A303	0298-50-0195
(財)日本産業技術振興協会 産総研イノベーションズ	坂 光	〒305-8568 茨城県つくば市梅園1-1-1 つくば中央第二事業所D-7階	0298-61-5210
日本大学国際産業技術・ビジネス育成センター	斎藤 光史	〒102-8275 東京都千代田区九段南4-8-24	03-5275-8139
	加根魯 和宏	〒102-8275 東京都千代田区九段南4-8-24	03-5275-8139
学校法人早稲田大学知的財産センター	菅野 淳	〒162-0041 東京都新宿区早稲田鶴巻町513 早稲田大学研究開発センター120-1号館1F	03-5286-9867
	風間 孝彦	〒162-0041 東京都新宿区早稲田鶴巻町513 早稲田大学研究開発センター120-1号館1F	03-5286-9867
(財)理工学振興会	鷹巣 征行	〒226-8503 横浜市緑区長津田町4259 フロンティア創造共同研究センター内	045-921-4391
	北川 謙一	〒226-8503 横浜市緑区長津田町4259 フロンティア創造共同研究センター内	045-921-4391
よこはまティーエルオー(株)	小原 郁	〒240-8501 横浜市保土ヶ谷区常盤台79-5 横浜国立大学共同研究推進センター内	045-339-4441
学校法人慶応義塾大学知的資産センター	道井 敏	〒108-0073 港区三田2-11-15 三田川崎ビル3階	03-5427-1678
	鈴木 泰	〒108-0073 港区三田2-11-15 三田川崎ビル3階	03-5427-1678
学校法人東京電機大学産官学交流センター	河村 幸夫	〒101-8457 千代田区神田錦町2-2	03-5280-3640
タマティーエルオー(株)	古瀬 武弘	〒192-0083 八王子市旭町9-1 八王子スクエアビル11階	0426-31-1325
学校法人明治大学知的資産センター	竹田 幹男	〒101-8301 千代田区神田駿河台1-1	03-3296-4327
(株)山梨ティー・エル・オー	田中 正男	〒400-8511 甲府市武田4-3-11 山梨大学地域共同開発研究センター内	055-220-8760
(財)浜松科学技術研究振興会	小野 義光	〒432-8561 浜松市城北3-5-1	053-412-6703
(財)名古屋産業科学研究所	杉本 勝	〒460-0008 名古屋市中区栄二丁目十番十九号 名古屋商工会議所ビル	052-223-5691
	小西 富雅	〒460-0008 名古屋市中区栄二丁目十番十九号 名古屋商工会議所ビル	052-223-5694
関西ティー・エル・オー(株)	山田 富義	〒600-8813 京都市下京区中堂寺南町17 京都リサーチパークサイエンスセンタービル1号館2階	075-315-8250
	斎田 雄一	〒600-8813 京都市下京区中堂寺南町17 京都リサーチパークサイエンスセンタービル1号館2階	075-315-8250
(財)新産業創造研究機構	井上 勝彦	〒650-0047 神戸市中央区港島南町1-5-2 神戸キメックセンタービル6F	078-306-6805
	長冨 弘充	〒650-0047 神戸市中央区港島南町1-5-2 神戸キメックセンタービル6F	078-306-6805
(財)大阪産業振興機構	有馬 秀平	〒565-0871 大阪府吹田市山田丘2-1 大阪大学先端科学技術共同研究センター4F	06-6879-4196
(有)山口ティー・エル・オー	松本 孝三	〒755-8611 山口県宇部市常盤台2-16-1 山口大学地域共同研究開発センター内	0836-22-9768
	熊原 尋美	〒755-8611 山口県宇部市常盤台2-16-1 山口大学地域共同研究開発センター内	0836-22-9768
(株)テクノネットワーク四国	佐藤 博正	〒760-0033 香川県高松市丸の内2-5 ヨンデンビル別館4F	087-811-5039
(株)北九州テクノセンター	乾 全	〒804-0003 北九州市戸畑区中原新町2番1号	093-873-1448
(株)産学連携機構九州	堀 浩一	〒812-8581 福岡市東区箱崎6-10-1 九州大学技術移転推進室内	092-642-4363
(財)くまもとテクノ産業財団	桂 真郎	〒861-2202 熊本県上益城郡益城町田原2081-10	096-289-2340

資料3．特許電子図書館情報検索指導アドバイザー一覧 （平成14年3月1日現在）

○知的所有権センターへの派遣

派遣先	氏名	所在地	TEL
北海道知的所有権センター （北海道立工業試験場）	平野 徹	〒060-0819 札幌市北区北19条西11丁目	011-747-2211
青森県知的所有権センター （(社)発明協会青森県支部）	佐々木 泰樹	〒030-0112 青森市第二問屋町4-11-6	017-762-3912
岩手県知的所有権センター （岩手県工業技術センター）	中嶋 孝弘	〒020-0852 盛岡市飯岡新田3-35-2	019-634-0684
宮城県知的所有権センター （宮城県産業技術総合センター）	小林 保	〒981-3206 仙台市泉区明通2-2	022-377-8725
秋田県知的所有権センター （秋田県工業技術センター）	田嶋 正夫	〒010-1623 秋田市新屋町字砂奴寄4-11	018-862-3417
山形県知的所有権センター （山形県工業技術センター）	大澤 忠行	〒990-2473 山形市松栄1-3-8	023-647-8130
福島県知的所有権センター （(社)発明協会福島県支部）	栗田 広	〒963-0215 郡山市待池台1-12 福島県ハイテクプラザ内	024-963-0242
茨城県知的所有権センター （(財)茨城県中小企業振興公社）	猪野 正己	〒312-0005 ひたちなか市新光町38 ひたちなかテクノセンタービル1階	029-264-2211
栃木県知的所有権センター （(社)発明協会栃木県支部）	中里 浩	〒322-0011 鹿沼市白桑田516-1 栃木県工業技術センター内	0289-65-7550
群馬県知的所有権センター （(社)発明協会群馬県支部）	神林 賢蔵	〒371-0845 前橋市鳥羽町190 群馬県工業試験場内	027-254-0627
埼玉県知的所有権センター （(社)発明協会埼玉県支部）	田中 廣雅	〒331-8669 さいたま市桜木町1-7-5 ソニックシティ10階	048-644-4806
千葉県知的所有権センター （(社)発明協会千葉県支部）	中原 照義	〒260-0854 千葉市中央区長洲1-9-1 千葉県庁南庁舎R3階	043-223-7748
東京都知的所有権センター （(社)発明協会東京支部）	福澤 勝義	〒105-0001 港区虎ノ門2-9-14	03-3502-5521
神奈川県知的所有権センター （神奈川県産業技術総合研究所）	森 啓次	〒243-0435 海老名市下今泉705-1	046-236-1500
神奈川県知的所有権センター支部 （(財)神奈川高度技術支援財団）	大井 隆	〒213-0012 川崎市高津区坂戸3-2-1 かながわサイエンスパーク西棟205	044-819-2100
神奈川県知的所有権センター支部 （(社)発明協会神奈川県支部）	蓮見 亮	〒231-0015 横浜市中区尾上町5-80 神奈川中小企業センター10階	045-633-5055
新潟県知的所有権センター （(財)信濃川テクノポリス開発機構）	石谷 速夫	〒940-2127 長岡市新産4-1-9	0258-46-9711
山梨県知的所有権センター （山梨県工業技術センター）	山下 知	〒400-0055 甲府市大津町2094	055-243-6111
長野県知的所有権センター （(社)発明協会長野県支部）	岡田 光正	〒380-0928 長野市若里1-18-1 長野県工業試験場内	026-228-5559
静岡県知的所有権センター （(社)発明協会静岡県支部）	吉井 和夫	〒421-1221 静岡市牧ヶ谷2078 静岡工業技術センター資料館内	054-278-6111
富山県知的所有権センター （富山県工業技術センター）	齋藤 靖雄	〒933-0981 高岡市二上町150	0766-29-1252
石川県知的所有権センター (財)石川県産業創出支援機構	辻 寛司	〒920-0223 金沢市戸水町イ65番地 石川県地場産業振興センター	076-267-5918
岐阜県知的所有権センター （岐阜県科学技術振興センター）	林 邦明	〒509-0108 各務原市須衛町4-179-1 テクノプラザ5F	0583-79-2250
愛知県知的所有権センター （愛知県工業技術センター）	加藤 英昭	〒448-0003 刈谷市一ツ木町西新割	0566-24-1841
三重県知的所有権センター （三重県工業技術総合研究所）	長峰 隆	〒514-0819 津市高茶屋5-5-45	059-234-4150
福井県知的所有権センター （福井県工業技術センター）	川・好昭	〒910-0102 福井市川合鷲塚町61字北稲田10	0776-55-1195
滋賀県知的所有権センター （滋賀県工業技術センター）	森 久子	〒520-3004 栗東市上砥山232	077-558-4040
京都府知的所有権センター （(社)発明協会京都支部）	中野 剛	〒600-8813 京都市下京区中堂寺南町17 京都リサーチパーク内 京都高度技研ビル4階	075-315-8686
大阪府知的所有権センター （大阪府立特許情報センター）	秋田 伸一	〒543-0061 大阪市天王寺区伶人町2-7	06-6771-2646
大阪府知的所有権センター支部 （(社)発明協会大阪支部知的財産センター）	戎 邦夫	〒564-0062 吹田市垂水町3-24-1 シンプレス江坂ビル2階	06-6330-7725
兵庫県知的所有権センター （(社)発明協会兵庫県支部）	山口 克己	〒654-0037 神戸市須磨区行平町3-1-31 兵庫県立産業技術センター4階	078-731-5847
奈良県知的所有権センター （奈良県工業技術センター）	北田 友彦	〒630-8031 奈良市柏木町129-1	0742-33-0863

派遣先	氏名	所在地	TEL
和歌山県知的所有権センター ((社)発明協会和歌山県支部)	木村 武司	〒640-8214 和歌山県寄合町25 和歌山市発明館4階	073-432-0087
鳥取県知的所有権センター ((社)発明協会鳥取県支部)	奥村 隆一	〒689-1112 鳥取市若葉台南7-5-1 新産業創造センター1階	0857-52-6728
島根県知的所有権センター ((社)発明協会島根県支部)	門脇 みどり	〒690-0816 島根県松江市北陵町1番地 テクノアークしまね1F内	0852-60-5146
岡山県知的所有権センター ((社)発明協会岡山県支部)	佐藤 新吾	〒701-1221 岡山市芳賀5301 テクノサポート岡山内	086-286-9656
広島県知的所有権センター ((社)発明協会広島県支部)	若木 幸蔵	〒730-0052 広島市中区千田町3-13-11 広島発明会館内	082-544-0775
広島県知的所有権センター支部 ((社)発明協会広島県支部備後支会)	渡部 武徳	〒720-0067 福山市西町2-10-1	0849-21-2349
広島県知的所有権センター支部 (呉地域産業振興センター)	三上 達矢	〒737-0004 呉市阿賀南2-10-1	0823-76-3766
山口県知的所有権センター ((社)発明協会山口県支部)	大段 恭二	〒753-0077 山口市熊野町1-10 NPYビル10階	083-922-9927
徳島県知的所有権センター ((社)発明協会徳島県支部)	平野 稔	〒770-8021 徳島市雑賀町西開11-2 徳島県立工業技術センター内	088-636-3388
香川県知的所有権センター ((社)発明協会香川県支部)	中元 恒	〒761-0301 香川県高松市林町2217-15 香川産業頭脳化センタービル2階	087-869-9005
愛媛県知的所有権センター ((社)発明協会愛媛県支部)	片山 忠徳	〒791-1101 松山市久米窪田町337-1 テクノプラザ愛媛	089-960-1118
高知県知的所有権センター (高知県工業技術センター)	柏井 富雄	〒781-5101 高知市布師田3992-3	088-845-7664
福岡県知的所有権センター ((社)発明協会福岡県支部)	浦井 正章	〒812-0013 福岡市博多区博多駅東2-6-23 住友博多駅前第2ビル2階	092-474-7255
福岡県知的所有権センター北九州支部 ((株)北九州テクノセンター)	重藤 務	〒804-0003 北九州市戸畑区中原新町2-1	093-873-1432
佐賀県知的所有権センター (佐賀県工業技術センター)	塚島 誠一郎	〒849-0932 佐賀市鍋島町八戸溝114	0952-30-8161
長崎県知的所有権センター ((社)発明協会長崎県支部)	川添 早苗	〒856-0026 大村市池田2-1303-8 長崎県工業技術センター内	0957-52-1144
熊本県知的所有権センター ((社)発明協会熊本県支部)	松山 彰雄	〒862-0901 熊本市東町3-11-38 熊本県工業技術センター内	096-360-3291
大分県知的所有権センター (大分県産業科学技術センター)	鎌田 正道	〒870-1117 大分市高江西1-4361-10	097-596-7121
宮崎県知的所有権センター ((社)発明協会宮崎県支部)	黒田 護	〒880-0303 宮崎県宮崎郡佐土原町東上那珂16500-2 宮崎県工業技術センター内	0985-74-2953
鹿児島県知的所有権センター (鹿児島県工業技術センター)	大井 敏民	〒899-5105 鹿児島県姶良郡隼人町小田1445-1	0995-64-2445
沖縄県知的所有権センター (沖縄県工業技術センター)	和田 修	〒904-2234 具志川市字州崎12-2 中城湾港新港地区トロピカルテクノパーク内	098-929-0111

資料4．知的所有権センター一覧 （平成14年3月1日現在）

都道府県	名　　称	所在地	TEL
北海道	北海道知的所有権センター (北海道立工業試験場)	〒060-0819 札幌市北区北19条西11丁目	011-747-2211
青森県	青森県知的所有権センター ((社)発明協会青森県支部)	〒030-0112 青森市第二問屋町4-11-6	017-762-3912
岩手県	岩手県知的所有権センター (岩手県工業技術センター)	〒020-0852 盛岡市飯岡新田3-35-2	019-634-0684
宮城県	宮城県知的所有権センター (宮城県産業技術総合センター)	〒981-3206 仙台市泉区明通2-2	022-377-8725
秋田県	秋田県知的所有権センター (秋田県工業技術センター)	〒010-1623 秋田市新屋町字砂奴寄4-11	018-862-3417
山形県	山形県知的所有権センター (山形県工業技術センター)	〒990-2473 山形市松栄1-3-8	023-647-8130
福島県	福島県知的所有権センター ((社)発明協会福島県支部)	〒963-0215 郡山市待池台1-12 福島県ハイテクプラザ内	024-963-0242
茨城県	茨城県知的所有権センター ((財)茨城県中小企業振興公社)	〒312-0005 ひたちなか市新光町38 ひたちなかテクノセンタービル1階	029-264-2211
栃木県	栃木県知的所有権センター ((社)発明協会栃木県支部)	〒322-0011 鹿沼市白桑田516-1 栃木県工業技術センター内	0289-65-7550
群馬県	群馬県知的所有権センター ((社)発明協会群馬県支部)	〒371-0845 前橋市鳥羽町190 群馬県工業試験場内	027-254-0627
埼玉県	埼玉県知的所有権センター ((社)発明協会埼玉県支部)	〒331-8669 さいたま市桜木町1-7-5 ソニックシティ10階	048-644-4806
千葉県	千葉県知的所有権センター ((社)発明協会千葉県支部)	〒260-0854 千葉市中央区長洲1-9-1 千葉県庁南庁舎R3階	043-223-7748
東京都	東京都知的所有権センター ((社)発明協会東京支部)	〒105-0001 港区虎ノ門2-9-14	03-3502-5521
神奈川県	神奈川県知的所有権センター (神奈川県産業技術総合研究所)	〒243-0435 海老名市下今泉705-1	046-236-1500
	神奈川県知的所有権センター支部 ((財)神奈川高度技術支援財団)	〒213-0012 川崎市高津区坂戸3-2-1 かながわサイエンスパーク西棟205	044-819-2100
	神奈川県知的所有権センター支部 ((社)発明協会神奈川県支部)	〒231-0015 横浜市中区尾上町5-80 神奈川中小企業センター10階	045-633-5055
新潟県	新潟県知的所有権センター ((財)信濃川テクノポリス開発機構)	〒940-2127 長岡市新産4-1-9	0258-46-9711
山梨県	山梨県知的所有権センター (山梨県工業技術センター)	〒400-0055 甲府市大津町2094	055-243-6111
長野県	長野県知的所有権センター ((社)発明協会長野県支部)	〒380-0928 長野市若里1-18-1 長野県工業試験場内	026-228-5559
静岡県	静岡県知的所有権センター ((社)発明協会静岡県支部)	〒421-1221 静岡市牧ヶ谷2078 静岡工業技術センター資料館内	054-278-6111
富山県	富山県知的所有権センター (富山県工業技術センター)	〒933-0981 高岡市二上町150	0766-29-1252
石川県	石川県知的所有権センター (財)石川県産業創出支援機構	〒920-0223 金沢市戸水町イ65番地 石川県地場産業振興センター	076-267-5918
岐阜県	岐阜県知的所有権センター (岐阜県科学技術振興センター)	〒509-0108 各務原市須衛町4-179-1 テクノプラザ5F	0583-79-2250
愛知県	愛知県知的所有権センター (愛知県工業技術センター)	〒448-0003 刈谷市一ツ木町西新割	0566-24-1841
三重県	三重県知的所有権センター (三重県工業技術総合研究所)	〒514-0819 津市高茶屋5-5-45	059-234-4150
福井県	福井県知的所有権センター (福井県工業技術センター)	〒910-0102 福井市川合鷲塚町61字北稲田10	0776-55-1195
滋賀県	滋賀県知的所有権センター (滋賀県工業技術センター)	〒520-3004 栗東市上砥山232	077-558-4040
京都府	京都府知的所有権センター ((社)発明協会京都支部)	〒600-8813 京都市下京区中堂寺南町17 京都リサーチパーク内 京都高度技研ビル4階	075-315-8686
大阪府	大阪府知的所有権センター (大阪府立特許情報センター)	〒543-0061 大阪市天王寺区伶人町2-7	06-6771-2646
	大阪府知的所有権センター支部 ((社)発明協会大阪支部知的財産センター)	〒564-0062 吹田市垂水町3-24-1 シンプレス江坂ビル2階	06-6330-7725
兵庫県	兵庫県知的所有権センター ((社)発明協会兵庫県支部)	〒654-0037 神戸市須磨区行平町3-1-31 兵庫県立産業技術センター4階	078-731-5847

都道府県	名称	所在地	TEL
奈良県	奈良県知的所有権センター (奈良県工業技術センター)	〒630-8031	奈良市柏木町129－1	0742-33-0863
和歌山県	和歌山県知的所有権センター ((社)発明協会和歌山県支部)	〒640-8214	和歌山県寄合町25 和歌山市発明館4階	073-432-0087
鳥取県	鳥取県知的所有権センター ((社)発明協会鳥取県支部)	〒689-1112	鳥取市若葉台南7－5－1 新産業創造センター1階	0857-52-6728
島根県	島根県知的所有権センター ((社)発明協会島根県支部)	〒690-0816	島根県松江市北陵町1番地 テクノアークしまね1F内	0852-60-5146
岡山県	岡山県知的所有権センター ((社)発明協会岡山県支部)	〒701-1221	岡山市芳賀5301 テクノサポート岡山内	086-286-9656
広島県	広島県知的所有権センター ((社)発明協会広島県支部)	〒730-0052	広島市中区千田町3－13－11 広島発明会館内	082-544-0775
	広島県知的所有権センター支部 ((社)発明協会広島県支部備後支会)	〒720-0067	福山市西町2－10－1	0849-21-2349
	広島県知的所有権センター支部 (呉地域産業振興センター)	〒737-0004	呉市阿賀南2－10－1	0823-76-3766
山口県	山口県知的所有権センター ((社)発明協会山口県支部)	〒753-0077	山口市熊野町1-10 NPYビル10階	083-922-9927
徳島県	徳島県知的所有権センター ((社)発明協会徳島県支部)	〒770-8021	徳島市雑賀町西開11－2 徳島県立工業技術センター内	088-636-3388
香川県	香川県知的所有権センター ((社)発明協会香川県支部)	〒761-0301	香川県高松市林町2217-15 香川産業頭脳化センタービル2階	087-869-9005
愛媛県	愛媛県知的所有権センター ((社)発明協会愛媛県支部)	〒791-1101	松山市久米窪田町337－1 テクノプラザ愛媛	089-960-1118
高知県	高知県知的所有権センター (高知県工業技術センター)	〒781-5101	高知市布師田3992－3	088-845-7664
福岡県	福岡県知的所有権センター ((社)発明協会福岡県支部)	〒812-0013	福岡市博多区博多駅東2－6－23 住友博多駅前第2ビル2階	092-474-7255
	福岡県知的所有権センター北九州支部 ((株)北九州テクノセンター)	〒804-0003	北九州市戸畑区中原新町2－1	093-873-1432
佐賀県	佐賀県知的所有権センター (佐賀県工業技術センター)	〒849-0932	佐賀市鍋島町八戸溝114	0952-30-8161
長崎県	長崎県知的所有権センター ((社)発明協会長崎県支部)	〒856-0026	大村市池田2－1303－8 長崎県工業技術センター内	0957-52-1144
熊本県	熊本県知的所有権センター ((社)発明協会熊本県支部)	〒862-0901	熊本市東町3－11－38 熊本県工業技術センター内	096-360-3291
大分県	大分県知的所有権センター (大分県産業科学技術センター)	〒870-1117	大分市高江西1－4361－10	097-596-7121
宮崎県	宮崎県知的所有権センター ((社)発明協会宮崎県支部)	〒880-0303	宮崎県宮崎郡佐土原町東上那珂16500-2 宮崎県工業技術センター内	0985-74-2953
鹿児島県	鹿児島県知的所有権センター (鹿児島県工業技術センター)	〒899-5105	鹿児島県姶良郡隼人町小田1445-1	0995-64-2445
沖縄県	沖縄県知的所有権センター (沖縄県工業技術センター)	〒904-2234	具志川市宇州崎12－2 中城湾港新港地区トロピカルテクノパーク内	098-929-0111

資料5．平成 13 年度 25 技術テーマの特許流通の概要

5.1 アンケート送付先と回収率

平成 13 年度は、25 の技術テーマにおいて「特許流通支援チャート」を作成し、その中で特許流通に対する意識調査として各技術テーマの出願件数上位企業を対象としてアンケート調査を行った。平成 13 年 12 月 7 日に郵送によりアンケートを送付し、平成 14 年 1 月 31 日までに回収されたものを対象に解析した。

表 5.1-1 に、アンケート調査表の回収状況を示す。送付数 578 件、回収数 306 件、回収率 52.9%であった。

表 5.1-1 アンケートの回収状況

送付数	回収数	未回収数	回収率
578	306	272	52.9%

表 5.1-2 に、業種別の回収状況を示す。各業種を一般系、機械系、化学系、電気系と大きく 4 つに分類した。以下、「〇〇系」と表現する場合は、各企業の業種別に基づく分類を示す。それぞれの回収率は、一般系 56.5%、機械系 63.5%、化学系 41.1%、電気系 51.6%であった。

表 5.1-2 アンケートの業種別回収件数と回収率

業種と回収率	業種	回収件数
一般系 48/85=56.5%	建設	5
	窯業	12
	鉄鋼	6
	非鉄金属	17
	金属製品	2
	その他製造業	6
化学系 39/95=41.1%	食品	1
	繊維	12
	紙・パルプ	3
	化学	22
	石油・ゴム	1
機械系 73/115=63.5%	機械	23
	精密機器	28
	輸送機器	22
電気系 146/283=51.6%	電気	144
	通信	2

図 5.1 に、全回収件数を母数にして業種別に回収率を示す。全回収件数に占める業種別の回収率は電気系 47.7％、機械系 23.9％、一般系 15.7％、化学系 12.7％である。

図 5.1 回収件数の業種別比率

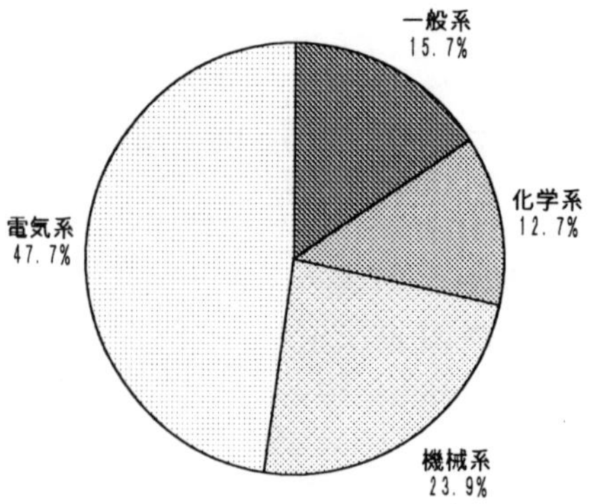

一般系	化学系	機械系	電気系	合計
48	39	73	146	306

表 5.1-3 に、技術テーマ別の回収件数と回収率を示す。この表では、技術テーマを一般分野、化学分野、機械分野、電気分野に分類した。以下、「○○分野」と表現する場合は、技術テーマによる分類を示す。回収率の最も良かった技術テーマは焼却炉排ガス処理技術の 71.4％で、最も悪かったのは有機 EL 素子の 34.6％である。

表 5.1-3 テーマ別の回収件数と回収率

分野	技術テーマ名	送付数	回収数	回収率
一般分野	カーテンウォール	24	13	54.2%
	気体膜分離装置	25	12	48.0%
	半導体洗浄と環境適応技術	23	14	60.9%
	焼却炉排ガス処理技術	21	15	71.4%
	はんだ付け鉛フリー技術	20	11	55.0%
化学分野	プラスティックリサイクル	25	15	60.0%
	バイオセンサ	24	16	66.7%
	セラミックスの接合	23	12	52.2%
	有機ＥＬ素子	26	9	34.6%
	生分解ポリエステル	23	12	52.2%
	有機導電性ポリマー	24	15	62.5%
	リチウムポリマー電池	29	13	44.8%
機械分野	車いす	21	12	57.1%
	金属射出成形技術	28	14	50.0%
	微細レーザ加工	20	10	50.0%
	ヒートパイプ	22	10	45.5%
電気分野	圧力センサ	22	13	59.1%
	個人照合	29	12	41.4%
	非接触型ＩＣカード	21	10	47.6%
	ビルドアップ多層プリント配線板	23	11	47.8%
	携帯電話表示技術	20	11	55.0%
	アクティブマトリックス液晶駆動技術	21	12	57.1%
	プログラム制御技術	21	12	57.1%
	半導体レーザの活性層	22	11	50.0%
	無線ＬＡＮ	21	11	52.4%

5.2 アンケート結果
5.2.1 開放特許に関して
(1) 開放特許と非開放特許

他者にライセンスしてもよい特許を「開放特許」、ライセンスの可能性のない特許を「非開放特許」と定義した。その上で、各技術テーマにおける保有特許のうち、自社での実施状況と開放状況について質問を行った。

306件中257件の回答があった（回答率84.0%）。保有特許件数に対する開放特許件数の割合を開放比率とし、保有特許件数に対する非開放特許件数の割合を非開放比率と定義した。

図5.2.1-1に、業種別の特許の開放比率と非開放比率を示す。全体の開放比率は58.3%で、業種別では一般系が37.1%、化学系が20.6%、機械系が39.4%、電気系が77.4%である。化学系（20.6%）の企業の開放比率は、化学分野における開放比率（図5.2.1-2）の最低値である「生分解ポリエステル」の22.6%よりさらに低い値となっている。これは、化学分野においても、機械系、電気系の企業であれば、保有特許について比較的開放的であることを示唆している。

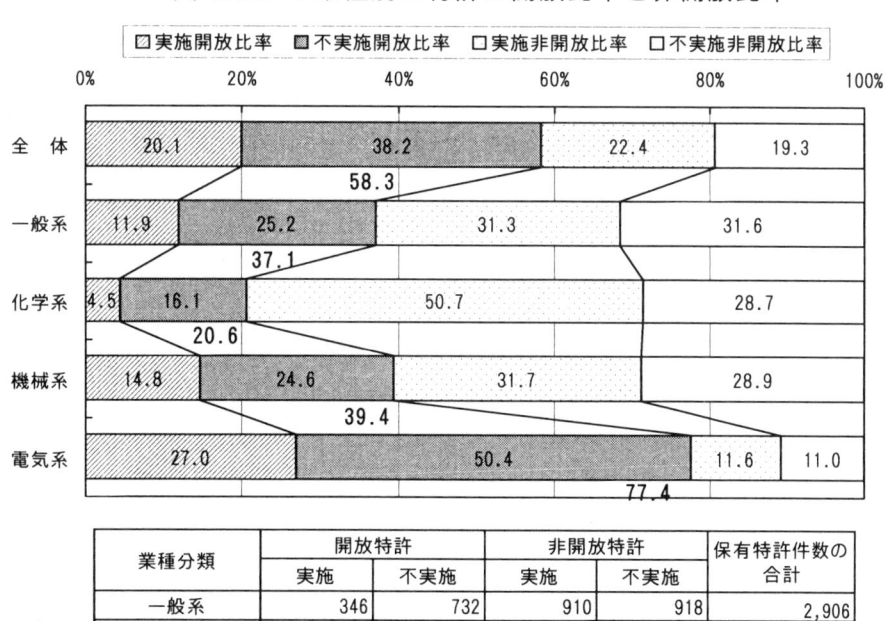

図5.2.1-1 業種別の特許の開放比率と非開放比率

業種分類	開放特許 実施	開放特許 不実施	非開放特許 実施	非開放特許 不実施	保有特許件数の合計
一般系	346	732	910	918	2,906
化学系	90	323	1,017	576	2,006
機械系	494	821	1,058	964	3,337
電気系	2,835	5,291	1,218	1,155	10,499
全体	3,765	7,167	4,203	3,613	18,748

図5.2.1-2に、技術テーマ別の開放比率と非開放比率を示す。

開放比率（実施開放比率と不実施開放比率を加算。）が高い技術テーマを見てみると、最高値は「個人照合」の84.7%で、次いで「はんだ付け鉛フリー技術」の83.2%、「無線LAN」の82.4%、「携帯電話表示技術」の80.0%となっている。一方、低い方から見ると、「生分解ポリエステル」の22.6%で、次いで「カーテンウォール」の29.3%、「有機EL」の30.5%である。

図 5.2.1-2 技術テーマ別の開放比率と非開放比率

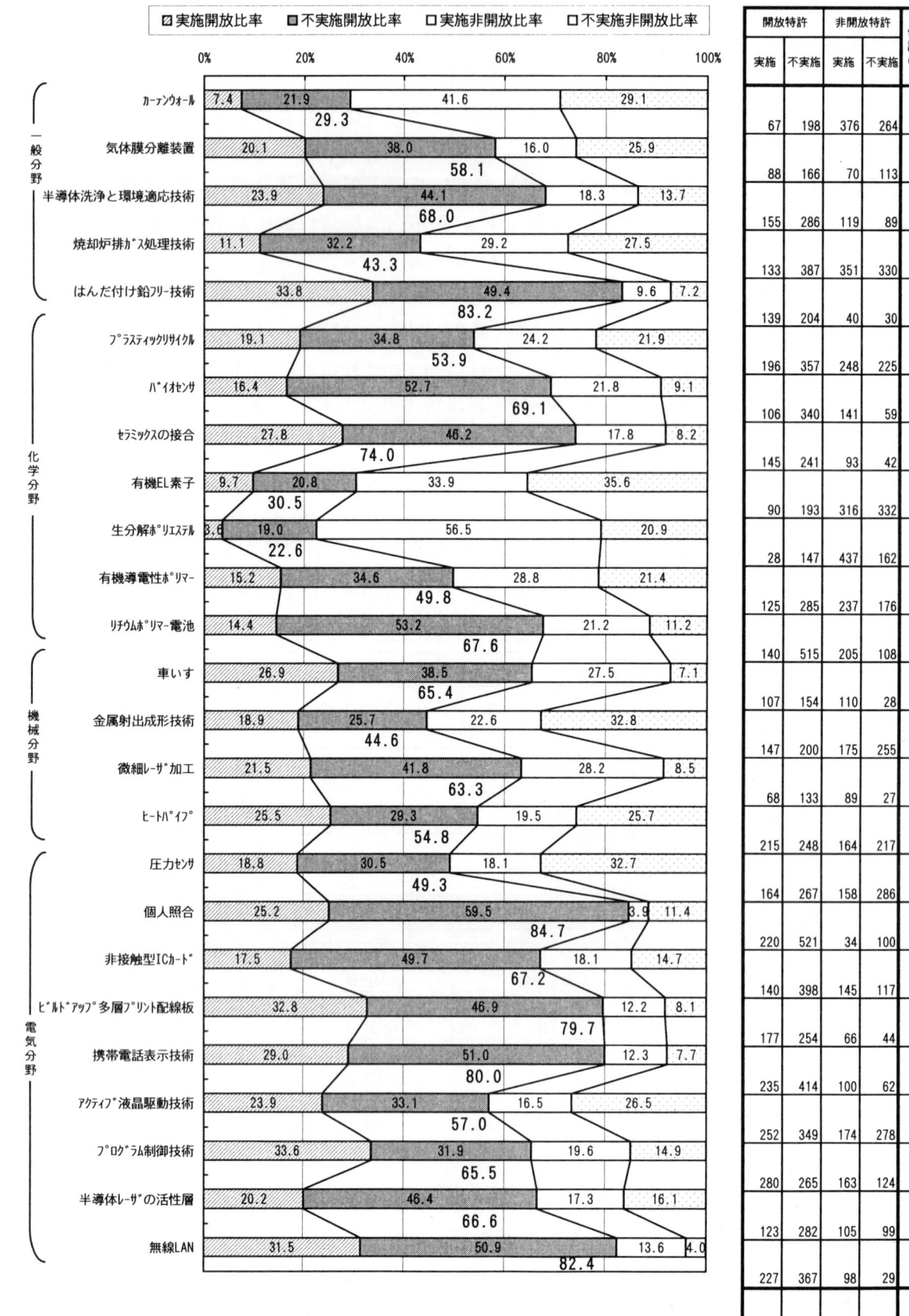

分野	技術テーマ	実施開放比率	不実施開放比率	実施非開放比率	不実施非開放比率	開放特許 実施	開放特許 不実施	非開放特許 実施	非開放特許 不実施	保有特許件数の合計
一般分野	カーテンウォール	7.4	21.9	41.6	29.1	67	198	376	264	905
	気体膜分離装置	20.1	38.0	16.0	25.9	88	166	70	113	437
	半導体洗浄と環境適応技術	23.9	44.1	18.3	13.7	155	286	119	89	649
	焼却炉排ガス処理技術	11.1	32.2	29.2	27.5	133	387	351	330	1,201
	はんだ付け鉛フリー技術	33.8	49.4	9.6	7.2	139	204	40	30	413
化学分野	プラスティックリサイクル	19.1	34.8	24.2	21.9	196	357	248	225	1,026
	バイオセンサ	16.4	52.7	21.8	9.1	106	340	141	59	646
	セラミックスの接合	27.8	46.2	17.8	8.2	145	241	93	42	521
	有機EL素子	9.7	20.8	33.9	35.6	90	193	316	332	931
	生分解ポリエステル	3.6	19.0	56.5	20.9	28	147	437	162	774
	有機導電性ポリマー	15.2	34.6	28.8	21.4	125	285	237	176	823
	リチウムポリマー電池	14.4	53.2	21.2	11.2	140	515	205	108	968
機械分野	車いす	26.9	38.5	27.5	7.1	107	154	110	28	399
	金属射出成形技術	18.9	25.7	22.6	32.8	147	200	175	255	777
	微細レーザ加工	21.5	41.8	28.2	8.5	68	133	89	27	317
	ヒートパイプ	25.5	29.3	19.5	25.7	215	248	164	217	844
電気分野	圧力センサ	18.8	30.5	18.1	32.7	164	267	158	286	875
	個人照合	25.2	59.5	3.9	11.4	220	521	34	100	875
	非接触型ICカード	17.5	49.7	18.1	14.7	140	398	145	117	800
	ビルドアップ多層プリント配線板	32.8	46.9	12.2	8.1	177	254	66	44	541
	携帯電話表示技術	29.0	51.0	12.3	7.7	235	414	100	62	811
	アクティブ液晶駆動技術	23.9	33.1	16.5	26.5	252	349	174	278	1,053
	プログラム制御技術	33.6	31.9	19.6	14.9	280	265	163	124	832
	半導体レーザの活性層	20.2	46.4	17.3	16.1	123	282	105	99	609
	無線LAN	31.5	50.9	13.6	4.0	227	367	98	29	721
	合計					3,767	7,171	4,214	3,596	18,748

図5.2.1-3は、業種別に、各企業の特許の開放比率を示したものである。

開放比率は、化学系で最も低く、電気系で最も高い。機械系と一般系はその中間に位置する。推測するに、化学系の企業では、保有特許は「物質特許」である場合が多く、自社の市場独占を確保するため、特許を開放しづらい状況にあるのではないかと思われる。逆に、電気・機械系の企業は、商品のライフサイクルが短いため、せっかく取得した特許も短期間で新技術と入れ替える必要があり、不実施となった特許を開放特許として供出やすい環境にあるのではないかと考えられる。また、より効率性の高い技術開発を進めるべく他社とのアライアンスを目的とした開放特許戦略を採るケースも、最近出てきているのではないだろうか。

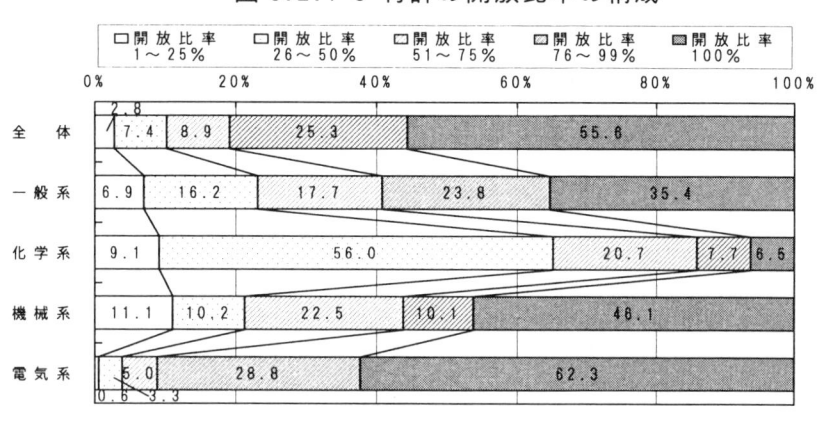

図5.2.1-3 特許の開放比率の構成

図5.2.1-4に、業種別の自社実施比率と不実施比率を示す。全体の自社実施比率は42.5%で、業種別では化学系55.2%、機械系46.5%、一般系43.2%、電気系38.6%である。化学系の企業は、自社実施比率が高く開放比率が低い。電気・機械系の企業は、その逆で自社実施比率が低く開放比率は高い。自社実施比率と開放比率は、反比例の関係にあるといえる。

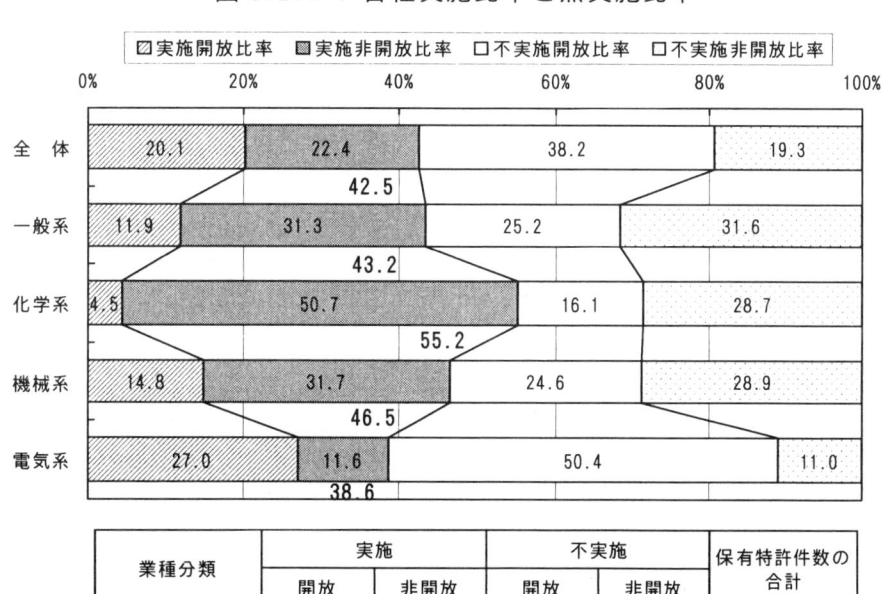

図5.2.1-4 自社実施比率と無実施比率

業種分類	実施 開放	実施 非開放	不実施 開放	不実施 非開放	保有特許件数の合計
一般系	346	910	732	918	2,906
化学系	90	1,017	323	576	2,006
機械系	494	1,058	821	964	3,337
電気系	2,835	1,218	5,291	1,155	10,499
全体	3,765	4,203	7,167	3,613	18,748

（2）非開放特許の理由

開放可能性のない特許の理由について質問を行った（複数回答）。

質問内容	一般系	化学系	機械系	電気系	全体
・独占的排他権の行使により、ライバル企業を排除するため（ライバル企業排除）	36.3%	36.7%	36.4%	34.5%	36.0%
・他社に対する技術の優位性の喪失（優位性喪失）	31.9%	31.6%	30.5%	29.9%	30.9%
・技術の価値評価が困難なため（価値評価困難）	12.1%	16.5%	15.3%	13.8%	14.4%
・企業秘密がもれるから（企業秘密）	5.5%	7.6%	3.4%	14.9%	7.5%
・相手先を見つけるのが困難であるため（相手先探し）	7.7%	5.1%	8.5%	2.3%	6.1%
・ライセンス経験不足等のため提供に不安があるから（経験不足）	4.4%	0.0%	0.8%	0.0%	1.3%
・その他	2.1%	2.5%	5.1%	4.6%	3.8%

図5.2.1-5は非開放特許の理由の内容を示す。

「ライバル企業の排除」が最も多く36.0%、次いで「優位性喪失」が30.9%と高かった。特許権を「技術の市場における排他的独占権」として充分に行使していることが伺える。「価値評価困難」は14.4%となっているが、今回の「特許流通支援チャート」作成にあたり分析対象とした特許は直近10年間だったため、登録前の特許が多く、権利範囲が未確定なものが多かったためと思われる。

電気系の企業で「企業秘密がもれるから」という理由が14.9%と高いのは、技術のライフサイクルが短く新技術開発が激化しており、さらに、技術自体が模倣されやすいことが原因であるのではないだろうか。

化学系の企業で「企業秘密がもれるから」という理由が7.6%と高いのは、物質特許のノウハウ漏洩に細心の注意を払う必要があるためと思われる。

機械系や一般系の企業で「相手先探し」が、それぞれ8.5%、7.7%と高いことは、これらの分野で技術移転を仲介する者の活躍できる潜在性が高いことを示している。

なお、その他の理由としては、「共同出願先との調整」が12件と多かった。

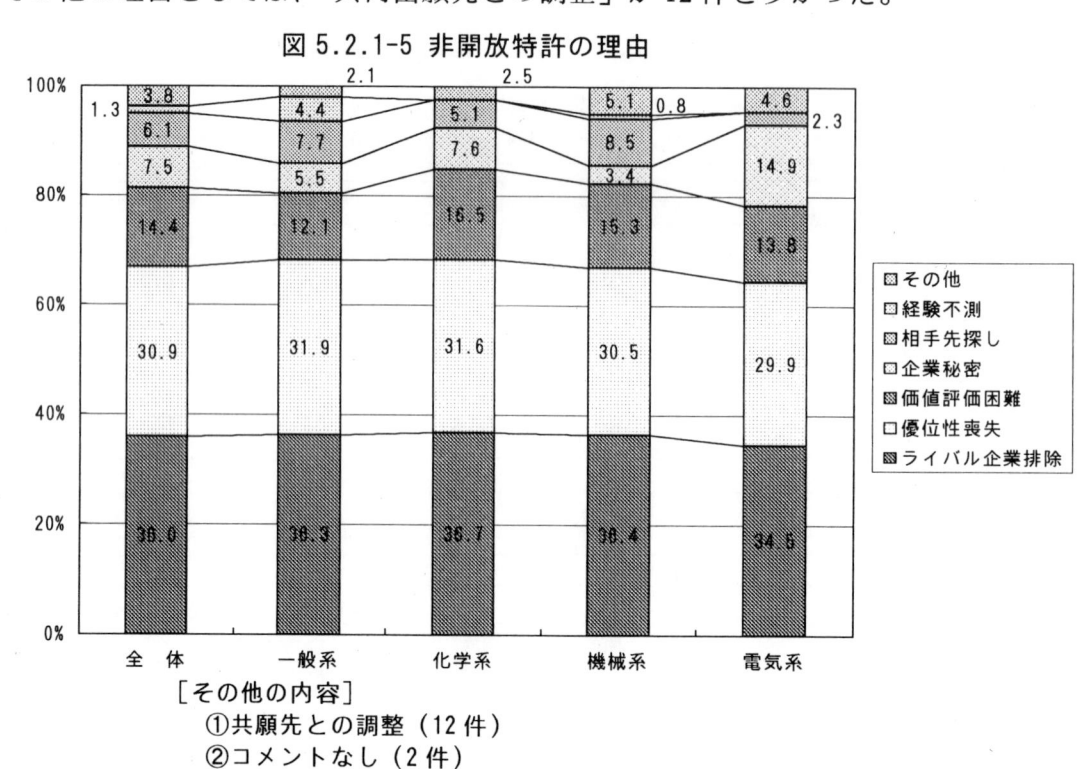

図5.2.1-5 非開放特許の理由

［その他の内容］
①共願先との調整（12件）
②コメントなし（2件）

5.2.2 ライセンス供与に関して
(1) ライセンス活動

ライセンス供与の活動姿勢について質問を行った。

質問内容	一般系	化学系	機械系	電気系	全体
・特許ライセンス供与のための活動を積極的に行っている（積極的）	2.0%	15.8%	4.3%	8.9%	7.5%
・特許ライセンス供与のための活動を行っている（普通）	36.7%	15.8%	25.7%	57.7%	41.2%
・特許ライセンス供与のための活動はやや消極的である（消極的）	24.5%	13.2%	14.3%	10.4%	14.0%
・特許ライセンス供与のための活動を行っていない（しない）	36.8%	55.2%	55.7%	23.0%	37.3%

その結果を、図5.2.2-1 ライセンス活動に示す。306件中295件の回答であった（回答率96.4％）。

何らかの形で特許ライセンス活動を行っている企業は62.7％を占めた。そのうち、比較的積極的に活動を行っている企業は48.7％に上る（「積極的」＋「普通」）。これは、技術移転を仲介する者の活躍できる潜在性がかなり高いことを示唆している。

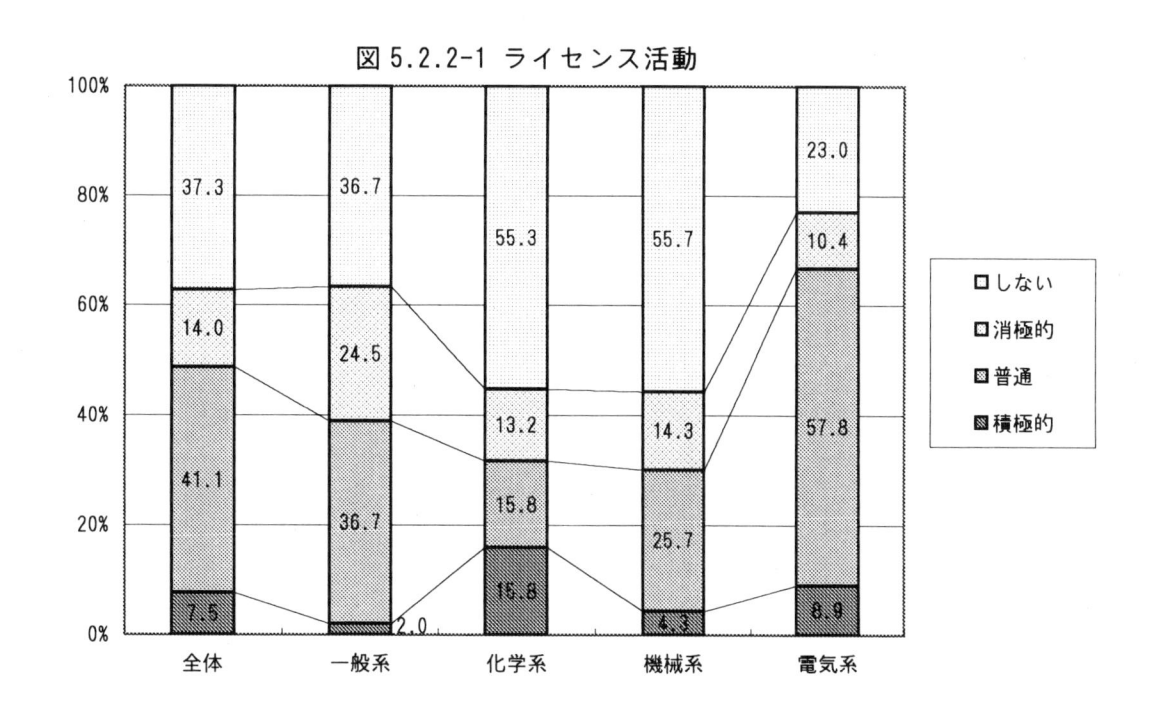

図5.2.2-1 ライセンス活動

(2) ライセンス実績

ライセンス供与の実績について質問を行った。

質問内容	一般系	化学系	機械系	電気系	全体
・供与実績はないが今後も行う方針(実績無し今後も実施)	54.5%	48.0%	43.6%	74.6%	58.3%
・供与実績があり今後も行う方針(実績有り今後も実施)	72.2%	61.5%	95.5%	67.3%	73.5%
・供与実績はなく今後は不明(実績無し今後は不明)	36.4%	24.0%	46.1%	20.3%	30.8%
・供与実績はあるが今後は不明(実績有り今後は不明)	27.8%	38.5%	4.5%	30.7%	25.5%
・供与実績はなく今後も行わない方針(実績無し今後も実施せず)	9.1%	28.0%	10.3%	5.1%	10.9%
・供与実績はあるが今後は行わない方針(実績有り今後は実施せず)	0.0%	0.0%	0.0%	2.0%	1.0%

図5.2.2-2に、ライセンス実績を示す。306件中295件の回答があった(回答率96.4%)。ライセンス実績有りとライセンス実績無しを分けて示す。

「供与実績があり、今後も実施」は73.5%と非常に高い割合であり、特許ライセンスの有効性を認識した企業はさらにライセンス活動を活発化させる傾向にあるといえる。また、「供与実績はないが、今後は実施」が58.3%あり、ライセンスに対する関心の高まりが感じられる。

機械系や一般系の企業で「実績有り今後も実施」がそれぞれ90%、70%を越えており、他業種の企業よりもライセンスに対する関心が非常に高いことがわかる。

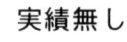

図5.2.2-2 ライセンス実績

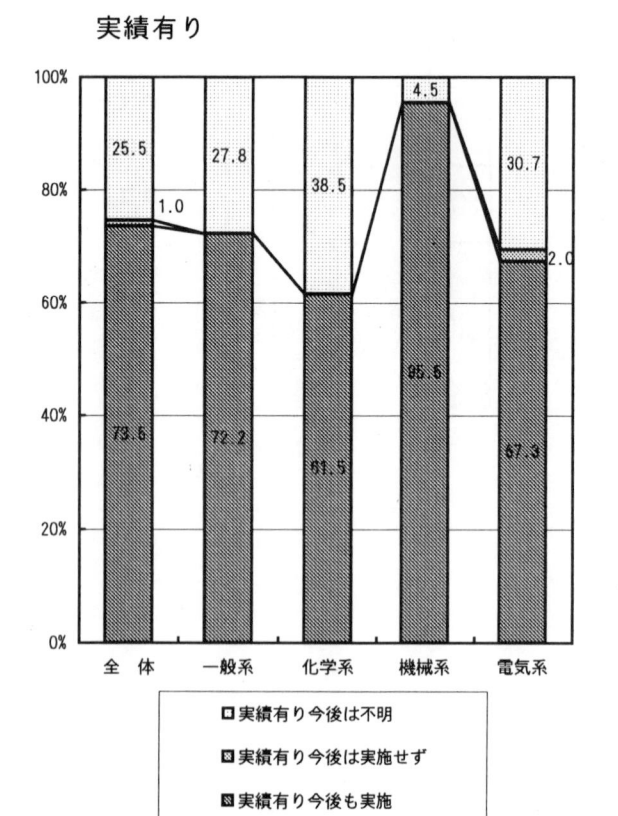

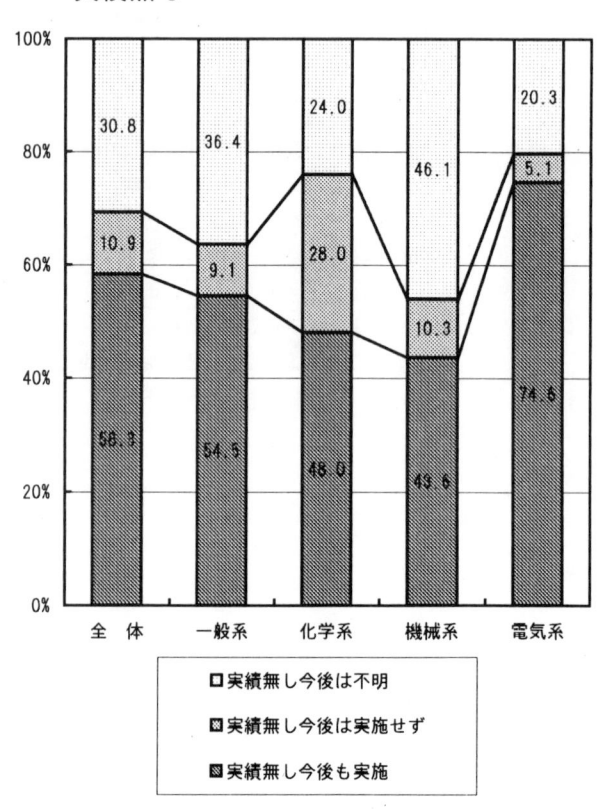

(3) ライセンス先の見つけ方

ライセンス供与の実績があると 5.2.2 項の(2)で回答したテーマ出願人にライセンス先の見つけ方について質問を行った(複数回答)。

質問内容	一般系	化学系	機械系	電気系	全体
・先方からの申し入れ(申入れ)	27.8%	43.2%	37.7%	32.0%	33.7%
・権利侵害調査の結果(侵害発)	22.2%	10.8%	17.4%	21.3%	19.3%
・系列企業の情報網(内部情報)	9.7%	10.8%	11.6%	11.5%	11.0%
・系列企業を除く取引先企業(外部情報)	2.8%	10.8%	8.7%	10.7%	8.3%
・新聞、雑誌、TV、インターネット等(メディア)	5.6%	2.7%	2.9%	12.3%	7.3%
・イベント、展示会等(展示会)	12.5%	5.4%	7.2%	3.3%	6.7%
・特許公報	5.6%	5.4%	2.9%	1.6%	3.3%
・相手先に相談できる人がいた等(人的ネットワーク)	1.4%	8.2%	7.3%	0.8%	3.3%
・学会発表、学会誌(学会)	5.6%	8.2%	1.4%	1.6%	2.7%
・データベース(DB)	6.8%	2.7%	0.0%	0.0%	1.7%
・国・公立研究機関(官公庁)	0.0%	0.0%	0.0%	3.3%	1.3%
・弁理士、特許事務所(特許事務所)	0.0%	0.0%	2.9%	0.0%	0.7%
・その他	0.0%	0.0%	0.0%	1.6%	0.7%

その結果を、図 5.2.2-3 ライセンス先の見つけ方に示す。「申入れ」が 33.7%と最も多く、次いで侵害警告を発した「侵害発」が 19.3%、「内部情報」によりものが 11.0%、「外部情報」によるものが 8.3%であった。特許流通データベースなどの「DB」からは 1.7%であった。化学系において、「申入れ」が 40%を越えている。

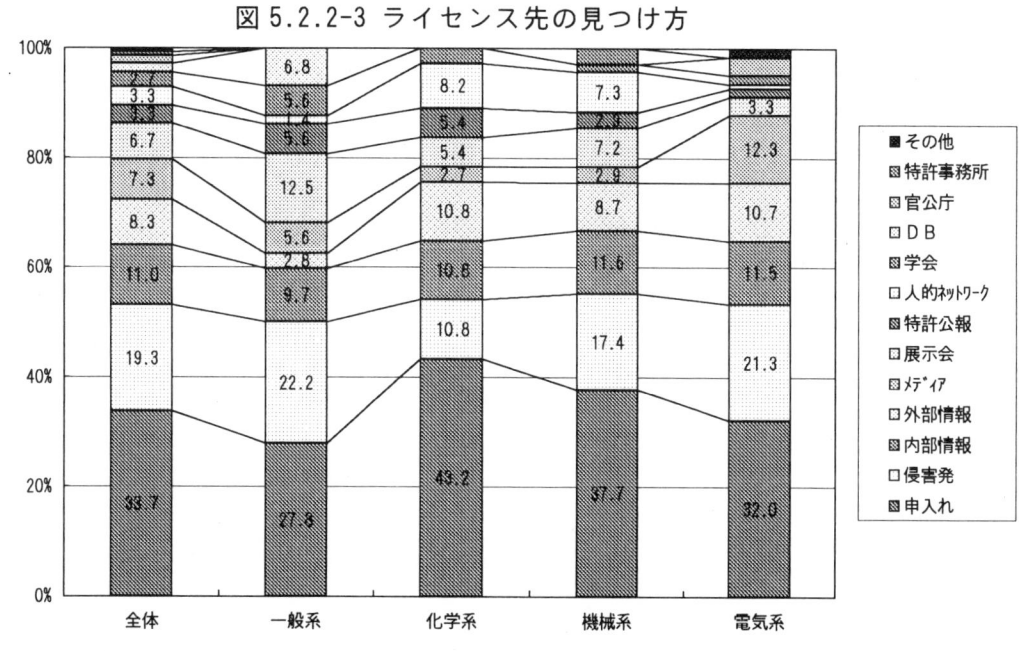

図 5.2.2-3 ライセンス先の見つけ方

〔その他の内容〕
①関係団体(2件)

(4) ライセンス供与の不成功理由

5.2.2項の(1)でライセンス活動をしていると答えて、ライセンス実績の無いテーマ出願人に、その不成功理由について質問を行った。

質問内容	一般系	化学系	機械系	電気系	全体
・相手先が見つからない(相手先探し)	58.8%	57.9%	68.0%	73.0%	66.7%
・情勢(業績・経営方針・市場など)が変化した(情勢変化)	8.8%	10.5%	16.0%	0.0%	6.4%
・ロイヤリティーの折り合いがつかなかった(ロイヤリティー)	11.8%	5.3%	4.0%	4.8%	6.4%
・当該特許だけでは、製品化が困難と思われるから(製品化困難)	3.2%	5.0%	7.7%	1.6%	3.6%
・供与に伴う技術移転(試作や実証試験等)に時間がかかっており、まだ、供与までに至らない(時間浪費)	0.0%	0.0%	0.0%	4.8%	2.1%
・ロイヤリティー以外の契約条件で折り合いがつかなかった(契約条件)	3.2%	5.0%	0.0%	0.0%	1.4%
・相手先の技術消化力が低かった(技術消化力不足)	0.0%	10.0%	0.0%	0.0%	1.4%
・新技術が出現した(新技術)	3.2%	5.3%	0.0%	0.0%	1.3%
・相手先の秘密保持に信頼が置けなかった(機密漏洩)	3.2%	0.0%	0.0%	0.0%	0.7%
・相手先がグランド・バックを認めなかった(グラントバック)	0.0%	0.0%	0.0%	0.0%	0.0%
・交渉過程で不信感が生まれた(不信感)	0.0%	0.0%	0.0%	0.0%	0.0%
・競合技術に遅れをとった(競合技術)	0.0%	0.0%	0.0%	0.0%	0.0%
・その他	9.7%	0.0%	3.9%	15.8%	10.0%

その結果を、図5.2.2-4 ライセンス供与の不成功理由に示す。約66.7%は「相手先探し」と回答している。このことから、相手先を探す仲介者および仲介を行うデータベース等のインフラの充実が必要と思われる。電気系の「相手先探し」は73.0%を占めていて他の業種より多い。

図5.2.2-4 ライセンス供与の不成功理由

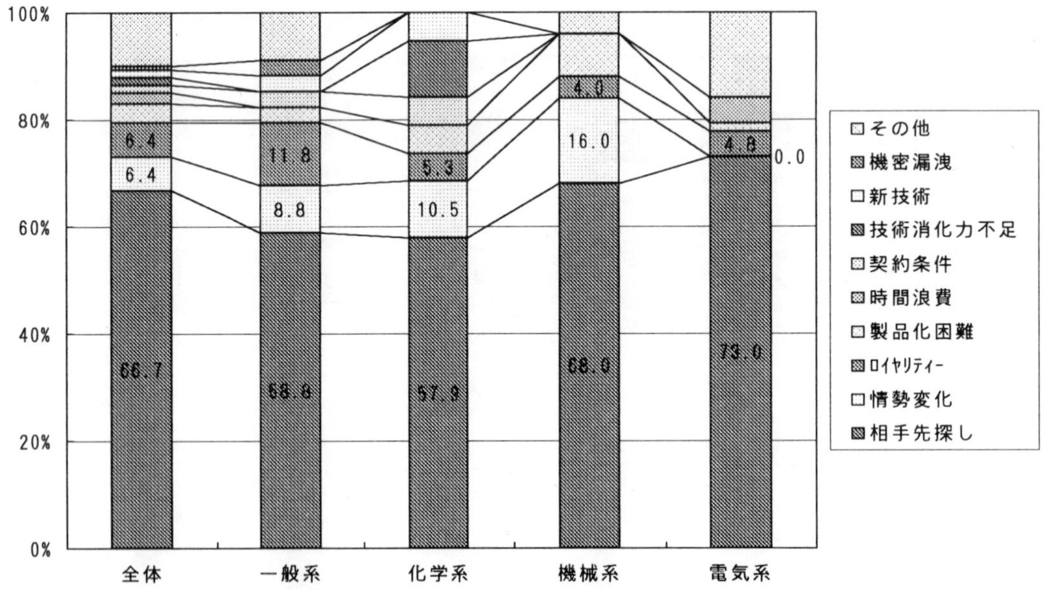

〔その他の内容〕
①単独での技術供与でない
②活動を開始してから時間が経っていない
③当該分野では未登録が多い(3件)
④市場未熟
⑤業界の動向(規格等)
⑥コメントなし(6件)

5.2.3 技術移転の対応
(1) 申し入れ対応
技術移転してもらいたいと申し入れがあった時、どのように対応するかについて質問を行った。

質問内容	一般系	化学系	機械系	電気系	全体
・とりあえず、話を聞く（話を聞く）	44.3%	70.3%	54.9%	56.8%	55.8%
・積極的に交渉していく（積極交渉）	51.9%	27.0%	39.5%	40.7%	40.6%
・他社への特許ライセンスの供与は考えていないので、断る（断る）	3.8%	2.7%	2.8%	2.5%	2.9%
・その他	0.0%	0.0%	2.8%	0.0%	0.7%

その結果を、図 5.2.3-1 ライセンス申し入れ対応に示す。「話を聞く」が 55.8％であった。次いで「積極交渉」が 40.6％であった。「話を聞く」と「積極交渉」で 96.4％という高率であり、中小企業側からみた場合は、ライセンス供与の申し入れを積極的に行っても断られるのはわずか 2.9％しかないということを示している。一般系の「積極交渉」が他の業種より高い。

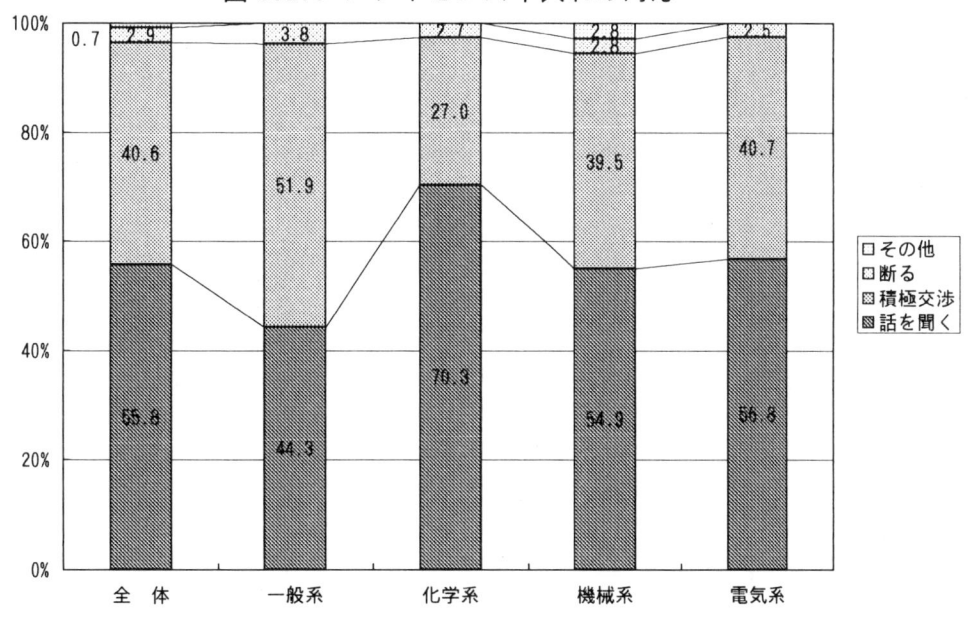

図 5.2.3-1 ライセンス申入れの対応

（2）仲介の必要性

ライセンスの仲介の必要性があるかについて質問を行った。

質問内容	一般系	化学系	機械系	電気系	全体
・自社内にそれに相当する機能があるから不要（社内機能あるから不要）	36.6%	48.7%	62.4%	53.8%	52.0%
・現在はレベルが低いので不要（低レベル仲介で不要）	1.9%	0.0%	1.4%	1.7%	1.5%
・適切な仲介者がいれば使っても良い（適切な仲介者で検討）	44.2%	45.9%	27.5%	40.2%	38.5%
・公的支援機関に仲介等を必要とする（公的仲介が必要）	17.3%	5.4%	8.7%	3.4%	7.6%
・民間仲介業者に仲介等を必要とする（民間仲介が必要）	0.0%	0.0%	0.0%	0.9%	0.4%

　図 5.2.3-2 に仲介の必要性の内訳を示す。「社内機能あるから不要」が 52.0％を占め、最も多い。アンケートの配布先は大手企業が大部分であったため、自社において知財管理、技術移転機能が整備されている企業が 50％以上を占めることを意味している。

　次いで「適切な仲介者で検討」が 38.5％、「公的仲介が必要」が 7.6％、「民間仲介が必要」が 0.4％となっている。これらを加えると仲介の必要を感じている企業は 46.5％に上る。

　自前で知財管理や知財戦略を立てることができない中小企業や一部の大企業では、技術移転・仲介者の存在が必要であると推測される。

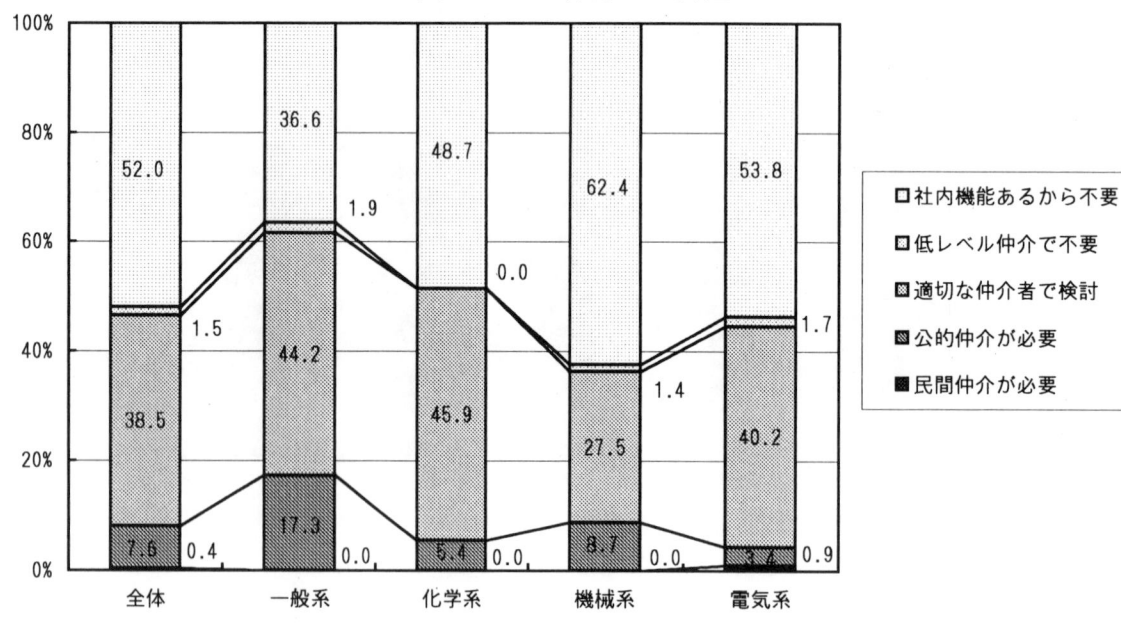

図 5.2.3-2 仲介の必要性

5.2.4 具体的事例
(1) テーマ特許の供与実績

技術テーマの分析の対象となった特許一覧表を掲載し(テーマ特許)、具体的にどの特許の供与実績があるかについて質問を行った。

質問内容	一般系	化学系	機械系	電気系	全体
・有る	12.8%	12.9%	13.6%	18.8%	15.7%
・無い	72.3%	48.4%	39.4%	34.2%	44.1%
・回答できない(回答不可)	14.9%	38.7%	47.0%	47.0%	40.2%

図 5.2.4-1 に、テーマ特許の供与実績を示す。

「有る」と回答した企業が 15.7%であった。「無い」と回答した企業が 44.1%あった。「回答不可」と回答した企業が 40.2%とかなり多かった。これは個別案件ごとにアンケートを行ったためと思われる。ライセンス自体、企業秘密であり、他者に情報を漏洩しない場合が多い。

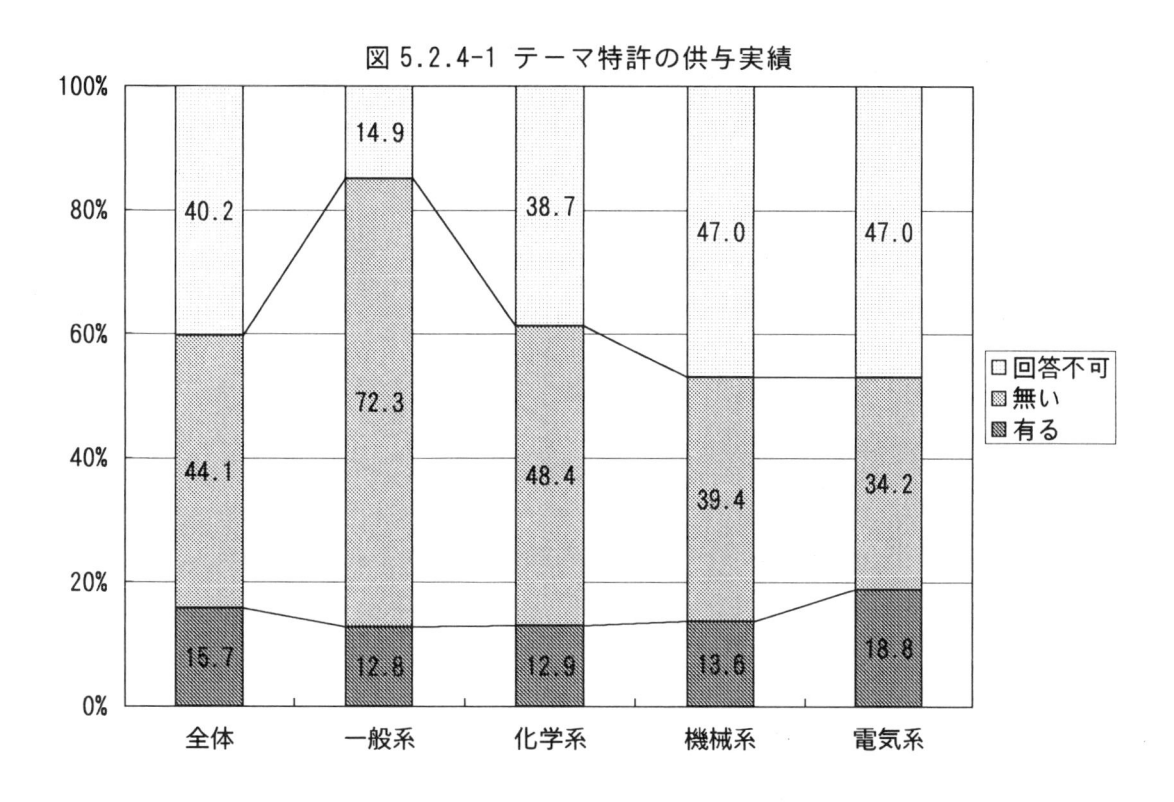

図 5.2.4-1 テーマ特許の供与実績

(2) テーマ特許を適用した製品

「特許流通支援チャート」に収蔵した特許(出願)を適用した製品の有無について質問を行った。

質問内容	一般系	化学系	機械系	電気系	全体
・回答できない(回答不可)	27.9%	34.4%	44.3%	53.2%	44.6%
・有る。	51.2%	43.8%	39.3%	37.1%	40.8%
・無い。	20.9%	21.8%	16.4%	9.7%	14.6%

図 5.2.4-2 に、テーマ特許を適用した製品の有無について結果を示す。

「有る」が 40.8%、「回答不可」が 44.6%、「無い」が 14.6%であった。一般系と化学系で「有る」と回答した企業が多かった。

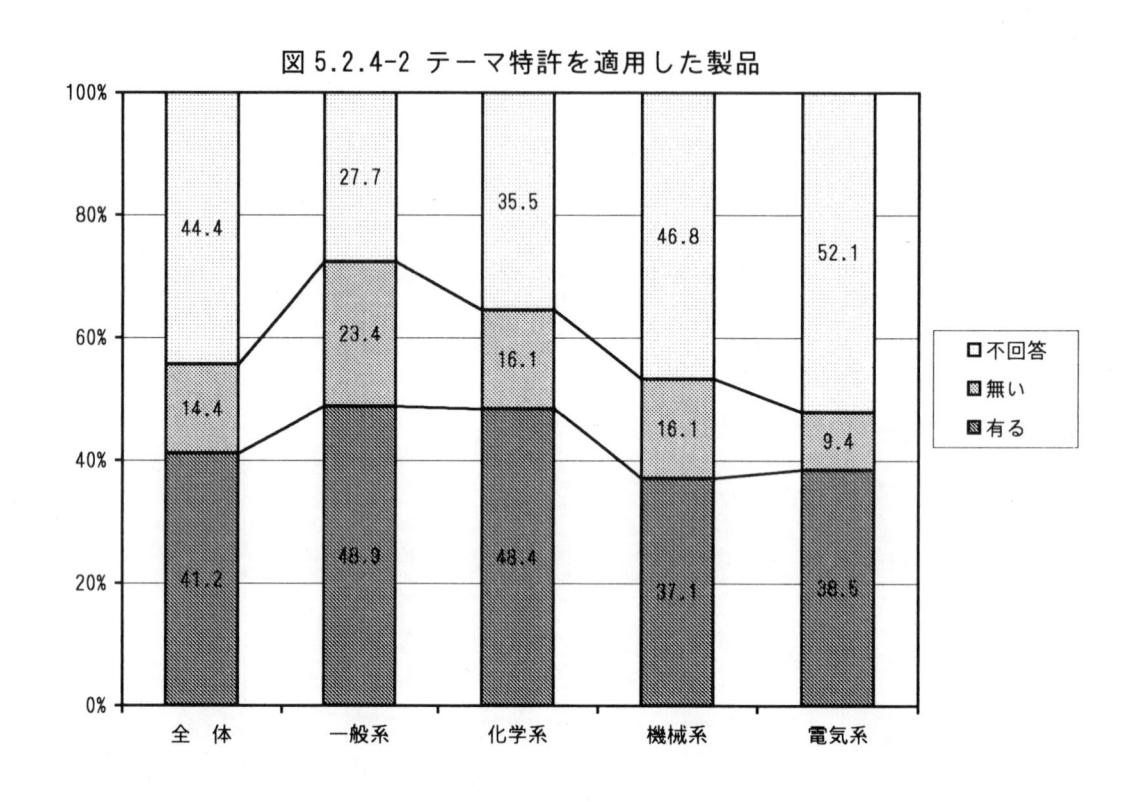

図 5.2.4-2 テーマ特許を適用した製品

	全体	一般系	化学系	機械系	電気系
不回答	44.4	27.7	35.5	46.8	52.1
無い	14.4	23.4	16.1	16.1	9.4
有る	41.2	48.9	48.4	37.1	38.5

5.3 ヒアリング調査

アンケートによる調査において、5.2.2の(2)項でライセンス実績に関する質問を行った。その結果、回収数306件中295件の回答を得、そのうち「供与実績あり、今後も積極的な供与活動を実施したい」という回答が全テーマ合計で25.4%(延べ75出願人)あった。これから重複を排除すると43出願人となった。

この43出願人を候補として、ライセンスの実態に関するヒアリング調査を行うこととした。ヒアリングの目的は技術移転が成功した理由をできるだけ明らかにすることにある。

表5.3にヒアリング出願人の件数を示す。43出願人のうちヒアリングに応じてくれた出願人は11出願人(26.5%)であった。テーマ別且つ出願人別では延べ15出願人であった。ヒアリングは平成14年2月中旬から下旬にかけて行った。

表5.3 ヒアリング出願人の件数

ヒアリング候補 出願人数	ヒアリング 出願人数	ヒアリング テーマ出願人数
43	11	15

5.3.1 ヒアリング総括

表5.3に示したようにヒアリングに応じてくれた出願人が43出願人中わずか11出願人（25.6%）と非常に少なかったのは、ライセンス状況およびその経緯に関する情報は企業秘密に属し、通常は外部に公表しないためであろう。さらに、11出願人に対するヒアリング結果も、具体的なライセンス料やロイヤリティーなど核心部分については充分な回答をもらうことができなかった。

このため、今回のヒアリング調査は、対象母数が少なく、その結果も特許流通および技術移転プロセスについて全体の傾向をあらわすまでには至っておらず、いくつかのライセンス実績の事例を紹介するに留まらざるを得なかった。

5.3.2 ヒアリング結果

表5.3.2-1にヒアリング結果を示す。

技術移転のライセンサーはすべて大企業であった。

ライセンシーは、大企業が8件、中小企業が3件、子会社が1件、海外が1件、不明が2件であった。

技術移転の形態は、ライセンサーからの「申し出」によるものと、ライセンシーからの「申し入れ」によるものの2つに大別される。「申し出」が3件、「申し入れ」が7件、「不明」が2件であった。

「申し出」の理由は、3件とも事業移管や事業中止に伴いライセンサーが技術を使わなくなったことによるものであった。このうち1件は、中小企業に対するライセンスであった。この中小企業は保有技術の水準が高かったため、スムーズにライセンスが行われたとのことであった。

「ノウハウを伴わない」技術移転は3件で、「ノウハウを伴う」技術移転は4件であった。

「ノウハウを伴わない」場合のライセンシーは、3件のうち1件は海外の会社、1件が中小企業、残り1件が同業種の大企業であった。

大手同士の技術移転だと、技術水準が似通っている場合が多いこと、特許性の評価やノウハウの要・不要、ライセンス料やロイヤリティー額の決定などについて経験に基づき判断できるため、スムーズに話が進むという意見があった。

　中小企業への移転は、ライセンサーもライセンシーも同業種で技術水準も似通っていたため、ノウハウの供与の必要はなかった。中小企業と技術移転を行う場合、ノウハウ供与を伴う必要があることが、交渉の障害となるケースが多いとの意見があった。

　「ノウハウを伴う」場合の4件のライセンサーはすべて大企業であった。ライセンシーは大企業が1件、中小企業が1件、不明が2件であった。

　「ノウハウを伴う」ことについて、ライセンサーは、時間や人員が避けないという理由で難色を示すところが多い。このため、中小企業に技術移転を行う場合は、ライセンシー側の技術水準を重視すると回答したところが多かった。

　ロイヤリティーは、イニシャルとランニングに分かれる。イニシャルだけの場合は4件、ランニングだけの場合は6件、双方とも含んでいる場合は4件であった。ロイヤリティーの形態は、双方の企業の合意に基づき決定されるため、技術移転の内容によりケースバイケースであると回答した企業がほとんどであった。

　中小企業へ技術移転を行う場合には、イニシャルロイヤリティーを低く抑えており、ランニングロイヤリティーとセットしている。

　ランニングロイヤリティーのみと回答した6件の企業であっても、「ノウハウを伴う」技術移転の場合にはイニシャルロイヤリティーを必ず要求するとすべての企業が回答している。中小企業への技術移転を行う際に、このイニシャルロイヤリティーの額をどうするか折り合いがつかず、不成功になった経験を持っていた。

表 5.3.2-1 ヒアリング結果

導入企業	移転の申入れ	ノウハウ込み	イニシャル	ランニング
—	ライセンシー	○	普通	—
—	—	○	普通	—
中小	ライセンシー	×	低	普通
海外	ライセンシー	×	普通	—
大手	ライセンシー	—	—	普通
大手	ライセンシー	—	—	普通
大手	ライセンシー	—	—	普通
大手	—	—	—	普通
中小	ライセンサー	—	—	普通
大手	—	—	普通	低
大手	—	○	普通	普通
大手	ライセンサー	—	普通	—
子会社	ライセンサー	—	—	—
中小	—	○	低	高
大手	ライセンシー	×	—	普通

＊特許技術提供企業はすべて大手企業である。

(注)
　ヒアリングの結果に関する個別のお問い合わせについては、回答をいただいた企業とのお約束があるため、応じることはできません。予めご了承ください。

資料6

以下の特許に対し、ライセンスできるかどうかは、各企業の状況により異なる。

20社以外の微細レーザ加工技術の登録出願の課題対応特許一覧（1/16）

技術要素	課題	公報番号	発明の名称	IPC	解決手段	出願人
穴あけ	設備の保守性向上	特許2549265	レーザ処理アセンブリのための保護装置	B23K26/14	光学的焦点合わせアッセンブリから被処理基板にいたる室をハウジングで囲う	インターナショナル ビジネス マシーンズ(米国)
	加工コストの低減	特許3155717	マイクロレンズに対するレーザ加工方法	B23K26/00	レーザ光をマイクロレンズの一端面から入射せしめ、他端面でほぼ集光させ、溶融・蒸発で穴を形成する	日本板硝子
	加工機能の向上	実登2534190	孔加工の切断材料除去装置	B23K7/10	ノズル近傍に材料保持部を設ける	三菱自動車工業
		実登2571240	加工材料分離装置	B23Q11/00	昇降体の先端に設けた吸着部材に先細テーパ面を形成する	三菱自動車工業
		特許2743667	レーザ加工機	B23K26/00	ブローアップ予想判定光量以上となったら危険と判定する	渋谷工業
		特許2784948	NCレーザ装置のピアシング加工方法	B23K26/00,330	加工中に加工時間変更指令が入力されると、ピアシングが終了する	ファナック
		特許2806445	レーザビーム加工の方法及び装置	B23K26/06	レーザを透過させないディスクを配置する	ナシオナル デ チュード エド コンストリュクシオン デ モトゥール ダビアシオン(フランス)
		特許2830899	レーザ加工機	B23K26/00,330	加工個所から生じる溶融光を検出して基準値と比較しレーザ出力を調整する	渋谷工業
		特許2836784	ピアシング時間の設定方法	B23K26/00,330	指令されたピアシング時間で加工し、操作スイッチで短縮あるいは延長して設定する	ファナック
		特許3003895	レーザ加工装置	B23K26/08	ロボットアーム先端に取付けられたレーザ加工装置で加工を行う	川崎重工業
		特許3021831	レーザ加工装置	B23K26/00	ピアシング時の溶融物から発生する光を検出する	日平トヤマ
		特許3146076	通気度検出方法及びその装置	G01B13/08	シート材開孔部と通気度を所望値に設定されたバルブを同時に吸引し、両者の差を検出	日本たばこ産業
		特許2587129	機械加工方法及び装置	B23K26/02	高エネルギの機械加工ビームと低エネルギの位置決めビームを利用する	インターナショナル ビジネス マシーンズ(米国)

20社以外の微細レーザ加工技術の登録出願の課題対応特許一覧（2/16）

技術要素	課題	公報番号	発明の名称	IPC	解決手段	出願人
穴あけ	加工機能の向上	特許2634732	レーザ加工装置	B23K26/00	穴あけ加工の直後に、切断溝幅を拡大する加工を行い、次に切断加工を行う	ファナック
		特許2694478	レーザービームによって工作物を加工する方法と装置	B23K26/00	ビーム検出器の協力のもとに、ビーム強度を制御する	フラウンホッファー(ドイツ)
		特許2722278	組立て済みのインクジェットプリントヘッド内にテーパを付したオリフィスの配列を形成する方法	B41J2/135	基体部分と被覆板を準備する段階等、所定の段階から成る	コンパック コンピュータ(米国)
		特許2766173	フィルム付きセラミックグリーンシートの加工方法	H05K3/46	セラミックグリーンシートに、所定のパルス幅のレーザ光を照射する	太陽誘電
		特許2881542	レーザ加工用セラミックグリーンシート及び積層セラミック電子部品の製造方法	H01F41/04	レーザ光吸収剤をセラミック粉末と混合した状態で含有する	太陽誘電
		特許2957523	レーザ加工装置	B23K26/02	1領域づつステップにより加工できるので、装置の汎用性が高まる	富山日本電気
		特許2983481	プリント基板の製造方法	H05K3/00	ビーム整形光学素子によって，ビーム断面形状を整形し、照射と同時に酸素ガス等を貫通孔に吹付ける	日東電工
		特許3078804	金属球配列方法及び配列装置	H01L21/60	金属球を配列対象に転写して一括搭載する	日鉄マイクロメタル
	加工効率の向上	特許2505293	穿孔装置	B23K26/00,330	レーザビーム検出系と空気流入度検出系を設ける	日本たばこ産業
		特許2534819	レーザ加工装置	B23K26/06	マスク基板を透過した後、ミラーで反射したレーザ光を再度マスク基板に照射	浜松ホトニクス
		特許2790166	レーザ加工機のピアッシング加工終了検出装置	B23K26/00	フォーカスヘッドと被加工物の間隔を測る静電容量センサの出力で加工終了を判定する	渋谷工業
		特許2830898	レーザ加工機	B23K26/00,330	加工個所から生じる溶融光を検出して基準値と比較し焦点位置を調整する	渋谷工業
		特許2833614	レーザ加工機	B23K26/06	ピアッシング時はマルチモード、パルス発振に、切断時はシングルモード、連続発振	渋谷工業
		特許2863094	配線板の接続方法	H05K3/36	複数枚の配線板を重ね合わせてから、ビームを照射する	矢崎総業
		特許2881515	プリント基板の製造方法	H05K3/00	銅箔の上に凹凸のあるメッキ層を形成し、その上を合成樹脂で被覆して加工する	日立精工

20社以外の微細レーザ加工技術の登録出願の課題対応特許一覧（3/16）

技術要素	課題	公報番号	発明の名称	IPC	解決手段	出願人
穴あけ	加工効率の向上	特許2907539	アルミニウム製押出型材の切断・穿孔加工方法	B23K26/00,320	押出し機から出てくる型材をレーザで切断、穿孔する	昭和アルミニウム
		特許3081694	燃料棒のシール溶接孔をレーザーによって穿孔および若しくは閉孔するための装置	G21C21/02	レーザビームを入射するための窓と，窓に面する燃料棒を挿入し位置決めするための通路とを有する包被体	フランコ ベルジュ ド ファブリカシオン ド コンビスティブル エフ ベー エフ セ（フランス）
		特許3196796	インクジェット記録ヘッドのノズル形成方法	B41J2/135	所定の工程を設けることで、ノズルに残存するコーティングを除去できる	セイコーエプソン
	加工精度の向上	特許2843645	金属板の加工方法	B23K26/00,330	エッチングで板厚を薄くし、そこをレーザ加工する	大日本印刷
		特許2969122	印刷版の製造方法	B41C1/14,101	積層体にレーザの基本波、高次高調波やミキシング波を照射する	レイテック
		特許3050475	セラミックグリーンシートの加工方法	H05K3/46	マスクとセラミックグリーンシートを支持するテーブルを配置する	太陽誘電
		特許3071227	帯状シートの穿孔装置	B23K26/00,330	連続して発生するレーザを利用するのでパワーが安定し、孔がバラつかない	日本たばこ産業
		特許3101636	帯状シートの穿孔装置	B23K26/00,330	連続して発生するレーザビームを利用するので、パワーが安定し、穴もバラつかない	日本たばこ産業
		特許3126316	多層プリント配線板の製造装置及び製造方法	H05K3/46	アライメントマークを位置合せの基準とする	イビデン
		特許3160252	多層プリント配線板の製造方法	H05K3/46	位置決めマークを有する層間樹脂絶縁層を導体層形成基板に設ける	イビデン
	加工品質の向上	特許2710600	半導体装置の製造方法	H01L23/50	リードフレームの外部リードの板厚中央にレーザでスリットを形成する	九州日本電気
		特許2785637	レーザ加工装置	B23K26/00	ブローアップ検出装置を備え、危険が検出されたらレーザ出力を下げる	渋谷工業
		特許2805242	プリント基板の穴明け加工方法	B23K26/00,330	外層銅箔に窓穴をあけ、ここに間欠的に、かつ出力を変化させてレーザを照射する	日立精工
		特許2872453	レーザによるプリント基板の穴明け加工方法	H05K3/00	銅箔に達する穴を加工後、クリーニング用パルスを照射する	日立精工
		特許2872834	2層フレキシブル印刷回路基板の製造方法	H05K3/00	導体箔上にポリアミック酸溶液を流延塗布し、乾燥させた基板を用いる	住友ベークライト
		特許2872835	2層フレキシブル印刷回路基板の製造方法	H05K3/00	フィルム面から導体回路面に向かって孔径が段階的に小さくなるように加工した	住友ベークライト

20社以外の微細レーザ加工技術の登録出願の課題対応特許一覧（4/16）

技術要素	課題	公報番号	発明の名称	IPC	解決手段	出願人
穴あけ	加工品質の向上	特許2875626	レーザーピアシング方法	B23K26/00,330	レーザ光をノズルから照射すると共にアシストガスを噴射する	小池酸素工業
		特許3013807	配線基板のバンプ形成方法	H01L21/60,311	光軸に直交する断面内上下左右と軸方向にスライド可能としたカライド反射鏡を設けた	日立エーアイシー
		特許3066659	レーザ加工機の加工ポイント補正方法及びその装置	B23K26/02	加工対象の指定位置に機械加工穴とレーザ加工穴を形成し、撮像し画像処理する	日立ビアメカニクス
		特許3110504	レーザ加工方法	B23K26/00,320	第1ステップはレーザ光の焦点をワーク表面より離し、凹所を形成	日平トヤマ
		特許3121976	積層型電子部品の製造方法	H01F41/04	ベースフィルム上にグリーンシートを形成する工程及び所定の工程を含む	太陽誘電
		特許3142270	プリント配線板の製造方法	H05K3/46	内層回路付基板と外層銅箔を有機絶縁樹脂を介して積層する	三井金属鉱業
		特許3173941	コイル導体内蔵部品の製造方法	H01F41/04	ベースフィルム上にグリーンシートを形成する工程及び所定の工程を含む	太陽誘電
		特許3190419	金属製筒状材の穿孔方法	B23K26/00,330	筒状材の両端部に栓体を挿入してチャックし、内圧を大気圧以上の圧力にする	昭和アルミニウム
		特許3198095	レーザ加工装置	B23K26/14	飛散溶融物を下敷きで捕獲し、加工表面に付着しない	ファナック
		特許3211851	インクジェットヘッドの製造方法	B41J2/135	仮孔の径よりも大きな径のレーザ光を大径部の側から照射する	セイコーエプソン
	製品品質の向上	実登2504692	レーザーマーキング用積層体	C09J7/02	着色されたプラスチックフィルムとアルミニューム箔を貼り合わせた	昭和アルミニウム
		特許2648397	物質の連続的な動的高周波処理装置	B02C13/22	加工用レーザを矩形に成形して、粉砕用部材用リングのスロットを加工する	キネマティカ（スイス）
		特許3049214	配線板の製造方法	H05K3/46	凹形状の電極パッド内に棒形状のバンプ部材を挿入してバンプを形成する	イビデン
		特許3109011	インクジェット記録ヘッド、及びその製造方法	B41J2/045	基板の表面に貫通孔を形成してノズル開口、及びインク供給路を形成した	セイコーエプソン
		特許3127570	インクジェットヘッドの製造方法	B41J2/135	ノズル体積を減少させることなく、高密度にノズルを配設する	セイコーエプソン
		特許3211525	薄材メッシュ、その製造方法及びその製造装置	B23K26/00,330	紫外線ビームの照射でセラミック薄材に貫通孔を形成した	オムロン

20社以外の微細レーザ加工技術の登録出願の課題対応特許一覧（5/16）

技術要素	課題	公報番号	発明の名称	IPC	解決手段	出願人
マーキング	加工機能の向上	特許2511375	レーザマーキング装置及びオプティカル・スキャナ取付方法	B23K26/00	チャンバ形のオプティカルスキャナ取り付け体の室内にX軸回転ミラー及びY軸回転ミラーからなるレーザ走査部が収容された状態でスキャナ取り付け体にX軸Y軸オプティカルスキャナが正しい位置及び向きで取り付け固定される	ミヤチテクノス
		特許2585958	レーザ出射ユニット	B23K26/06	被加工物からの可視光を最短の光学的距離でかつ少ない光損失でモニタカメラに入射させることができ被加工物を大きな画面で鮮明に撮像しマーキング加工の状況を鮮明にモニタすることができる	ミヤチテクノス
		実登3051777	レーザーノンカッティングカード	B42D15/00,341	レーザ光ビームの照射による溶融または蒸発等によって形成された穴部を被加工体の一部に設ける	エム ディー レーザージャパン
		特許2501755	レーザ光照射による中空透明物質内表面の模様付け処理法	B23K26/00	中空透明物質の内表面にマスキング剤を塗布し、外側からレーザ光を走査させる	東京ネームプレート工業協同組合
		特許2681904	レーザマーキング用マスクユニット	B23K26/06	第1の回転マスク及び第2の回転マスクを回転させる駆動源と第1の回転マスクの位相と第2の回転マスクの位相との差を補正する位相差補正手段とを具備する	ウシオ電機
		特許2692781	パターン書き込み方法及びその装置	H01L21/288	溶融状態の物質で濡れたチップを用いた固体基板上への直接書き込みから成り、導電性物質でも非導電性物質でも様々な物質に付着することができる	インターナショナル ビジネス マシーンズ（米国）オルセー フィジック（フランス）
		特許2772316	押釦スイッチ用カバー部材の製造方法	H01H11/00	未加硫状態で3層に積層しこれを金型内で加熱圧着してカバー部材を形成しレーザ光線を文字記号に照射し照射部分のレーザ加工組成物層を除去して意匠部を形成する	信越ポリマー
		特許2810151	レーザマーキング方法	B41M5/26	マーキング対象物たるプラスチックレンズの内部にレーザ光を収束させることによりマーキング対象物の内部にマークを付す	ホーヤ

20社以外の微細レーザ加工技術の登録出願の課題対応特許一覧（6/16）

技術要素	課題	公報番号	発明の名称	IPC	解決手段	出願人
マーキング	加工機能の向上	特許2846966	プラスチック製品塗布物のレーザー融蝕マーキング	B23K26/00	画像を形成する所定部分において全ての着色コーティング及び少なくとも幾分かの第一層をレーザ光を用いて融蝕する工程を含んでなる	イーストマンコダック(米国)
		特許2863872	動的レーザ標印	B23K26/00	高エネルギー密度ビームを移動体に向けるステップ、ビームを移動体あるいはその内部の位置において照明スポットを生成するように集中させるステップ、所定の形態の標印を生成するように移動体の速度に等しい成分と移動体に対する成分との合成に従ってスポットを動かすステップを含んでいる	ユナイテッドディスティラーズ ＰＬＣ(イギリス)
		特許3048676	彫刻制御方法	B41C1/05	彫刻ローラの基準パルスより高い周波数の基準クロックを発生させておき彫刻パターンの位置決めを基準クロックパルス数によって決定する	日平トヤマ
		特許3180425	缶用鋼板の表裏面識別装置	B23K26/00	缶用鋼板の連続製造ラインの電気メッキライン出力側にレーザ発振器を設け電気メッキされた鋼板の一方の表面に向けてレーザを照射して鋼板の一方の表面に長手方向に沿って識別マークを焼き付ける	日本鋼管
	加工効率の向上	特許2530944	レーザー加工方法及び装置	B23K26/00	回転テーブルを連続または間欠的に回転させつつ外部から光軸方向可変のレーザ光ビームを密閉容器の透明部を通して被加工物の金属表面に照射することにより表面に照射軌跡による描画を施す	中小企業事業団
		特許2562423	バーコードのマーキング方法	B23K26/00	バーコード部分に照射するレーザとその背景部分に照射するレーザの強度を異なる物とする	上田日本無線日清紡績
		特許2697504	レーザマーキング方法	B25H7/04	被加工物に施す印字パターンの大きさを変更する際には加工位置調整手段によって被加工物だけをレーザ光線の光軸に沿って移動させる	渋谷工業
		特許2762319	レーザーマーキング方法および印刷インキ	B41M5/26	発色剤と顕色剤とを含有する印刷インキが印刷された基材の印刷部分にレーザ照射を行う	大日本インキ化学工業麒麟麦酒
		特許2762322	レーザーマーキング方法および印刷インキ	B41M5/26	発色剤と顕色剤と増感剤を含有する印刷インキが印刷された基材の印刷部分にレーザ照射を行う	大日本インキ化学工業麒麟麦酒
		特許2815247	標印用レーザマスクの交換装置	B23K26/06	異なる種類の製品に対し対応する種類のマスクを決定して自動的にマスク交換を実行し連続的に異なる製品に対し標印作業を行い得る	ローム

20社以外の微細レーザ加工技術の登録出願の課題対応特許一覧（7/16）

技術要素	課題	公報番号	発明の名称	IPC	解決手段	出願人
マーキング	加工効率の向上	特許3067614	レーザーマーキング装置及びそのマーキング方法	B23K26/00	第1，第2の作業系におけるワークの有無及び搬送のタイミングに基づく制御信号によりレーザ発生装置の切り替え手段を第1または第2の作業系の搬送に関連して搬送期間中に切り替え動作させるように構成する	ニチデン機械
		特許3070636	レーザマーキング装置	B23K26/00	撮影手段が撮影したレンズの画像に基づいてレーザの照射位置を調整するようにした	渋谷工業
		特許3076028	数珠玉などの球状体の球形面への文字或いは図形の彫刻方法、その彫刻被加工物支持用具及びその彫刻方法による数珠	B23K26/00	レーザ光照射装置を多端から一端に移動させながら線刻に続く文字図形情報の横方向の情報に対応する部分のみに線状にかつ各球面深さに対応する深さで照射して線刻し彫刻文字図形を数珠玉の表面に完成させる	藤井木工所
		特許3102818	レーザーマーキング用樹脂組成物	C08L101/00	1以上のテトラゾール系化合物を含有する樹脂組成物がレーザ光照射により鮮明なマーキングを行う	日本ジーイープラスチックス
		特許3102822	レーザーマーキング用樹脂組成物	C08L101/00	1以上のテトラゾール系化合物を含有する樹脂組成物はレーザ光照射により鮮明なマーキングが可能	日本ジーイープラスチックス
		特許3158314	レーザ製版装置	B23K26/00	白データのみのラインは飛び越し走査して製版を行うよう構成したので白い部分の多いデータの製版時間を短縮できる	ソニー
	加工品質の向上	実登2596639	レーザマーキング装置	B23K26/00	第1のメモリ手段は線要素の各々について線種を始点及び終点の座標を含む単純な図形データのみを記憶すれば良く第2のメモリ手段も全ての軌跡点についてのデータを格納する必要はなく演算処理手段は高速処理ができる	キーエンス
		実登2603876	レーザマーク装置	B23K26/00	レーザ光の光路に挿入されるシャッタの挿入状態または非挿入状態を検出し検出結果に基づいてレーザ光が出射されるので光路が遮断されている際にはレーザ光が出射されない	キーエンス
		実登3031484	ゴルフボールのマーキング装置	B41M5/24	レーザ光の照射により変色可能な金属化合物が分散されたゴルフボールに文字等の表示部を形成する	ブリヂストンスポーツ
		実登3037331	水晶振動子	B23K26/00	振動子容器の表示部位に予め金属光沢を消去する白地を含む有色の着色処理を施すようにし刻印表示の部分が明確に識別される	東京電波

20社以外の微細レーザ加工技術の登録出願の課題対応特許一覧（8/16）

技術要素	課題	公報番号	発明の名称	IPC	解決手段	出願人
マーキング	加工品質の向上	特許2668841	レーザマーキング用マスクユニット	B23K26/06	第1の回転マスクの回転が第2の回転マスクに干渉しないようにし、一方の回転マスクの回転により他方の回転マスクが動くことがなくマーキングされるパターンのずれが生じないようにする	ウシオ電機
		特許2720002	レーザマーキング方法	B23K26/00	種々の被加工物表面形状やパターンの内容等に応じて描画データ及び条件データを自動的に切り替えて各々最適なマーキング動作を行うことが可能である	ミヤチテクノス
		特許2770577	レーザーマーキング方法及びレーザーマーキング用樹脂組成物	B41M5/26	マーキングを希望する部分の表面を樹脂組成物で形成させこれにレーザ光を照射してマーキングすれば良く、視認性の高い白色のマーキングが可能となる	大日本インキ化学工業
		特許2830756	レーザマーキング方法	B23K26/00	有色層の色と製品外表面の色とのコントラストによりマーキング部を表示できる構成としマーキングシートにレーザ光を照射してマーキング部を形成する	日本電装
		特許2862413	レーザーマーキング方法	B23K26/00	限界酸素指数が22％以上の熱可塑性樹脂組成物からなる成形品もしくは樹脂組成部によって被覆された成形品の表面にレーザ光を照射する	ポリプラスチックス
		特許2866613	パターニング装置	B23K26/06	レーザ加工進行方向と高速気体の噴出方向が一致するためレーザ光によるワークの溶融部位が溝の両側に堆積することなく吹き飛ばされワーク表面に形成された文字図形記号模様等の仕上がりが美しい物となる	日本電炉ヌマタ
		特許2946911	装飾部材の製造方法	C23C28/00	装飾部材の表面に有色被膜を被覆した後、更に異なる成分の有色被膜を被覆積層し次に選択的所定部分にレーザ加工による文字模様を有色被膜の積層厚みを越える深さに凹状に形成し有色被膜をエッチングにより剥離除去する	セイコーエプソン
		特許2947208	装飾部材及びこれを用いた時計	C23C28/00	装飾部材の表面に複雑形状等の所望の有色を有する凹状の模様または文字を形成し他の部分を有色被膜に仕上げた多色外観を呈する装飾的価値の高い装飾部材を形成する	セイコーエプソン

20社以外の微細レーザ加工技術の登録出願の課題対応特許一覧（9/16）

技術要素	課題	公報番号	発明の名称	IPC	解決手段	出願人
マーキング	加工品質の向上	特許2993373	パターン加工方法およびパターンを備えるセラミックス部材	H01L21/304,601	エネルギービームの照射部が公差も重複もしないように溝を形成し次いでその溝にガラスあるいは樹脂を埋め込む	住友金属工業
		特許3010293	二次元コードの形成方法	G06K1/12	明暗模様の単位セルがマトリックス状に配置された二次元コードをレーザ焼き付けにより表示面に形成する	佐藤 一男
		特許3087649	マーキング方法および装置	B23K26/00	ガルバノメータスキャナに位置制御信号を与え非処理物上における光ビームの照射位置を制御してマーキングするに際しマーキング位置のずれが線対線になるように文字／図形のマーキング順序を選定してマーキングを行う	ウシオ電機
		特許3103797	透明素材への文字・数字・記号・絵柄等の加工方法	B44C1/22	透明素材の表面に金属泊を熱圧着させてレーザマーカトリミングにより金属泊を蒸発飛散させて文字数字記号絵柄等を描出し表面に保護膜を形成する	サンリツレイテック
		特許3118814	レーザーマーキング方法およびレーザーマーキング用樹脂組成物	B41M5/26	ビスマスを含む化合物ニッケルもしくは銅の無機酸塩または有機酸塩からなる群から選ばれた一種以上の化合物と樹脂とを含有する樹脂組成物からなる物の表面にレーザ光を照射してマーキングする	大日本インキ化学工業
		特許3163947	移動体へのマーキング装置	B23K26/00	搬送速度をアナログ信号として検出する速度検出手段と検出されたアナログ速度信号に所定の係数を乗じるキャリブレーション手段と出力するアナログ信号をパルス信号に変換する電圧周波数変換手段とを設け出力するパルス信号を位置信号出力手段でカウントし照射位置制御手段に対するワーク相対位置を求める	ウシオ電機
		特許3164508	罫書き装置	B25H7/04	距離測定手段からの出力によりワークと罫書き手段との距離が略一定になるように遠近駆動手段を制御する距離制御手段と罫書き手段からレーザ光を間欠的に発射させるパルスレーザ発生手段とを備える	システクアカザワジェイテック

20社以外の微細レーザ加工技術の登録出願の課題対応特許一覧（10/16）

技術要素	課題	公報番号	発明の名称	IPC	解決手段	出願人
マーキング	加工品質の向上	特許3179705	自動罫書き装置	B25H7/04	補間制御手段による補間制御中に距離測定手段が罫書き手段とワークとの距離との変化を測定したときに罫書き手段とワークとの距離が一定になるように距離測定手段からの出力に罫書き手段とワークとを相対的に補正制御する距離制御手段とを備えた	システクアカザワジェイテック
		特許3185660	マーキング方法および装置	B23K26/00	文字／図形を構成する頂点近傍における光ビームの走査速度を位置制御信号の走査速度に近づけ、文字／図形頂点近傍におけるマークの線幅及びマーキング深さを一定にする	ウシオ電機
		特許3193794	熱硬化性樹脂へのマーキング方法	B23K26/00	ユリア樹脂、フェノール樹脂のいずれかから選択した熱硬化性樹脂とケイ素と顔料とを含む材料を直圧成形法により成形した後成形品の表面にエネルギー密度が所定以上であるレーザビームを照射して刻印する	松下電工
		特許3198242	自動加熱曲げ加工された船体外板の切断線マーキング方法	B23K26/04	加熱曲げ加工された船体外板の切断線マーキングが船体外板の湾曲度合いによらず高精度で行える	日本鋼管シップ アンド オーシャン財団
	製品品質の向上	特許2877473	表示パターン形成方法	G09F13/08	操作ボタン及び全面パネルの各々の表示パターンをレーザ加工により同一工程で形成する	富士通テン
		特許3009656	パンチングアートによる立体的造形物及びその製造方法	B44C3/10	レーザ加工機によって所望の形に切り抜いた物を部材とし複数の部材を立体的に結合固定パンチングアートを立体的造形物として表現した	栄光工業
トリミング	加工機能の向上	特許2653399	熱可塑性シートの表面を連続的に圧刻加工するための圧刻ローラを製造する方法	B23K26/00	シリコンゴムの円筒を回転させ、レーザ光により雌型を形成する	ベネッケ カリコ(ドイツ)
		特許2826050	シリカガラス体の加工方法	B23K26/00	加工部とガラス体との温度差を 500℃以内とする予熱を行なう	信越石英
		特許2984245	基材上の金属膜の加工方法、振動子の製造方法および振動デバイスの製造方法	C23F4/02	焦点を離して収束させた拡散光により、金属膜を除去する	日本碍子
		特許3172367	レーザトリミング方法及び装置	H01P1/205	共振部を短絡し、アンテナを配置し、測定しながら電極を調整する	ティーディーケイ

20社以外の微細レーザ加工技術の登録出願の課題対応特許一覧（11/16）

技術要素	課題	公報番号	発明の名称	IPC	解決手段	出願人
トリミング	加工機能の向上	特許3206207	レーザートリミング方法	H01L27/04	抵抗体の下層となる膜の厚さと屈折率から、レーザ波長を定める	日本電装
	加工効率の向上	特許2857057	薄肉の円筒形ステンシルの加工装置	B23K26/08	円筒を支持する円錐体の一方のみを軸線方向に調整可能とする	シャブローネン テクニーク クフスタイン（オーストリア）
		特許3093794	パルス状光および光学的フイードバックを用いる融除によるコーティング除去方法およびシステム	B23K26/02	反射光の色を検出し閃光ランプを制御する	マックスウェル テクノロジーズ（米国）
		特許3136137	水晶振動子の製造方法及びその装置	H03H3/04	水晶ウエハの微小部毎に発振周波数を測定する	北海道科学産業技術振興財団
	加工品質の向上	実登2573902	位相板調節式レーザビームによる集積回路接続パスの切断装置	B23K26/06	レーザビームの光路に位相板を挿入し、空間的な位相変調を行なう	ジェネラル スキャニング（米国）
		特許2807809	光加工方法	B23K26/00	矩形状の大面積化または長面積化されたエキシマレーザを照射する	半導体エネルギー研究所
		特許2901744	レーザトリマーにおけるダスト除去方法	B23K26/14	エアノズルを照射点近傍に設け、超音波振動子で振動させる	リコー
	設備費の低減	特許2942419	レーザ加工装置、レーザ発振器およびレーザ加工方法	B23K26/00	YAGレーザ光の第3次高調波取り出しこれにガイド光を合成し顕微鏡を通しそれぞれ結像するようにする	ホーヤ
	加工効率の向上	特許2882572	金属薄膜をレーザで平坦化する方法	B23K26/16	テキスチャ付の薄膜を使用して金属線の光反射率を低下させ、金属溶融の最小フルエンスを減少させる	インターナショナル ビジネス マシーンズ（米国）
		特許2895797	透光性薄膜のパターニング方法	B23K26/00	透光性薄膜か形成された透光性基板を所定の間隔で重ねて置き順次レーザ加工する	三洋電機
		特許2904756	プリント基板への穿孔方法およびその方法を有するプリント基板の製造方法	H05K3/00	ビーム整形光学素子によりマスク上の光通過孔のレーザを一括して照射でき且つその照射面積が光通過孔の面積	日東電工
		特許3001816	Nd：YAGレーザを使用するガラス上へのレーザスクライビング	B23K26/00	表面に形成した吸収材料層に生ずる熱によりガラス基板を加工する	サンタ バーバラ リサーチ センター（米国）
	加工精度の向上	特許2683502	工作物の表面を精密加工するための方法	B23K26/00	あらかじめ加工した表面に、放射線により溝及びその溝より浅い刻みを加工する	マシーネンファブリーク ゲーリング（ドイツ）

20社以外の微細レーザ加工技術の登録出願の課題対応特許一覧（12/16）

技術要素	課題	公報番号	発明の名称	IPC	解決手段	出願人
スクライビング	加工精度の向上	特許2718795	レーザビームを用いてワーク表面を微細加工する方法	B23K26/00	レーザビームのパルス周期、出力密度、移動速度を設定し往復運動をしながら材料の表面が蒸発する条件で加工	フィリップスエレクトロニクス（オランダ）
		特許2809303	ウェーハ割断方法	B28D5/00	隣り合うの初期亀裂を異なる長さに形成し、長い方の初期亀裂から優先的に亀裂を進行させる	関西日本電気
		特許3036906	ガラス加工方法及びその装置	C03B33/09	紫外線領域のレーザで溝加工後、赤外線領域のレーザを照射し割断に結びつく熱歪を与える	ホーヤ
		特許3101467	工作物の表面を精密加工する方法	B23P17/00	ホーニング加工より深く且つ完成された潤滑剤保持部が形成されるように互いに交差するような溝をレーザ加工	マシーネンファブリークゲーリング（ドイツ）
	製品品質の向上	特許3030638	流体動圧軸受、及び動圧発生溝と軸受面の形成方法	F16C33/14	軸受け面に水素化アモルファスダイヤモンドの被膜を形成し、これをレーザ加工により動力発生溝を形成する	セイコー電子工業
表面処理	安全・環境対応対応	特許2967251	複合加工機	B24B1/00	短波長レーザ光を照射し反応生成物の成長に合わせて砥石研削する	セイコー精機
	加工コストの低減	特許3088548	電子部品の実装方法	H05K13/04	電子部品の接着面に、マーキング用レーザ光を照射する	ローム
		特許3188972	円盤状回転工具の基板	F16F15/02	貫通孔間の溶融部に割れを発生させる	兼房
	加工機能の向上	特許2571740	真空紫外光による加工装置および加工方法	B23K26/00	波長変換セル内の圧力を調設して真空紫外光の波長を制御する	理化学研究所
		特許2640294	ガラス、ガラスセラミック、セラミック等の基材上への広表面装飾の形成方法及び装飾されたガラスセラミックプレート	C03C17/04	ペイントなどの被膜を軟化または溶融により焼付ける	カール ツァイス スチフツング（ドイツ）
		特許2748572	内燃機関のピストン成型方法	F02F3/00	ブッシュをボス端部から突出させて圧入し再溶融後加工する	いすゞ自動車
		特許2765746	微細修飾・加工方法	B23K26/00	レーザ光で捕捉された微粒子にエネルギーを制御して照射する	科学技術振興事業団
		特許2837377	超音波接着用ボンディングツール、接着構造の製造方法、接着構造及びその超音波接着構造を用いた磁気ディスク記憶装置	B23K20/10	ジルコニア材の先端部にエキシマレーザにより突起を形成する	インターナショナル ビジネス マシーンズ(米国)

20社以外の微細レーザ加工技術の登録出願の課題対応特許一覧（13/16）

技術要素	課題	公報番号	発明の名称	IPC	解決手段	出願人
表面処理	加工機能の向上	特許3101870	焼入れ可能な鋼から成る工作物の切削工具による精密旋削方法	B23P25/00	レーザ光を切削刃先の直後に照射し、表面をを焼入する	ダイムラークライスラー（ドイツ）
		特許3196429	レーザ焼入れ方法	C21D1/09	ビーム移動方向の前方のパワー密度が高い矩形ビームを用いる	日産自動車
	加工効率の向上	特許2800937	選択的焼結による部品の製造装置	B22F7/04	レーザビームにより粉末を1層ずつ焼結し積層して所望形状を得る	ユニバーシティ オブ テキサス システム(米国)
		特許2901138	ベンディング金型に焼入れを行う金型焼入れ方法並びにその装置	B21D37/20	非対称形レンズによりビームのエネルギ分布を矩形状とする	アマダメトレックス
		特許3207619	レーザ配線方法及びその装置	B23K26/00,310	CW光の強度差を抑制する光ファイバを用いて配線の加工を行なう	ホーヤ
	加工性能の向上	特許3069504	エネルギービーム加工法	B01J19/08	微粒子の遮蔽箇所に棒状加工物を形成する	荏原製作所
	加工精度の向上	特許2706716	被膜加工装置および被膜加工方法	B23K26/06	球面収差の影響が発生しない間隔のスリットで線状に集光する	半導体エネルギー研究所
	加工品質の向上	特許2820534	照射による表面汚染物質の除去方法及び装置	B08B7/00	表面に層流状の不活性ガスを流し、適切な高エネルギを照射する	コールドロンLP(米国)
		特許2889032	接点材の溶接方法	B23K20/10	硬質材料をレーザ光で軟化した後、軟質材料を超音波溶接する	松下電工
		特許2964819	アルミニウム合金製シリンダヘッドのバルブシートの形成方法	F02F1/24	シート形成部に矩形断面の円形溝を設け、再溶融した後、肉盛する	日産自動車
		特許2984147	表面処理方法	B23K26/16	マスク電極に電圧を印加して飛散物質をトラップする	松下電工
		特許3120946	シリンダヘッドの再溶融処理方法	B22D29/00	再溶融経路の屈曲点に生ずる凹みを再溶融過程で埋め戻す	ダイハツ工業
		特許3144131	金属表面の再溶融処理方法	B22D29/00	所望終端まで溶融した後低いエネルギーに切替え所定距離後退する	いすゞ自動車
	信頼性・耐久性の向上	特許3159578	無洗浄はんだ付け方法及びその装置	H05K3/34,503	無酸化雰囲気で酸化膜除去後、非活力性フラックスを塗布する	ソニー 渋谷工業
	製品品質の向上	特許2557560	多結晶ダイヤモンド切削工具およびその製造方法	B23B27/14	刃先の逃げ面を、レーザ加工された鏡面状黒鉛で被覆する	住友電気工業
		特許2633734	刃先強化方法	C21D9/18	レーザ焼入後、低温でレーザ再加熱を行なう	川崎重工業 兵庫県

20社以外の微細レーザ加工技術の登録出願の課題対応特許一覧（14/16）

技術要素	課題	公報番号	発明の名称	IPC	解決手段	出願人
表面処理	製品品質の向上	特許2696632	ステンレス鋼材の加工フロー腐食防止方法	C23F15/00	所定条件を満たすレーザビームを不活性ガス中で加工面に走査する	動力炉核燃料開発事業団
		特許2727264	液体転写用シリンダ状物品とその製造方法	B23K26/00	複数のビームにより長円形のセルを形成する	ユニオン カーバイド コーティングズ サービス テクノロジー（米国）
		特許2779577	滑り止め施工をした鋼材	B23K26/00	表面にレーザ光を照射して鋭利で細かい凹凸状の模様を形成する	金 功
		特許3098220	磁気情報記憶媒体用ガラスセラミック基板	G11B5/62	所定成分と所定粗さのガラスセラミック基板とする	オハラ
		特許3149619	金属表面の再溶融処理方法	C22F3/00	溶融後凝固しない部位に同質金属の線材を固体の状態で投入する	いすゞ自動車
特定部品の加工	設備費の低減	特許2760239	ディスクロードホイールの製造方法および製造装置	B23K26/00	90°の間隔の2方向から円周方向にレーザ溶接する構成	日産自動車
	安全・環境対応	特許2962701	スリーブ状印刷版の製造装置	B41C1/18	原版丸め装置と溶接装置が光線を遮蔽するカバー内に設置	エム アー エヌ ローラント ドルックマシーネン（ドイツ）
	加工コストの低減	特許2593063	レーザ溝付け太陽電池	H01L31/04	レーザーけがき装置を用いて、半導体基板の表面に孔または溝配列のけがきをする	ユニサーチ（オーストラリア）
	加工機能の向上	特許2528587	ナイフ保持台の加工方法	B23K26/00	重量計測工程と、含水率算出工程と、レーザ光の移動速度等の条件設定工程を含む	伊丹工業
		特許2620421	集積圧力／流れ調節装置	G05D16/20	集積回路の製造技術により製造する集積圧力／流れ調節装置	リーランド スタンフォード ジュニア ＵＮＩＶ（米国）
		特許2872644	レーザクラッディング装置	B23K26/00	管内径と干渉しない形態の照射機構でレーザ光反射鏡を回転させる	石油公団 金属系材料研究開発センター
		特許3175994	レーザ照射方法及びレーザ照射装置、並びに立体回路の形成方法、表面処理方法、粉末付着方法	B23K26/08	レーザ光をX・Y更にZ軸方向に反射させ立体表面に照射	松下電工
	加工効率の向上	実登2541646	金属ガスケットのビード成形用金型	B21D37/20	ビード成型のための空隙の内外周側をレーザカット加工	ケットアンドケット 浜松ガスケット製作所
		特許2544266	感光性ガラスの加工方法	C03C15/00	感光性ガラスの露光感度波長域のレーザ加工とエッチング	工業技術院長 精工舎

20社以外の微細レーザ加工技術の登録出願の課題対応特許一覧（15/16）

技術要素	課題	公報番号	発明の名称	IPC	解決手段	出願人
特定部品の加工	加工効率の向上	特許2587762	ダイヤモンドの証印付け方法	B23K26/00	紫外線領域の波長を有するレーザをマスクを通してダイヤモンドに照射してマスクの模様を表面に形成する	ハリー ウィンストン（スイス）
		特許2700136	脆性材料の割断方法	B23K26/00,320	割断予定線に沿う位置を突起で支持し裏面を負圧とする	双栄通商 長崎県 科学技術振興事業団
		特許2728388	ガラスセラミック材料のレーザ機械加工方法	B23K26/00	ドーム素材を回転させ、所定条件のレーザ光を軸方向に走査する	ヒューズ ミサイル システムズ（米国）
		特許2826587	ステンシル用原板製造装置	B41C1/14,101	レーザ光による型抜き加工を原版素材の送りから自動化	住友金属工業 日平トヤマ
		特許2833350	光ファイバと石英系導波路型光部品との接続装置及び接続方法	G02B6/30	炭酸ガスレーザ光を妨げず接合部モニタ撮像装置を設ける	日立電線
		特許2849657	レンズの形状を補正する方法および装置	B23K26/00	マスクによる露出域より小さい断面積のレーザで重複照射	エスクラープ メディテク（ルーマニア）
		特許3025083	丸物用レーザ加工機	B23K26/08	レーザヘッドを固定しワークを移動してレーザ光路を密閉	日立精機
		特許3030246	テキスチャ装置およびテキスチャ加工方法	G11B5/84	レーザビームを利用し複数の基盤のテキスチャの同時加工	三菱化成
		特許3066606	3次元物体の製造方法及び装置	B29C67/00	コンテナ壁を加熱成形し対応する個所に照射し材料を固化	エー オー エス エレクトロ オプティカル システムズ（ドイツ）
		特許3138815	3次元物体製造装置及び3次元物体製造方法	B29C67/00	粉末材料層供給、電磁放射、電界発生の機構を有する装置	エー オー エス エレクトロ オプティカル システムズ（ドイツ）
	加工性能の向上	特許2990490	光照射を用いた物質の加工方法	B23K26/06	励起と吸収の異なる波長の2種類のレーザビームを照射	理化学研究所
		特許3129471	マルチビーム微粒子操作方法	B01J19/12	レーザ光を分割、同軸化した複数のレーザビームを照射	科学技術振興事業団
	加工精度の向上	特許2776211	レーザ吸収剤塗布装置	B23K26/18	ワーク内面に所定ピッチでレーザ吸収剤を噴出制御する	三菱自動車工業
		特許3085875	光学面の形成方法	B29D11/00	光学面の透過、反射面のモニタリング情報でビームを照射	実野 孝久 日本非球面レンズ

20社以外の微細レーザ加工技術の登録出願の課題対応特許一覧（16/16）

技術要素	課題	公報番号	発明の名称	IPC	解決手段	出願人
特定部品の加工	加工品質の向上	特許2709267	レーザ彫刻機	B23K26/06	レーザビームは加工面上で円弧を描き、円弧の直径を幅とするラインが形成される	アダック協同組合
		特許2815350	被塗装鋼材のレーザ切断方法	B23K26/00,320	焦点を鋼材の表面から離間した位置とし、塗装膜をレーザで焼き切るマーキング工程を設ける	田中製作所
		特許2847579	レーザー焼結による3次元物体の製造装置	B22F3/105	加熱用エネルギー放射ヒータの放射密度を両端部で高度化	エー オーエス エレクトロ オプティカル システムズ（ドイツ）
		特許2867694	多結晶ダイヤモンド切削工具およびその製造方法	B23B27/14	低圧気相法により合成されたダイヤモンドを刃先形成加工	住友電気工業
		特許2874464	ガラス加工方法及びその装置	B23K26/00	レーザビームの外周に沿ってガスを流す筒状部材を設ける	日立電線
		特許2907317	鉄道車両構体のレーザ溶接方法	B23K26/00	電磁石で補強部材を密着させ外板パネルとレーザ溶接する	川崎重工業
		特許3146759	金属パターン形成方法	C23C18/18	金属基材に黒色系油溶塗料樹脂を塗布YAGレーザで除去	ぺんてる
		特許3199124	レーザアブレーション装置	A61F9/007	開口径可変のアパーチャとスキャン制御手段を有する装置	ニデック
	製品品質の向上	特許2735931	自動造形装置	B23K26/00,320	金属板をCADデータでレーザ切断し順次重ねて接合する	三洋電機
		特許2752023	複合炭素材料の製造方法	C01B31/02,101	気化性有機化合物を含む雰囲気中で基材にレーザ光照射	矢崎総業 理化学研究所
		特許2831903	鉄系焼結部品の製造方法	B23K26/00,310	レーザ溶接後400〜600℃の酸化皮膜処理を行う	三菱金属 神戸製鋼所

特許流通支援チャート 機械 3
微細レーザ加工

2002年（平成14年）6月29日　　初　版　発　行

編　集	独　立　行　政　法　人
ⓒ2002	工業所有権総合情報館
発　行	社団法人　発　明　協　会

発行所	社団法人　発　明　協　会

〒105-0001　東京都港区虎ノ門2－9－14
電　話　　03（3502）5433（編集）
電　話　　03（3502）5491（販売）
Ｆ Ａ Ｘ　　03（5512）7567（販売）

ISBN4-8271-0670-3 C3033　　印刷：株式会社　野毛印刷社
　　　　　　　　　　　　　　　　Printed in Japan

乱丁・落丁本はお取替えいたします。
**本書の全部または一部の無断複写複製
を禁じます(著作権法上の例外を除く)。**

発明協会HP：http://www.jiii.or.jp/

平成13年度「特許流通支援チャート」作成一覧

電気	技術テーマ名
1	非接触型ICカード
2	圧力センサ
3	個人照合
4	ビルドアップ多層プリント配線板
5	携帯電話表示技術
6	アクティブマトリクス液晶駆動技術
7	プログラム制御技術
8	半導体レーザの活性層
9	無線LAN

機械	技術テーマ名
1	車いす
2	金属射出成形技術
3	微細レーザ加工
4	ヒートパイプ

化学	技術テーマ名
1	プラスチックリサイクル
2	バイオセンサ
3	セラミックスの接合
4	有機EL素子
5	生分解性ポリエステル
6	有機導電性ポリマー
7	リチウムポリマー電池

一般	技術テーマ名
1	カーテンウォール
2	気体膜分離装置
3	半導体洗浄と環境適応技術
4	焼却炉排ガス処理技術
5	はんだ付け鉛フリー技術